新工科电子信息类专业核心课程系列教材

电信传输原理、系统及工程

胡　庆　刘文晶

赖小龙　张德民　编著

西安电子科技大学出版社

内 容 简 介

　　本书共分 9 章，以电信传输的基本概念、传输线和波导理论、传输线和波导在系统中的应用、光纤传输理论、光纤在系统和网络中的应用、光缆通信线路工程、无线通信传输理论、常用无线传输系统及其应用、无线网络工程为主要内容，从理论基础、技术应用和工程实践三个方面，系统阐述了不同种类有线和无线电信传输的概念、原理、性能指标、基本分析方法，有线和无线电信传输系统与网络新技术的原理及应用，有线和无线通信线路与网络工程设计等。本书概念清晰，理论分析深入浅出，所介绍的系统与网络新技术及工程应用相结合，可操作性强。

　　本书注重理论与实践、设计与工程的有效结合，精选了一些当前最新的电信传输网络及工程的应用实例进行分析，有助于读者掌握知识。为了配合教学和自学，每章都配有一定数量的思考题和习题。本书可作为高等院校工科通信与信息工程类专业课教材，也可供科研和工程技术人员参考。

图书在版编目(CIP)数据

电信传输原理、系统及工程/胡庆等编著 . —西安：西安电子科技大学出版社，2021.8(2021.12 重印)

ISBN 978 - 7 - 5606 - 6139 - 1

Ⅰ. ①电…　Ⅱ. ①胡…　Ⅲ. ①传输线理论　Ⅳ. ①TN81

中国版本图书馆 CIP 数据核字(2021)第 165588 号

策划编辑　李惠萍
责任编辑　张　玮
出版发行　西安电子科技大学出版社(西安市太白南路 2 号)
电　　话　(029)88202421　88201467　　　邮　　编　710071
网　　址　www. xduph. com　　　　　　电子邮箱　xdupfxb001@163. com
经　　销　新华书店
印刷单位　陕西精工印务有限公司
版　　次　2021 年 8 月第 1 版　2021 年 12 月第 2 次印刷
开　　本　787 毫米×1092 毫米　1/16　印张 18
字　　数　426 千字
印　　数　501～2500 册
定　　价　41.00 元
ISBN 978 - 7 - 5606 - 6139 - 1/TN

XDUP 6441001 - 2

前　言

信息传输是信息社会的重要基础，而电信传输原理、系统及工程的发展，影响着整个通信网络的发展。随着"万物互联""宽带中国·光网城市""智慧城市"等项目工程的全面实施，信息的高速传输使人们可以"运筹帷幄之中，决胜千里之外"。电信传输是现代通信网络的生命线，也是决定整个通信网络发展的关键要素，可以说没有电信传输，就没有真正意义上的通信。

依据国家相关专业教学质量标准，"电信传输原理、系统及工程"是通信与信息工程类专业的重要专业基础课，有较广的适用面，是学生掌握电缆/光纤通信、微波/卫星通信、移动通信、计算机网络技术、宽带接入网技术、有线/无线工程设计等领域相关技术的重要基础。

为了适应信息传输、系统及工程技术的快速发展，以及知识的更新需求，作者融合了30多年的教学经验、多年的工程实践经历和最新科研成果，依据电信传输技术和传输线路的多样化快速变革而设计和编写了本书。本书以电磁场理论为基础，采用传输应用实例来引出各种传输方式的概念、理论、技术、系统与网络构架等知识体系。每章都有从实际工程中精心提炼出来的应用实例，从理论到实际、再到工程设计逐步深入，力求为读者搭建一个比较全面、系统的信息传输的完整框架。

全书共分9章，分别为电信传输的基本概念、传输线和波导理论、传输线和波导在系统中的应用、光纤传输理论、光纤在系统和网络中的应用、光缆通信线路工程、无线通信传输理论、常用无线传输系统及其应用、无线网络工程。本书结合系统与网络新技术及工程应用，选取了当前电信传输中的最新应用作为理论讨论的实例，实现了理实融合，工程实用性强，可操作性强。

本书第1、2、3、6、9章由胡庆编写，第4章由刘文晶编写，第5章由刘文晶、张德民编写，第7、8章由赖小龙编写。全书由胡庆统稿，由张德民审核。本书在编写过程中得到了章秀银、邹韶峰、李文娟、易红薇、唐宏等人的大力协助，在此对他们一并表示感谢。

为适应当前高校课程门类多、课时压缩的现实及特点，本书在概念和原理的讲述上力求严谨、准确、精练，深度适中，注重实用，主要面向工科院校，尽量少用繁杂的数学推导。本书可作为高等学校工科通信工程、信息工程、电子信息科学与技术及其他电子信息类专业本科生教材，也可供研究生、科技工作者和工程技术人员参考。

由于编者水平有限，书中难免存在不妥之处，恳请广大读者批评指正。

编著者

2021 年 6 月

目　　录

第1章 电信传输的基本概念

通信作为社会发展的基础设施和经济发展的基本要素,越来越受到世界各国的高度重视并大力发展。当今高度信息化的社会,信息的获取和通信服务的畅通已成为现代社会的"命脉"。通信服务的畅通在很大程度上是充分利用传输介质的潜在高品质性能来实现的。因此,对电信传输网络进行全方位的学习和研究尤为重要。

本书主要介绍了电信传输原理、系统及工程的基础知识。本章主要阐述了电信传输所涉及的基本概念、基本模型和基本原理,目的是让读者对本书有一个较全面的了解,明确相关概念,掌握学习和分析问题的方法,为后续学习奠定基础。

1.1 通信、电信、电信传输系统模型及发展史

1.1.1 通信、电信、电信传输的定义

1. 通信的定义

"通信"可从字面意义来理解。"通"的含义是"送达"及"相互交流",对应的英文单词为"Communication",是"传递、交流、沟通"之意;"信"表示信息、消息,对应的英文单词为"Information",是"消息、情报、知识、见闻、资料"的意思。

通信,指人与人或人与自然之间通过某种行为或介质进行的信息交流与传递。广义上来说,无论采用何种方法,使用何种传输介质,只要将信息从一个地方传送到另一个地方,均可称为通信。在古代,人类通过驿站快马接力、飞鸽传书、烽火报警、旗语、击鼓等方式进行远程信息传递,这些都属于简单通信,受到传送空间距离和时间的限制。现代通信是指在任何时候、任何地点、任何人或者任何智能终端设备之间所实现的信息传输和交互。现代通信通常借助于电子技术,把要传递的声音、数据、图像等多样性信息转换成电信号,然后通过某种介质传送给对方,最终还原成原来的信息形态。因此,目前通信最简单的定义是"借助电子技术手段所实现的人与人、人与智能终端、智能终端与智能终端之间信息的传输和交流"。例如,电报通信是把文字转变成电信号的信息传输方式;电话通信是把语音转变成电信号的信息传输方式;图像通信是把固定的或活动的图像转变成电信号的信息传输方式。

通信的目的是传递消息中所包含的信息。要理解通信,首先要理解与通信有关的基本概念,如消息、信息、信号等。消息在通信领域常指的是对话音、文字、符号、音乐、数据、图片或活动图像等的统称。人们接收消息时关心消息中所包含有意义的那部分内容,即信息,信息是消息携带的新知识,对受信者来说,信息是预先不知道的消息。消息是信息的载体,消息又是以具体信号形式表现出来的;信号是消息的具体表现形式,如电信号、光信号等。

2. 电信、电信传输的定义

电信这一术语来源于 1973 年国际电信公约的规定，"电信"（Telecommunication）是指利用有线电、无线电、光波和其他电磁波表达形式，对消息、情报、指令、文字、图像、声音等信号进行远距离传输和交换的过程。因此，"电信"通常定义为利用电子技术实现传送信息和交流信息的通信方式，比如电信业务可分为电报、电话、短信、数据传输、E-mail 等，从广义的角度看，广播、电视、雷达、导航、遥测、遥控等也可列入电信的业务范畴。电信这种通信方式具有迅速、准确、可靠等特点，且几乎不受时间、空间的限制，因此得到了飞速发展和广泛应用。

在近代自然科学中，"通信"一般指的就是"电信"，"通信"与"电信"概念几乎相同。从严格意义上说，相对电信而言，通信的概念要更大些、更广泛些，它除了包含电信外，还包含其他非电形式，比如邮政书信等。通俗地讲，若通信相当于农业范畴，则电信就相当于粮食范畴。

基于对通信或电信的认识，可以理解通信或电信最重要的实质就是"消息传输""信息传输"或"电信传输"。

电信传输是指把含有信息的电信号通过具体物理介质从一处传到另一处的物理过程。电信传输的基本任务就是把一个用户发出的信息，以用户满意的质量传送到接收端用户。电信传输研究的主要对象是传输介质（传输线、自由空间），即对信道开展研究。信道是信号传输的通道，与信道有关的概念主要有介质（介质）、损耗（衰减）、衰落、噪声、干扰、带宽等。介质是指自由空间、金属电缆线、波导、光缆等能传输信号的物质实体；损耗是指信号能量经信道一段距离传输后的减少程度；衰落是指信号能量经信道一段距离传输后出现起伏不定的减少现象；噪声是指电信传输中随机出现的无用的自发脉冲的统称；干扰是指电信传输中随机出现的无用信号对有用信号的影响；带宽是指通信信道拥有的频谱宽度。

1.1.2　电信传输系统模型

电信传输是由电信传输系统来实现的，电信传输系统包括用户之间的众多电气设备和传输介质（如金属导线、光纤、自由空间等）。一个最简单的传输系统，至少要由一个发送器（也叫作变换器）、一个接收器（也叫作反变换器）和把它们连接起来的传输介质所组成。所以，连接发送器、接收器二者的传输介质是构成电信传输系统的基本组成部分。

以分处 A、B 两地的任意两个用户（人与人，机器与机器，人与机器）间的信息传递为例，基于点到点之间的电信传输系统一般模型可用图 1-1 来描述。

信源是消息的产生地，其作用是把各种消息转换成原始电信号（称为消息信号或基带信号），如电话机、摄像机、手机、计算机等用户终端设备就是典型的信源。信源又分为模拟信源和数字信源，若信源设备输出的是连续的模拟信号，则称为模拟信源；若信源设备输出的是离散的数字信号，则称为数字信源。

发信设备位于发信端 A，它将信源发出的信号变换成适合信道传输的电信号或光信号，通常称为调制器。

信道是信号传输通道的简称，它由传输信号的物理介质和相应设备组成。物理介质主要由自由空间、光缆、全塑市话对称电缆、同轴电缆等承担。信道的功能就是顺利地把电信号自 A 点（发信端）迅速且正确无误地输送到 B 点（收信端）。

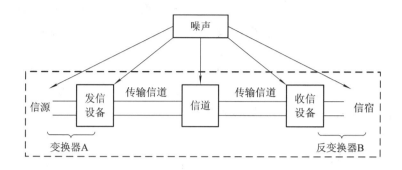

图 1-1　基于点到点的电信传输系统一般模型

噪声不是人为加入的设备，而是电信传输系统中各种设备和信道中客观存在的物理量。当噪声叠加在有用信号上时，将会降低有用信号的信噪比，进而降低通信质量。

收信设备位于接收端 B，其基本功能与发信设备相反，即将从信道接收下来的信号进行整形，减小噪声和干扰对有用信号的影响，使其重现基带信号的原貌。通常称其为解调器。

信宿是信息传输的归宿点，是消息接收者，它将复原的原始信号转换成与信源相对应的消息。

实用电信传输系统的一般结构如图 1-2 所示，除了必须具备传输信道部分外，还需要用户终端设备、交换设备、复用设备和传输终端设备(收/发信机)等。

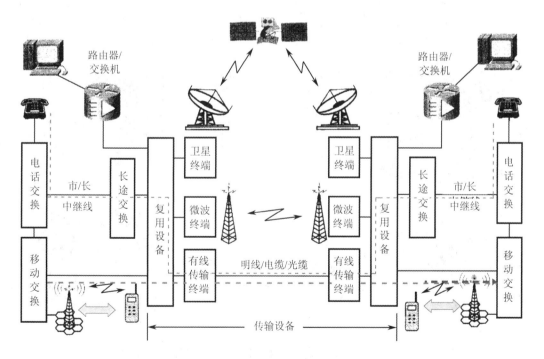

图 1-2　实用电信传输系统一般结构

用户终端设备的作用是将话音或数据转换成电信号，或者进行反变换，图 1-2 中的固定电话机、手机、计算机等都属于用户终端设备。

交换设备除了实现本局内用户间的信号交换外，还能实现将本局的用户终端与其他局的用户终端连接或转接。图中电话交换、移动交换、路由器/交换机、长途交换等都属于交换设备。

复用设备的作用是实现多路信号的汇接或分路(复用或解复用)，可采用频分、时分、码分等多种复用形式，以提高信道传输资源的利用率。

传输终端设备的作用是将待传输的信号转换成适合信道传输的信号，或者是此过程的逆过程，比如对信号实施信道编码/译码和调制/解调变换等。卫星终端、微波终端、有线传输终端设备等都属于传输终端设备。

信道可分为两种：一种是电磁波信号在自由空间传输的无线信道，另一种是电磁波信号在有形的传输线上传输的有线信道。如有线传输系统，其传输的终端设备为电缆/光缆传输终端设备，相应的传输介质由电缆或光缆构成，其传输系统称为电缆/光缆传输系统。若是无线传输系统，其传输终端设备是微波/卫星终端站，其传输过程是：发送端的微波/卫星终端的发信机把待传送信号转换成合适的电信号，并由发射天线将其转换成电磁波，经自由空间传播；接收端的微波/卫星终端的接收天线接收电磁波后将其还原成电信号，再传送给收信机还原成原始电信号，最终完成传输，该传输系统称为微波/卫星传输系统。

由此可见，无论是电缆传输系统、光纤光缆传输系统，还是微波传输系统、卫星传输系统，它们的基本结构都很类似，不同之处在于电信号的载波、传输介质和传输设备不同。正是由于这些不同，才使得不同的传输系统具有各自独特的性能。特别是无线信号在自由空间传输过程中，需要天线完成高频信号向电磁波转换并发射或将接收电磁波转换成电信号的过程。当传输系统服务范围不同时，天线结构也不同。常用天线的实物图如图1-3所示。

移动定向天线

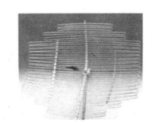
MMDS-C型微波天线

全向天线

微波接力天线

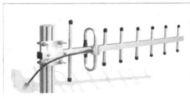
八木天线

抛物面天线

图1-3　常用天线的实物图

1.1.3　电信传输理论及传输技术的发展史

1. 电信传输理论的发展史

电信传输理论与电信传输技术是相辅相成的，电信传输理论是电信传输技术的基础，它们的发展过程也是相互促进的。电信传输技术的发展历史，其实也就是电信传输理论的发展历史。

电信传输的理论基础是麦克斯韦电磁场理论，在 1865 年，麦克斯韦在题为"电磁场的动力学理论"的论文中，首次预言电子在运动时会以电磁波的形式沿导体或自由空间传播。1887 年德国物理学家赫兹通过实验证明了麦克斯韦电磁场理论的正确性，该理论奠定了后续研究者利用麦克斯韦的成果进行传输线理论研究的基础。1876 年，英国物理学家亥维赛利用麦克斯韦方程推导出了经典电报方程，1903 年架设了一条电信传输线路，连接了利物浦和瓦灵顿两个城市，使亥维赛的理论完全得到了证明，经典电报方程既适用于平行双导线，又适用于同轴电缆等传输线。1893 年，英国物理学家汤姆逊（电子的发现者）出版了一本论述麦克斯韦电磁理论的书，肯定了沿圆金属管壁传输电磁波的可实现性，预言管内传输的电磁波波长可与圆柱管子直径相比拟。该预言直到 1936 年才得以证实，它所说的就是经典的微波传输线，即圆波导。在 1897 年，英国物理学家瑞利在发表的论文中，讨论了矩形截面和圆形截面"空柱"中的电磁振动，即对应后来的矩形波导和圆波导，并引进了截止波长的概念。瑞利还得到了矩形波导中主模的场方程组，并讨论了圆波导中的主模。到 1931 年，人们看到了波导技术的实用价值。1936 年，贝尔实验室的科学家用青铜管做出了长为 260 m 的实验波导线，其直径为 12.5 cm，传送信号波长为 9 cm。后来人们把 1936 年当作微波技术的开始年份。

2. 电信传输技术的发展史

电信传输技术始终伴随着通信的发展而发展。通信的发展历程虽然没有明确的时间界限，但是大致可以分为四个阶段，即古代通信、近代通信、现代通信和未来通信。

1）古代通信

我国是世界上最早建立有组织地传递信息的系统的国家之一，诸如烽火台传送边疆警报信息，击鼓鸣金传达作战命令，信鸽传递文字信息，用旗语在视距范围内交流信息，驿站快马接力传递信息等。国外也有诸如希腊用火炬的位置表示字母符号，用马拉松长跑传送口头或书面信息等通信形式。

2）近代通信

近代通信技术始于 1820 年，法国物理学家安培首先提出了利用电磁现象传递电报信号的设想，指明了电报通信发展的方向，这也是近代数字通信的开始。此后，电报通信技术不断改进，并得到了迅速发展和广泛应用。

1837 年，人类历史上第一次进行了有线电信传输——莫尔斯（MORSE）电报诞生了。随后在 1844 年 5 月 24 日，美国人莫尔斯启用了第一条电报线路，由华盛顿特区至巴尔的摩，开创了电信号传输的新时代。

1876 年，苏格兰人贝尔发明了有线电话，通过一条几百英尺（1 英尺＝0.3048 米）长的铜线，在单方向上用电流传送声音。之后，贝尔获得了美国专利局授予的电话专利，并在 1877 年用硬双铜线架设了电话线路，从此传输线开始了传输比电报信号频率高得多的语音信号。

从 1851 年成功地将第一条 4 根相互绝缘、直径为 1.65 mm 的铜线电缆敷设在英法之间，实现电报的有线通信，到 1955 年完成第一条从纽芬兰到苏格兰的海底越洋同轴电话电缆的敷设，在这百余年的时间中电缆传输方式得到了充分的发展，当时所用的电缆传输线都是平行双导线和同轴线，迄今为止仍有重要的使用价值。

1888 年，德国人赫兹用火花产生电磁波的装置，证明了人们猜测与期待已久的电磁波的存在。赫兹在实验报告中说明"存在一种电波，它以光速在空间中运动"，这就是无线电传输的最早发现。

1894 年意大利人马可尼提出了"这种电磁波可以用来传递信号，能越过很长距离，而无需导线"的设想。1896 年马可尼发明了无线电报，传输距离为 30 m。随着研究的深入和技术的发展，1901 年 12 月 12 日马可尼在加拿大纽芬兰岛收到从英国康沃尔发出的无线信号，传输距离为 1700 英里(1 英里＝1.6093 千米)。1906 年，美国人德弗雷斯特发明了电子三极管，数年后电子三极管被用于长、中、短波的电报和电话，推动了无线电通信和无线电广播的发展。1919 年，调幅无线电广播、超外差接收机问世。1936 年，商业电视广播开播。

3）现代通信

各种通信方式的发明，使得人类的经济和社会生活随之发生了改变。当然，只有以计算机为代表的信息技术进入商用化以后，特别是互联网技术进入商用化以后，才真正完成了近代通信技术向现代通信技术的转变，通信的重要性日益得到增强。1946 年，世界上第一台通用电子计算机问世，伴随着计算机技术发展的四个阶段，即从 20 世纪 50 年代到 80 年代的主机时代、80 年代的小型机时代、90 年代的 PC 时代以及 90 年代中期开始的网络时代，包括电信传输技术在内的通信技术也经历了飞速发展的过程。

20 世纪 30～50 年代开创了无线电信号传输的新时代，是微波通信大发展的时期，如测量、雷达、微波中继传输等方面得到广泛应用，特别在微波中继传输方面发展迅速。1948 年，美国建设了从纽约到波士顿的微波中继线路，可传送 480 路电话和 1 路电视信号。

在卫星通信方面，英国雷达专家阿瑟·克拉克在 1945 年提出了卫星通信的设想，直到 1957 年 10 月，苏联才发射了第一颗人造地球卫星，为卫星通信的发展打下了基础。1965 年美国第一颗地球同步卫星"蓝鸟 1 号"(第一颗商用卫星)成功发射，开创了卫星通信的新纪元。

在移动通信方面，1946 年，美国在圣路易斯城建立了世界上第一个公用汽车电话系统，频率为 150～450 MHz。1978 年以后，美国、日本、瑞典等国利用这一技术先后开通了大量小区制的蜂窝移动电话系统。

随着电信传输容量需求的日益增大，人们开始使用亚毫米波或更高的频率进行通信，这时金属传输线在理论和技术上都遇到了难题，人们将注意力集中到非金属介质传输线上。光波作为一种新的信息载体得到了人们充分的关注，光波有比亚毫米波高得多的频率，利用光波作为载体，其潜在的大容量通信是传统的电通信手段所无法比拟的。诺贝尔物理学奖获得者、光纤之父、华裔科学家高锟于 1966 年发表了题为"光频介质纤维表面波导"的文章，提出可以从石英中提炼超纯的细丝状纤维，作为光频传输的光波导。1977 年，美国芝加哥建成第一条光纤通信线路，长度为 6 km。1988 年，横跨大西洋的海底光缆传输系统建成，采用的是单模光纤，总长达到 19 200 km。

4）未来通信

未来通信技术是随着人类对通信的极高要求以及光纤和宽带 IP 等相关技术的成熟而发展起来的。目前社会已进入多媒体通信时代，多媒体通信将成为 21 世纪人类通信的基本方式，多媒体通信的高速率、宽带化、智能化特点要求人们不断研究发展未来通信技术。

多媒体通信是多媒体技术和通信技术的有机结合，突破了计算机、通信、电视等传统产业间相对独立发展的界限，它在计算机的控制下，对独立的信息进行集成式的产生、处理、显示、存储和传输。未来通信由单一媒体提供的传统服务（如电话、电视、传真等）向诸如数据、文本、图形、图像、音频、视频等多种媒体信息服务转变，以超越时空限制的集中方式作为一个整体呈现在人们眼前。特别是移动通信 4G、5G、6G 技术的出现，正是源于用户对多媒体业务越来越广泛的需求，使未来电信服务要在国民经济中下沉，满足农业、医疗、金融、交通、制造、教育、生活服务、公共服务、能源等垂直行业的信息化需求，改变传统行业，促生跨界创新。

电信传输是现代信息社会进步的最基本条件和要求，传输线路的发展，一直与扩大通信容量、延长通信距离相关联。众所周知，在信息通信高速发展的当今社会，传输无处不在，也就是说"传输技术"的发展水平是"整个通信网络"发展的基础和前提，没有传输，就没有真正意义上的通信。要实现未来电信基础设施的发展目标，必须首先构建以光纤为主、微波/卫星为辅、覆盖全国和全球、天地一体化的通信传输网络。为此，只有对传输原理有足够的理解，才能在相同的物理资源下获得高效率、高质量的通信。

1.2　电信传输信号和信道

1.2.1　信号的类型和电磁波波段的划分

在电信传输系统中，信息的传输是通过信号的传输来完成的，在利用电信设备传输信息之前，必须把信息转换成信号，即电信号。信号是能够表示信息的物理量，又是运载信息的工具与载体。人们可以选择不同的信号来携带信息，具体选择什么样的信号，取决于对信号的了解和研究，研究信号最直观的方法就是观察它的时域波形和频域频谱。

1. 信号的类型

信号可以从不同的角度进行分类，比如信号可以分为确知信号与随机信号、周期信号与非周期信号、基带信号与频带信号、模拟信号与数字信号等。确知信号是指预先知道信号变化规律，在定义域内任意时刻有确定函数值的信号；随机信号是指实际信号发生之前有一定的不确定性，一般用概率统计方法来描述其特征的信号；周期信号是指每隔一定时间按相同规律重复变化的信号；非周期信号是指不具备周期信号同规律重复变化特征的信号；基带信号是指未调制的信源信号；频带信号是指经过某种载波调制后的信号，即已调信号。相对而言，模拟信号与数字信号的分类概念应用更多，故下面详细介绍模拟信号与数字信号。

1）模拟信号

模拟信号是指信号的某种参量模拟（仿照）原始消息变化的电信号。模拟信号有时也称连续信号，这种连续是指信号的某一参量连续变化或在某一范围内取无穷多个值，而不一定在时间上连续。如幅度变化是时间连续的函数的信号，如图 1-4(a)所示；或幅度的取值在某个范围内有无穷多个（可连续取值），但在时间上是离散的信号，如图 1-4(b)所示，它们都是模拟信号。

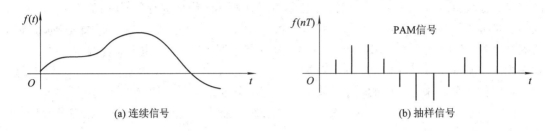

(a) 连续信号　　　　　　　　　　　　　　　(b) 抽样信号

图 1-4　模拟信号

例如，固定电话机把语音通过送话器变成的电信号就是一种模拟信号，因为送话器输出的电信号幅度与声压的幅度成正比，而且是随时间连续变化的。

　　2）数字信号

　　数字信号是指在时间和幅度(或称另一维参数)上取值均是离散的信号。图 1-5(a)描述的信号幅度只用两个值表示(有限个数值)，图 1-5(b)描述的信号用两种不同初始相位的正弦波表示(有限个相位状态)，它们都是数字信号。再如，电报信号、计算机输入和输出信号、脉冲编码 PCM 信号(二进制码)等也都是数字信号。

(a) 二进制波形　　　　　　　　　　　　　　(b) 2PSK波形

图 1-5　数字信号

2. 电磁波波段的划分

　　一般来说，电信号的变化就是电压或电流的变化，电压或电流的变化就是电场或磁场的变化，电场与磁场总称为电磁场。电磁场的传播需要一定的时间过程，其传播速度可达每秒二三十万公里，这种以很高速度传播的电磁场叫作电磁波。所以，电信号的传输实质上是电磁波的传播。它无论是在具有一定方向性的自由空间范围传播(无线传播)，还是在具有引导性的导体内定向传播(有线传播)，都是电磁波的传播。

　　在信号传输中采用哪种传输线对信号传输更有效、更可靠，与其电磁波波段有直接关系。常用的传输线与电磁波波段划分的对应关系如图 1-6 所示。

　　从图 1-6 可知，无论是长波信号传输，还是微波信号传输，甚至为光波信号传输，其信号传输方式既可以是在自由空间进行无线传播，又可以是在有形传输线中进行有线传输，采取什么传播方式和在什么传输线中传输，其考量因素很多，但最主要的考量因素还是其传输的效果。通常无线电通信所用波段是在波长为米至亚毫米范围，目前，移动通信、微波通信和卫星通信，这三种主要的无线电通信方式都落在微波波段，而除光纤通信和用户接入以外的有线电通信，所用波段基本上是在波长为千米至米范围。市话用户接入、有线电视用户接入和计算机数据接入这三种有线传输方式落在超短波(VHF)左右波段，光纤通信波段的波长为 $0.8\sim1.7\ \mu m$。电磁波波段(频段)的划分及典型应用如表 1-1 所示。

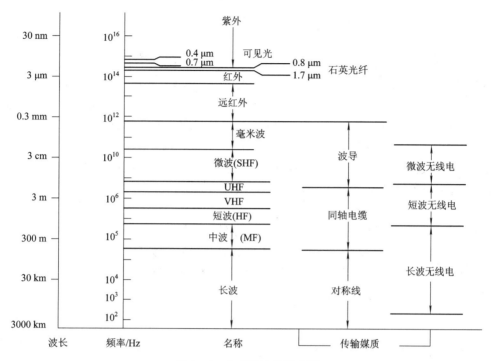

图 1 - 6 电磁波波段划分图

表 1 - 1 波段(频段)的划分及典型应用

频率范围	波长范围	频段/波段名称	传输介质	用　途
3 Hz～30 kHz	10^8～10^4 km	甚低频 VLF/甚长波	有线线对或长波无线电	电话、数据终端长距离导航、时标
30～300 kHz	10^4～10^3 m	低频 LF/长波	有线线对或长波无线电	导航、信标、电力线通信
300 kHz～3 MHz	10^3～10^2 m	中频 MF/中波	同轴电缆或短波无线电	调幅广播、移动陆地通信、业余无线电
3～30 MHz	10^2～10 m	高频 HF/短波	同轴电缆或短波无线电	移动天线电话、短波广播定点军用通信、业余无线电
30～300 MHz	10～1 m	甚高频 VHF/超短波	同轴电缆或米波无线电	电视、调频广播、空中管制、车辆、通信、导航
300 MHz～3 GHz	100～10 cm	特高频 UHF/微波	波导或分米波无线电	移动通信、微波接力、卫星和空间通信、雷达
3～30 GHz	10～1 cm	超高频 SHF/微波	波导或厘米波无线电	移动通信、微波接力、卫星和空间通信、雷达、无线宽带接入
30～300 GHz	10～1 mm	极高频 EHF/微波	波导或毫米波无线电	雷达、微波接力、射电天文学
10^3～10^7 GHz	1.7～0.4 μm	紫外、可见光、红外	光纤或激光空间传播	光通信

1.2.2　电磁波常见的传播模式

1. 电磁波

如前所述，以很高速度传播的电磁场叫作电磁波，简称"电波"。而电磁波的物理特性解释则是电和磁的波动过程，是电磁场的一种运动形态，或者说，电磁波是在空间传播的交变电磁场。电与磁是一体两面，变化的电场会产生磁场，变化的磁场则会产生电场。变化的电场和磁场构成了一个不可分离的统一的场，即电磁场，而变化的电磁场在空间的传播形成了电磁波。电场和磁波与微风轻拂水面产生水波、敲锣打鼓的声波，都是一样的波动过程，所不同的是水波人眼可以看得见，声波人耳可以听得到，但电磁波既看不见也听不到，只能用仪表测量得到。

电磁波的电场（或磁场）随时间变化具有周期性，每秒周期性的变化次数就是电磁波的频率，用 f 表示，单位为赫兹（Hz）；电磁波传播速度称为波速，电磁波在真空中的波速等于光速 $c(3 \times 10^8 \text{ m/s})$；电磁波在一个振荡周期中传播的距离叫波长，波长用 λ 表示，单位为米（m）。f、c、λ 三者之间的关系可由公式（1.1）表示。

$$f = \frac{c}{\lambda} \tag{1.1}$$

由式（1.1）可知，电磁波的波长与频率成反比，波长越长，频率越低。

同频率的电磁波在不同的介质中传播，其波速不同。设 n 是均匀介质的折射率，v 是电磁波在此介质中传播的波速，则 v 与 n 的关系如式（1.2）所示。经推导可得，在折射率为 n 的均匀介质中传播的电磁波波长 λ_p 与在真空中电磁波波长 λ 的关系见式（1.3）。由式（1.2）和式（1.3）可知，传播介质的折射率越大，电磁波的波长就越小，频率就越大，波速也越小。

$$v = \frac{c}{n} \tag{1.2}$$

$$\lambda_p = \frac{v}{f} = \frac{c/n}{f} = \frac{\lambda}{n} \tag{1.3}$$

电磁波只有在同一均匀介质中才能沿直线传播，在通过不同介质时，会发生折射、反射、衍射、散射等现象。电磁波的波长越长就越容易绕过障碍物继续传播。

2. 电磁波的传播模式

在信号传输中，低频率的电磁波主要借助有形的导电体（如传输线）进行传递。原因是在低频的电振荡中，磁电之间的相互变化比较缓慢，其能量几乎全部束缚在导电体上而没有辐射出去。然而高频率的电磁波可以在自由空间传播，也可以束缚在有形的空心导电体内（如波导）传播。在自由空间里传播的高频电磁波，磁电互变很快，能量不可能被束缚，于是电能、磁能随着电场与磁场的周期变化，以电磁波的形式向空间传播出去，这就是辐射。举例来说，太阳与地球之间的距离非常遥远，但在户外时，我们仍然能感受到阳光的光与热，这就是电磁能借助电磁辐射现象传递能量的原理。

在信号传输中，同一传输介质可传输不同模式的电磁波，电磁波的场结构称为电磁波的模式或波型。不同种类电磁波的模式是由电磁波的磁场、电场和传播方向（比如 x、y、z 方向）三者之间的相互关系来决定的，如图 1-7(a)所示。下面单简介绍电磁波常见传播模式的种类。

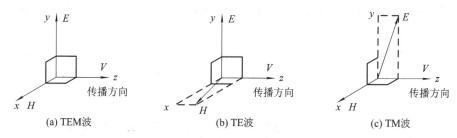

图 1-7　TEM 波、TE 波、TM 波的电场、磁场与传播方向的关系

在传输介质中引导传播的电磁波模式按其传播方向 z 有无场分量 E_z 和 H_z 来划分有四种类型，即横电磁波（TEM 波）、横电波（TE 波）、横磁波（TM 波）和混合波（EH 或 HE 波）。

（1）横电磁波（TEM 波）：在传播方向 z 上既无电场 E_z 分量，又无磁场 H_z 分量，即 $E_z=0$ 且 $H_z=0$，其电场、磁场分量都在横截面内与传播方向垂直，如图 1-7(a)所示。这种模式只能存在于双导体的传输线中。

（2）横电波（TE 波）：$E_z=0$。其电场分量与传播方向垂直，但 $H_z \neq 0$，如图1-7(b)所示。这种模式存在于金属波导中。

（3）横磁波（TM 波）：$H_z=0$。其磁场分量与传播方向垂直，但 $E_z \neq 0$，如图 1-7(c)所示。这种模式存在于金属波导中。

（4）混合波（EH 波或 HE 波）：$E_z \neq 0$ 且 $H_z \neq 0$，它们是 TE 波和 TM 波的线性叠加，纵向电场占优势的模式称为 EH 波，纵向磁场占优势的模式称为 HE 波。这种模式存在于介质波导中。

注意：无论何种波型，其电场与磁场总是相互垂直的。

在不同种类传输线上传输的电磁波的场分布结构（或模式）是不同的。如有线传输中的对称电缆线就只传输 TEM 波；金属波导中只传输 TE_{mn} 波和 TM_{mn} 波，如图 1-8 所示；同

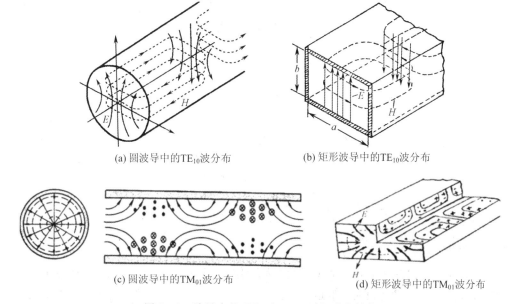

(a) 圆波导中的 TE_{10} 波分布　　　　　　(b) 矩形波导中的 TE_{10} 波分布

(c) 圆波导中的 TM_{01} 波分布　　　　　　(d) 矩形波导中的 TM_{01} 波分布

图 1-8　波导中的 TE_{10} 和 TM_{01} 波场分布结构

轴线中在低频时传输 TEM 波,如图 1-9 所示,而在高频传输时既有 TEM 波又有 TE_{mn} 和 TM_{mn} 波。另外,还有混合波 EH 波和 HE 波,这类波存在于光纤和介质波导传播之中,如在光纤中传输的线性极化 LP_{mn} 波,它是由 $HE_{m+1,n}$ 和 $EH_{m-1,n}$ 波线性叠加而成的,比如 LP_{1n} 模就是 HE_{2n}、TM_{0n} 和 TE_{0n} 模的线性组合。其中下标 m、n 的值表明各模式的场型特征。

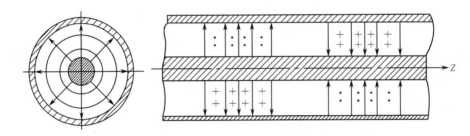

图 1-9 同轴线中 TEM 波的场分布结构

在无线传输(无界空间理想介质)中,无线电波是一种能量传输形式,传播过程中的电场与磁场在空间相互垂直,同时还垂直于传播方向,电磁波的场分布结构只有 TEM 波一种形式,如图 1-10 所示。

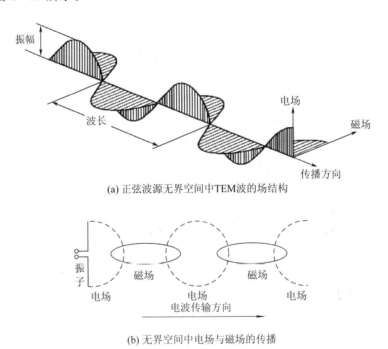

(a) 正弦波源无界空间中TEM波的场结构

(b) 无界空间中电场与磁场的传播

图 1-10 无界空间中 TEM 波的电磁场分布结构

1.2.3 电信传输信道

对通信或电信的认识,其实质就是对"信息传输"或"电信传输"的认识。所有的电信传输系统均可抽象成由发送设备、信道(或传输信道)与接收设备三部分组成,其中信道是完成信息传输的最重要的通道作用。信道通常是指以传输介质为基础的信号通道,而不同类型的传输介质又对应着不同用途的电信系统，所以对信道和传输介质的研究是开展电信传输研究的基础。

1．信道的概念

信道是指以传输介质为基础的信号传输通道。具体来说，根据传输介质是否有形，信道可分为有线信道和无线信道，抽象来说，信道也可以用指定的一段频带来表示。

2．信道的分类

信道可分为两类：狭义信道和广义信道。根据信道的定义，如果信道仅是指信号的传输介质，这种信道称为狭义信道；如果信道不仅是传输介质，而且包括传输系统中的一些转换装置，以及包含发送设备、接收设备、馈线与天线、调制器、解调器等，则这种信道称为广义信道。按照功能划分，广义信道又可以分为调制信道和编码信道等，如图 1-11 所示。狭义信道根据其传输介质是否有形，又可分成有线信道和无线信道。本书重点研究狭义信道。

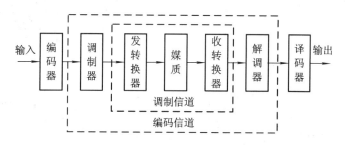

图 1-11　调制信道和编码信道

调制信道又可根据信道传输参数随时间变化的特性，分为恒参信道和随（变）参信道。例如，有线信道为典型的恒参信道，而短波电离层、微波对流层无线信道为随（变）参信道。编码信道也可细分为无记忆信道和有记忆信道。

为了便于理解，可把信道分类归纳如下：

1.2.4　有线信道及其特性

在有线信道传输中，理想导体（传输线）内部的电磁场都等于零，因此，电磁波只沿着有线介质周围定向传播，构成信号传输的通路。

1．有线信道

有线信道包括明线、对称电缆、同轴电缆、光纤（光缆）、金属波导和双绞线等。

架空明线是将金属裸导线捆扎在线担上的绝缘子上，再平行架设在电线杆上的一种通信线路。它主要由导线、电杆、线担、隔电子和拉线等组成，如图 1-12(a) 所示。金属裸导线主要有直径为 3.0 mm 及 2.5 mm 的铜线和直径为 4.0 mm 及 3.0 mm 的钢线。架空明线暴露在大自然环境中，容易受外界电磁场的干扰。当传输信号频率较高时，具有一定的辐射性，使线路损耗和串音增大。架空明线的复用程度较低，早期常用来开通传输频率为 150 kHz 的 12 路载波电话，现今架空明线多用于专用通信，如利用高压输电线实现载波通信，利用铁路电力机车输电线实现载波通信等。

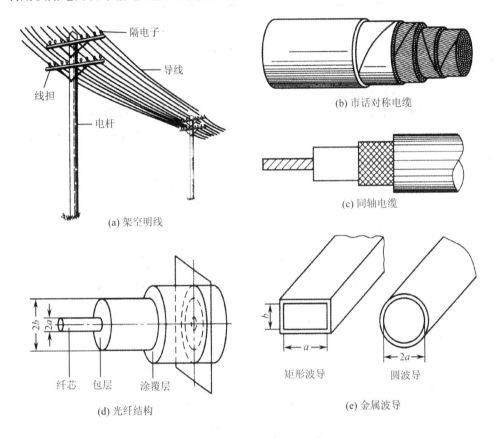

图 1 - 12　通信传输线路

市话对称电缆是由若干对（或组）导线与绝缘层组合而成的缆芯放在外护层内制成一个整体，外护层可由金属屏蔽层和绝缘层组成，如图 1 - 12(b) 所示。导线必须具有良好的导电性、柔软性和足够的机械强度。目前，最常用的导线是软铜线，线径有 0.32 mm、0.4 mm、0.5 mm、0.6 mm 和 0.8 mm 五种规格，主要用作固定电话网的用户接入电话线。

同轴电缆属于不对称的结构，它由内、外导体和内、外导体之间的绝缘介质及外护层四部分组成，如图 1 - 12(c) 所示。同轴电缆根据同轴管的尺寸大小可分为：大同轴电缆，内导体外径为 5 mm，外导体内径为 18 mm；中同轴电缆，内导体外径为 2.6 mm，外导体内径为 9.5 mm；小同轴电缆，内导体外径为 1.3 mm，外导体内径为 4.4 mm；微同轴电缆，内导体外径为 0.7 mm，外导体内径为 2.9 mm。同轴电缆还有一种专用于射频频段的射频同轴电缆。同轴电缆主要用作端局间的中继线、交换机与传输设备间的中继连接线、移动通信的基站收发信机与天线间的馈线以及有线电视系统中的用户接入线等。

光纤由纤芯、包层和涂覆层组成，如图 1 - 12(d) 所示。纤芯由石英等制成，折射率通

常用 n_1 表示，它是光波的主要通道。包层也由石英等制成，其折射率为 n_2，且 $n_1 > n_2$，其作用是构成全内反射的条件。涂覆层由聚乙烯等制成，为光纤增加力学强度。光纤作为传输介质的主要优点是传输频带宽、通信容量大、传输损耗小、抗电磁场干扰能力强、线径细、重量轻、资源丰富等。光纤目前使用最多，也是最理想的传输线，可供各种通信系统使用。为了进一步提高光纤的环境适应能力，光纤成缆是工程应用中常用的一种方法，光缆是由多根光纤与不同形式的"加强件"和"填充物"扭绞组合在一起组成缆芯，再套上外护层而形成的。光缆和电缆一样由"缆芯"和"护层"共同构成。

金属波导是用金属制成的空心导管的柱状单导体，形如金属水管。在高频传输时，电磁波被束缚在有形的空心导管（波导）空间内传播，波导是"用来导引电磁波，按人们意图向某个方向传输的线"。金属波导的种类较多，按横截面形状划分有矩形波导、圆波导等，如图 1-12(e) 所示。金属波导常用于微波通信、卫星通信、5G 移动通信的收/发信机与天线间馈线系统。

双绞线俗称网线，由若干对带绝缘的导线扭绞封装在外护层内形成。双绞线可分为非屏蔽双绞线（Unshilded Twisted Pair，UTP）和屏蔽双绞线（Shielded Twisted Pair，STP），其基本结构如图 1-13 所示。双绞线主要用作计算机局域网传输的数据线等。

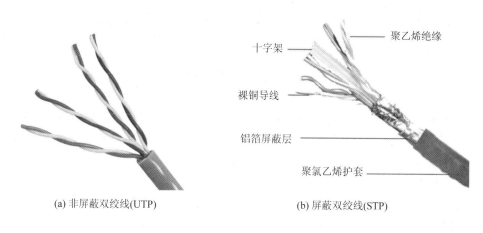

(a) 非屏蔽双绞线(UTP)　　　　　　　　　　　　(b) 屏蔽双绞线(STP)

图 1-13　双绞线的结构图

2. 有线信道的特性

讨论有线信道特性的目的是了解信道特性对信号传输的影响。信道特性主要有损耗、带宽、容量、噪声、干扰（失真）等。常用振幅-频率特性（简称幅频特性）和相位-频率特性（简称相频特性）描述带宽以及频率漂移等。

1) 信道的损耗

在信道传输信号时，由于传输介质本身存在的漏电阻和分布电容等，使信号功率被逐步损失消耗，通常把信号功率的损失称为损耗或衰减。传输信道距离越长，其损耗就越大，电信号强度会越弱。

损耗的定义是当信号经过某一传输线路后，其输入信号功率与输出信号功率的 10 倍常用对数比值。若输出的信号功率为 P_{out}，输入端的信号功率为 P_{in}，则信号经过传输线路的损耗值 $[A]$ 由式 (1.4) 描述。

$$[A] = 10\lg \frac{P_{in}(mW)}{P_{out}(mW)} = 10\lg \frac{P_{in}(W)}{P_{out}(W)} \ (dB) \tag{1.4}$$

2）信道的带宽

在有线传输信道中，不同介质的传输线，其允许信号频率传输范围不同，亦即传输信号的带宽不同。比如对称电缆的传输带宽通常在数千赫兹的音频范围，波导的传输带宽在数吉赫兹的微波范围，光纤的传输带宽在数百至数千太赫兹的光波范围。

从定性角度来说，带宽是指在固定的时间内信道无损耗可传输的信息容量。例如，对模拟信号，可用信号幅度损耗与频率的关系曲线，即幅频特性来确定带宽，如图1-14(a)所示，其中实线描述理想信道的幅频特性，虚线描述实际信道的幅频特性，其传输线带宽$B = f_b - f_a$。信号的失真可用相位移与频率特性关系曲线，即相频特性来定义。理想信道即信号传输无失真信道，其幅频特性曲线是一条水平直线，见图1-14(a)；相频特性是一条通过原点($f = 0$)的直线，见图1-14(b)，即信号传输的幅度和相位移与频率无关。

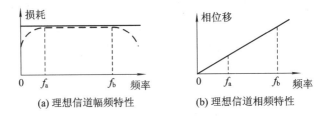

(a) 理想信道幅频特性　　　　　(b) 理想信道相频特性

图1-14　理想有线信道的传输特性

对于数字信号，传输线的带宽可用单位时间内从传输线上的某一点到另一点所能通过的"最高数据率"来表示。带宽的另一种表示就是色散，如果将脉冲信号经过一段长度的传输线传输后，其终端输出脉冲信号的时间宽度被展宽，就把脉冲展宽现象称为色散。色散大小也可反映传输线的带宽。

3）信道容量

信道容量，简单来说就是信道容纳的信息量。信道容量（或传输容量）是指信道能够无差错传输的最大平均信息速率。信道传输容量主要受香农（Claude Elwood Shannon，1916—2001）公式限制。在带限高斯白噪声信道中，传送M进制数字信号的信道容量如式(1.5)所示。

$$C = B\log_M \left[1 + \frac{S}{N}\right] \ (b/s) \tag{1.5}$$

式中，C是信道容量，单位为比特/秒(b/s)；B是信道带宽（Hz）；S/N为信噪比。由香农公式可知，提高信噪比，可以增大信道容量。

4）噪声和干扰

信号在信道传输过程中会受到各种噪声和干扰的影响。传输系统中即使没有信号传输也会有噪声，噪声来源有人为噪声、自然噪声、系统内部噪声。对于有线信道，主要研究系统内部噪声。系统内部噪声是指通信设备本身产生的各种噪声，它来源于通信设备的各种电子器件、传输线等。另外在传输系统中还存在有信道的干扰，由于干扰对信号传输的影响因素比较复杂，而且对有线信道而言影响程度较低，在工程上可以忽略不计，因此，在本书中只针对无线信道讨论干扰对信号传输的影响。

1.2.5　无线信道及其特性

1.　无线信道

无线信道的介质是自由空间，即大气层。在无线信道中，信号的传输是利用电磁波在大气层（或自由空间）的传播来实现的，原则上讲，任何频率的电磁波都可以在大气层中传播。为了构成一条无线信道，需要使用天线来发射（T）和接收（R）电磁波，而且要求天线的长度 L 不小于电磁波波长 λ 的 $1/4\sim1/2$，因此，频率过低，天线过长，则无线传输难于实现。例如，若电磁波的频率等于 3000 Hz，则其波长等于 100 km，此时要求天线的尺寸大于 $25\sim50$ km，这样大的天线虽然理论上可以实现，但是非常不经济和不方便，所以通常用于无线通信的电磁波频率都比较高。

在无线电收/发信机之间的电磁波传播总要受到地面和大气层的影响。按照电磁波通过大气层（4 层）的不同，再加上通信距离、频率和位置的不同，电磁波的传播方式可分为地表波、地反射波、直射波、天波及散射波传播等，如图 1-15 所示。

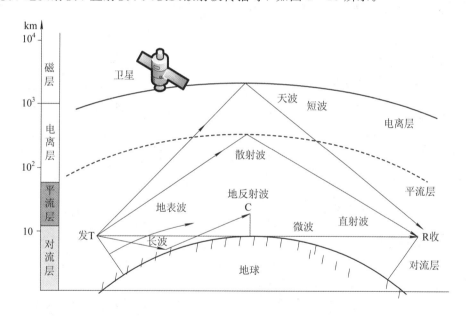

图 1-15　大气层的结构和无线电波的传播

地表波传播的特点是频率较低（约 2 MHz 以下的长波），电磁波趋于沿地球表面传播，有一定的绕射能力。地表波传播主要受地面土壤和地形地物的影响，而受气候条件的影响较小。由于波长越短的电磁波越容易被吸收，因此只有超长波、长波及中波能以地表波方式传播。在低频和甚低频段，地表波能够传播的距离超过数百千米至数千千米。

地反射波在收、发天线之间靠地球表面对波的反射进行传播，由图 1-15 可以看出直射波与地反射波在收、发天线之间只要相位差恒定就可以产生干涉。

直射波在收、发天线之间以直线传播，也称视距传播。超短波和微波主要以视距方式传播，以直射波传播的电磁波波长较短，其频率在 $30\sim300$ MHz 范围内，沿地面绕射的能力也很小，主要以直线视距方式在大气层中传输，传输距离约为 50 km，它主要用于 150 MHz 无线寻呼、对讲电话及超短波数字通信等。频率在 300 MHz ～300 GHz 之间的微波波段也是直射波传播,可用于移动通信、微波中继通信和卫星通信。视距传播易受高山、大的建筑物阻隔和大气层吸收损耗影响,为了增加传输距离,避开障碍物的阻挡,一是升高收、发天线高度,二是采用接力(中继)传输方式,每隔一定距离设立接力转发站,像接力赛跑一样,逐段把信息传输到远方,如图 1-16 所示。

天波是通过电离层反射传播的,它属于频率较高(约 2~30 MHz 的短波)的电磁波,能够被电离层一次或数次反射,通信距离可达上万千米,主要用于应急、抗灾中的电报、电话及数据通信。

散射波传播与反射波传播不同,无线电波的反射特性类似光波的镜面反射特性,而散射则是由于传播介质的不均匀性,使电磁波的传播产生向许多方向折射的现象。散射波传播主要应用于一些无法建立微波接力站的地区,如大海、岛屿之间的信息传输。散射波传播包括对流层散射波传播和电离层散射波传播。对流层是比电离层低的不均匀气团,散射波传播的工作频段主要是超短波和微波,通信距离最大为 600~800 km,如图 1-17 所示。散射信号一般很弱,因此进行散射波通信时要求使用大功率发射机,以及灵敏度高和方向性强的接收天线及接收机。

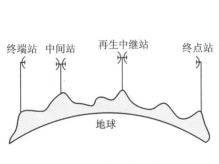

图 1-16　微波接力传输

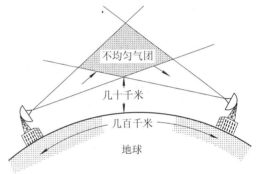

图 1-17　散射波传播

2. 无线信道的特性

无线信道特性参数与有线信道特性参数相似,如损耗、衰落、带宽、容量、噪声、干扰等。无线信道的传输特性没有有线信道的传输特性稳定和可靠,但无线信道也具有无可比拟的优点,即它不受导线的限制,具有方便、灵活和通信者可移动等优点,因此收信者可以在范围极其广泛的地域接收信号。

1) 信道的损耗与衰落

无线信道的损耗,主要有自由空间传播损耗、大气吸收损耗、降雨引起的损耗以及由于折射、散射与绕射、电离层闪烁与多径效应等引起的附加损耗。信号在无线信道的自由空间传播时,电磁波信号因扩散而产生的自由空间传播损耗。无线信道的损耗定义与有线信道相同,但使用不同的波进行传播时其计算损耗公式不同,这将在后续的章节中详细介绍。

无线信道的衰落,是一种起伏不定的变化损耗。无线信道的传输介质参数随气象条件和时间的变化而随机变化,如电离层对电波的吸收特性随年份、季节、白天和黑夜在不断地变化,因而对传输信号的损耗是起伏变化的,这种变化带来的损耗通常称为衰落。如果这种衰落变化是十分缓慢的,就称为慢衰落(或阴影衰落),慢衰落对传输信号的影响可以通过调节设备的增益来补偿。还有一种衰落其变化非常快，则称为快衰落（或多径衰落），快衰落是由于电波传播可能出现多条传播路径所引起的，如图 1-18 所示。

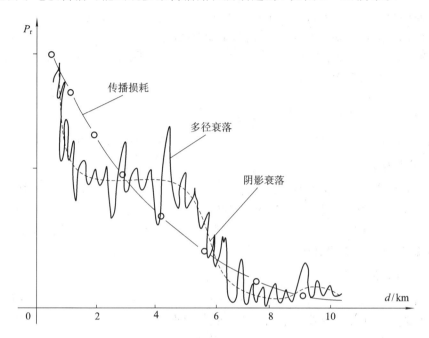

图 1-18　无线信道损耗与衰落特性示意图

注：P_r 为传输系统的接收功率；d 为传输距离

2）信道的带宽和容量

在无线信道中，信道带宽或数据传输速率由什么来决定呢？从无线通信发展规律可知，随着载波频率的提升，其传输可用带宽随之提升。简单的解释是载波频率的提升，引起可用频谱范围的增大，进而带来传输可用带宽的增加。根据香农定理，可靠通信的数据传输速率（信道容量）与通信所用信号的频率范围成比例关系，所以当载波频率提升时，会提高可用的频率范围，进而提升带宽和容量。因此无线信道的带宽与载波频率之间有一定的约束关系。信道带宽不仅与不同技术的传输系统有关，也与政府部门分配的频谱有关。比如中国移动的 5G 频段为 2515～2675 MHz，即带宽为 160 MHz；中国联通的 5G 频段为 3500～3600 MHz，即带宽为 100 MHz。

带宽是指能够有效通过信道的最大频率宽度。当传输信号的频率宽度超过其信道频率范围时，通信的质量会下降，这个频率范围被称为信道带宽。如果传输过程中频率范围的上限频率为 f_H，下限频率为 f_L，则其绝对带宽为 f_H-f_L，绝对带宽与载频之比 $(f_H-f_L)/f_C$ 为相对带宽，当相对带宽固定时，若载频变大，则绝对带宽也增大。根据美国联邦通信委员会（Federal Communication Commission，FCC）的规定，窄带的相对带宽小于 1%，宽带的相对带宽在 1% 至 25% 之间，超宽带的相对带宽大于 25%。比如，微波中继传输的载频为 2 GHz，相对带宽为 10%，则信道的绝对带宽为 200 MHz。

3）噪声和干扰

无线信道中的噪声种类有内部噪声和外部噪声。内部噪声主要是系统设备本身产生的各种噪声，而外部噪声才是真正对无线信道影响较大的噪声，比如自然噪声中的大气噪声、太阳噪声、银河噪声和人为噪声(又可分成郊区人为噪声和市区人为噪声)等。

干扰是指信号在信道传输中非有用信号对信号传输带来的影响。通常讨论的干扰是指无线电台间的相互干扰,包括电台本身产生的干扰,主要应考虑邻道干扰、同频道干扰、互调干扰以及因远近效应引起的近端信号对远端信号的干扰等。因此,在设计无线信道时,必须研究噪声和干扰的特征以及它们对信号传输的影响,并采取必要的抗干扰措施,以减小它们对传输信号质量的影响。

1.2.6 电信传输的主要特点

前面介绍了电信传输的基本概念,下面介绍电信传输的主要特点。

1. 传输信号的多频率

电信传输中的信号是多频率的、含有信息的,无论是模拟通信还是数字通信,它们的信号都包含丰富的频率,因此,有效的信号传输对收、发信机和传输信道带宽的要求非常严格。例如普通电话机发出的语音信号频率范围为 300~3400 Hz;有线电视 CATV 的传输频带更宽,大致达 750 MHz。

2. 电信传输的功率

在有线传输方式中,电信传输的功率比较小,一般只有毫瓦量级。也就是说电信号所含的能量比较小,例如一部普通电话机发出的语音信号功率只有 1 毫瓦(1 mW)左右,传输到对方用户,只要不小于 1 微瓦(1 μW)就能实现满意的通话;而在无线传输方式中,电信传输的功率相对较大,它一般在瓦(W)量级,例如一部移动电话发出的语音信号功率约有 24~30 dBm(约 1 W,至少也有 500 mW),经过基站传输到对方用户,其接收功率一般为 −70 ~ −100 dBm(约 0.001 μW)。但无论是有线传输还是无线传输,显然其电信号传输仍属于弱电传输,易受外来干扰,所以提高抗干扰能力、减小传输损耗是电信传输的重要工作。

3. 电信传输的效率

电信传输是弱电传输或是在外界强干扰条件下传输,其传输效率非常重要。要想把含有信息的能量尽可能多地传送到接收负载上,并且希望负载能获得最大功率,按照匹配传输原理,需要在电信号传输过程中使所有设备接口、传输线或信道都处于阻抗匹配的状态下,这样每个部件既可从前面的部件获取最大功率,又可向后面的部件输出最大功率;如果阻抗不匹配,就会发生电磁波反射,降低传输质量。由于无线信道环境相对有线信道而言更为复杂,因此有线信道的传输效率一般要高于无线信道的传输效率。

4. 电信传输与信号变换

电信传输离不开信号的变换,信号形态的相互变换也是电信传输的一个重要特点。例如,电话传输有声变电和电变声的过程;图像传输有光变电和电变光的过程。又如,在频分复用多路通信系统中,利用频率的变换措施,可以在同一对线路上传输多路信号而互不干扰;在时分复用多路通信系统中,应用抽样技术,可以把多路低速率的数字信号复用成高速率的数字信号,从而达到在同一对线上传输多路信号而互不干扰的目的。由于数字信号抗干扰能力强,因此现代通信中一般均利用数字信号进行传输,模—数转换和数—模转换技术在现代通信中获得了广泛的应用。

1.3 传输特性和传输单位

1.3.1 传输特性

如前所述，电信号可在由各种介质构成的信道上传输，其传输特性有损耗、衰落、带宽、色散、容量、噪声、干扰等，这里只讨论损耗、带宽和色散。

1. 损耗

由于传输信道中各类传输介质存在相应的物理特性，信号在传输时必然会产生损耗或衰减。为了防止在长距离传输信号时因信道原因使信号功率损耗至零，当信号传输一定距离后，需设置中继放大器，以补偿传输过程带来的损耗。

如图 1－19 所示，当信号经过某一传输网络时，若输出端的信号功率 P_{out} 小于输入端的信号功率 P_{in}，则称信号经过传输网络受到的损耗为[A]或传输网络对信号进行了衰减，即传输网络的作用相当于衰减器。

输入信号功率P_{in} →　传输网络　→ 输出信号功率P_{out}

图 1－19　增益与衰减

当信号经过某一传输网络时，若输出端的信号功率 P_{out} 大于输入端的信号功率 P_{in}，则称信号经过传输网络得到的增益为[G]或传输网络对信号进行了放大，即传输网络的作用相当于放大器。

损耗[A]和增益[G]的定义式如下：

$$[A](\text{dB}) = 10\lg \frac{P_{in}(\text{mW})}{P_{out}(\text{mW})} \qquad (1.6-a)$$

$$[A](\text{Np}) = \frac{1}{2}\ln \frac{P_{in}(\text{mW})}{P_{out}(\text{mW})} \qquad (1.6-b)$$

$$[G](\text{dB}) = 10\lg \frac{P_{out}(\text{mW})}{P_{in}(\text{mW})} \qquad (1.7-a)$$

$$[G](\text{Np}) = \frac{1}{2}\ln \frac{P_{out}(\text{mW})}{P_{in}(\text{mW})} \qquad (1.7-b)$$

式中，电平单位为分贝(dB)或奈培(Np)，被称为传输计量单位。

2. 带宽

带宽的定义与 1.2.4 小节中对信道带宽的定义一致，如图 1－14(a)所示，其传输线带宽为 $f_b - f_a$，在此不再赘述。

实际参与传播的信号总是由许多频率成分组成的，即占有一定的频带宽度，而传输线的损耗是频率的函数，故当不同频率的信号经过传输线时，其损耗不同。把传输线输出不同频率的功率的最大值降低一半所对应的频谱宽度，称为该传输线的传输带宽。

3. 色散

广义来说，色散是指复色光分解为单色光而形成光谱的现象。色散现象说明不同频率的光在介质中的传播速度不同。比如语音信号波在介质中传播，它们的频率成分不同，传播速度亦不同，这种现象叫色散。由于电信传输是多频率信号的传输，如果将脉冲信号经过同样一段长度的传输线传输后，在其终端观察，出射端脉冲将发生时间上的展宽，这种脉冲展宽现象称为色散，色散大小会直接影响传输线的带宽。

1.3.2　传输单位

传输单位常用分贝/分贝毫瓦(dB/dBm)或分贝/分贝瓦(dB/dBW)表示。为什么要用这样的传输单位作为传输计量单位呢？由声学分析知，人耳对声音强弱变化的感觉与信号功率的变化是不成正比的，而与信号功率变化的对数成正比。例如将功率为 0.1 mW 的信号提高到 1 mW，信号功率增大了 10 倍，但对人的听觉来说声音响度只增大 $\lg 1/0.1 = \lg 10 = 1$ 倍；另一方面，人眼对亮度变化的反应同人耳一样，也是和功率变化的对数规律成正比的，因此，采用功率比的对数作为传输单位，正好符合人们听觉和视觉的特性。

目前国际上通用的传输单位有两种，一种为分贝(dB)，一种为奈培(Np)。所谓某点的电平，是指电信传输系统中某点信号的实测功率(或电压、电流)值与某参考点的信号功率(或电压、电流)值之比的 10 倍常用对数值或 1/2 倍自然对数值。

1. 相对电平

以功率进行描述和计算时，两点间的相对功率电平为

$$[L_\mathrm{P}](\mathrm{dB}) = 10\lg \frac{P_1(\mathrm{mW})}{P_2(\mathrm{mW})} \tag{1.8-a}$$

$$[L_\mathrm{P}](\mathrm{Np}) = \frac{1}{2}\ln \frac{P_1(\mathrm{mW})}{P_2(\mathrm{mW})} \tag{1.8-b}$$

或

$$[L_\mathrm{P}](\mathrm{dB}) = 10\lg \frac{P_1(\mathrm{W})}{P_2(\mathrm{W})} \tag{1.9-a}$$

$$[L_\mathrm{P}](\mathrm{Np}) = \frac{1}{2}\ln \frac{P_1(\mathrm{W})}{P_2(\mathrm{W})} \tag{1.9-b}$$

式中，P_1 为被测点(实测点)的信号功率；P_2 为某参考点的信号功率。在许多理论公式推导中，所用单位是奈培，而工程应用时常用的单位是分贝。为此，需要将以奈培为单位的电平转换为以分贝为单位的电平，故需要找出奈培和分贝之间的转换关系。

设 $[L_\mathrm{P}] = 1$ Np，则由式(1.8-b)与式(1.8-a)可知

$$[L_\mathrm{P}] = \frac{1}{2}\ln \frac{P_1}{P_2} = 1\ (\mathrm{Np}), \qquad \frac{P_1}{P_2} = \mathrm{e}^2 = 7.389$$

这个功率比若用常用对数表示则是

$$[L_\mathrm{P}] = 10\lg \frac{P_1}{P_2} = 10\lg 7.389 = 8.686\ (\mathrm{dB})$$

以上分析说明：

$$1\ \mathrm{Np} = 8.686\ (\mathrm{dB}), \qquad 1\ \mathrm{dB} = \frac{1}{8.686} = 0.115\ (\mathrm{Np}) \tag{1.10}$$

传输电平可分为绝对电平和相对电平，两者的定义方式和符号都各不相同。

2. 绝对电平

绝对电平与相对电平的不同之处在于参考点的信号功率值为固定值，此固定功率值为

$P_0 = 1$ mW 或 $P_0 = 1$ W。

若测试点 X 的功率值为 P_X(mW)或 P_X(W)，则测试点 X 的绝对功率电平$[L_{P_X}]$可以表示为

$$[L_{P_X}] = 10\lg \frac{P_X(\text{mW})}{1(\text{mW})} \ (\text{dBm}) \tag{1.11}$$

或

$$[L_{P_X}] = 10\lg \frac{P_X(\text{W})}{1(\text{W})} \ (\text{dBW}) \tag{1.12}$$

例 1 - 1　设某传输系统中测试点 X 的信号功率分别为 0.1 mW、1 mW、10 mW、1 W，试计算 X 点的绝对功率电平值。

解　$[L_{X1}] = 10\lg \dfrac{0.1 \text{ mW}}{1 \text{ mW}} = 10\lg 10^{-1} = -10 \ (\text{dBm})$

$[L_{X2}] = 10\lg \dfrac{1 \text{ mW}}{1 \text{ mW}} = 10\lg 1 = 0 \ (\text{dBm})$

$[L_{X3}] = 10\lg \dfrac{10 \text{ mW}}{1 \text{ mW}} = 10\lg 10 = 10 \ (\text{dBm})$

$[L_{X4}] = 10\lg \dfrac{1 \text{ W}}{1 \text{ mW}} = 10\lg \dfrac{1000 \text{ mW}}{1 \text{ mW}} = 30 \ (\text{dBm})$

或

$[L_{X4}] = 10\lg \dfrac{1 \text{ W}}{1 \text{ W}} = 10\lg 1 = 0 \ (\text{dBW})$

3. 正电平、负电平和零电平的意义

由例 1 - 1 可以看出，绝对功率电平可为正、零、负值。以绝对功率电平为例，由定义知，当 $P_X = P_0 = 1$ mW 时，绝对功率电平为 0 dBm，其含义是该点的测试功率 P_X 等于基准功率 P_0（即 1 mW）；当 $P_X < P_0$ 时，绝对功率电平是负值，其含义是该点的测试功率 P_X 小于基准功率 P_0（即 1 mW）；当 $P_X > P_0$ 时，绝对功率电平是正值，其含义是该点的测试功率 P_X 大于基准功率 P_0（即 1 mW）。

对于相对功率电平而言也有类似的含义，由定义知，当 $P_1 = P_2$ 时，相对功率电平为 0 dB，其含义是该点的测试功率 P_1 等于参考点功率 P_2；当 $P_1 < P_2$ 时，相对功率电平是负值 dB，其含义是该点的测试功率 P_1 小于参考点功率 P_2；当 $P_1 > P_2$ 时，相对功率电平是正值 dB，其含义是该点的测试功率 P_1 大于参考点功率 P_2。

4. 相对电平与绝对电平之间的关系

以相对功率电平为例，将式(1.8 - a)与式(1.11)相结合可知：

$$[L_P](\text{dB}) = 10\lg \frac{P_1(\text{mW})}{P_2(\text{mW})} = 10\lg \frac{\dfrac{P_1(\text{mW})}{1(\text{mW})}}{\dfrac{P_2(\text{mW})}{1(\text{mW})}}$$

$$= 10\lg \frac{P_1(\text{mW})}{1(\text{mW})} - 10\lg \frac{P_2(\text{mW})}{1(\text{mW})} = [L_{P_1}](\text{dBm}) - [L_{P_2}](\text{dBm})$$

$$\tag{1.13}$$

由此可见，两点间的相对功率电平等于该两点的绝对功率电平之差。同理可知：

$$[L_{\mathrm{P}}](\mathrm{dB}) = 10\lg \frac{P_1(\mathrm{W})}{P_2(\mathrm{W})} = 10\lg \frac{\dfrac{P_1(\mathrm{W})}{1(\mathrm{W})}}{\dfrac{P_2(\mathrm{W})}{1(\mathrm{W})}}$$

$$= 10\lg \frac{P_1(\mathrm{W})}{1(\mathrm{W})} - 10\lg \frac{P_2(\mathrm{W})}{1(\mathrm{W})} = [L_{\mathrm{P}_1}](\mathrm{dBW}) - [L_{\mathrm{P}_2}](\mathrm{dBW})$$

$$(1.14)$$

例 1-2 设某传输系统中测试点 P_{X} 信号的绝对功率电平 $[L_{\mathrm{P}_{\mathrm{X}}}]$ 为 1 dBW，试换算该点绝对功率电平 $[L_{\mathrm{P}_{\mathrm{X}}}]$ 为多少 dBm?

解 $[L_{\mathrm{P}_{\mathrm{X}}}] = 10\lg \dfrac{P_{\mathrm{X}}(\mathrm{W})}{1(\mathrm{W})} = 1$ dBW，$\dfrac{P_{\mathrm{X}}(\mathrm{W})}{1(\mathrm{W})} = 10^{1/10}$

$P_{\mathrm{X}} = 10^{1/10} \times 1\ \mathrm{W} = 10^{1/10} \times 10^3\ \mathrm{mW}$

$[L_{\mathrm{P}_{\mathrm{X}}}] = 10\lg \dfrac{P_{\mathrm{X}}(\mathrm{mW})}{1(\mathrm{mW})} = 10\lg \dfrac{10^{1/10} \times 10^3(\mathrm{mW})}{1(\mathrm{mW})}$

$= 10\lg \dfrac{10^{1/10}(\mathrm{mW})}{1(\mathrm{mW})} + 10\lg \dfrac{10^3(\mathrm{mW})}{1(\mathrm{mW})}$

$= 1\ \mathrm{dBm} + 30\ \mathrm{dBm}$

$= 31\ \mathrm{dBm}$

1.4 电信传输工程

电信传输的研究通常分为三个阶段。第一阶段：从电信传输的理论研究入手，其目的是从理论中去预测或获取信息传输的最佳效果，即少投入多产出；第二阶段：当传输理论研究到一定程度时，将电信传输系统的应用或传输技术的应用作为研究的重点，因为传输系统的应用使多种信号在各种传输系统中的传输成为可能；第三阶段：将传输理论和传输系统投入到工程应用中，即进行规划、设计、预算、施工、测试、优化和维护等，最终把电信传输理论转变为现实的通信。

1.4.1 工程的概念

根据《新牛津英语词典》的定义，"工程"是一项精心计划和设计，以实现一个特定目标而单独进行或联合实施的工作，如机械工程、通信工程、电子工程、控制工程、管理工程、石油工程、土木建筑工程、化工工程、核电工程、林业工程、智能工程等。

高级汉语词典对工程的解释是："将自然科学的理论应用到具体工农业生产部门中形成的各学科的总称。""电信传输工程"可以理解为将电信传输理论应用到具体的通信行业形成的信息传输各学科的总称，比如电信传输工程由网络设计与开发、预算、施工、网络计费管理、网络优化等相关工作集合而成。

"工程"具有三层含义：

(1) 工程学科。工程学科是人们为了解决生产和社会中出现的问题，将科学知识、技术或经验用以设计产品，建造各种工程设施、生产机器或材料的技能，是人类知识的结晶，是科学技术的一部分。

（2）工程的建造过程。工程是人们为了达到一定的目的，应用相关科学技术与知识，利用自然资源最佳地获得上述技术系统的过程或活动。这些活动通常包括：工程的论证与决策、规划、勘察与设计、施工、运营及维护，新型产品与装备的开发、制造和生产过程，以及技术创新、技术革新、更新改造、产品或产业转型过程等。

（3）工程技术系统。工程是人类为了实现认识自然、改造自然、利用自然的目的，应用科学技术创造的，具有一定使用功能或实现价值要求的技术系统。工程的产品或带来的成果都必须有使用价值（功能）或经济价值，如一幢建筑物、一条公路、一个电信传输网络。

1.4.2　有线/无线传输工程

有线/无线传输工程只是通信工程的两个类别，工程本身才是值得我们长期学习及实践的。

有线传输工程主要是利用有线传输媒质相关设备去完成电信传输系统与传输网的实施，完成这项工程涉及一系列工作内容，如规划决策、传输系统设计、线路工程设计、工程概预算、工程施工、验收测试等。

无线传输工程主要是利用自由空间与无线技术去完成传输系统与传输网的实施，完成这项工程涉及一系列工作内容，如规划决策、传输系统设计、基站工程设计、工程概预算、工程施工、验收测试、优化等。

电信传输工程对通信工程或其他工程专业的学生来说，是一个非常实用的学习内容，它可以把抽象的理论学习与真实的工程应用结合起来，让知识找到了归属。人们通常最怕空学理论，当把传输理论与工程实践相结合时，学习起来自然就豁然开朗了。

思考题与习题

1. 什么是通信、电信、电信传输、信道、噪声、干扰、损耗、衰落、带宽和色散？

2. 电信号有哪些种类？信道有哪些种类？各有什么特征？

3. 点到点的电信传输系统是如何组成的？

4. 无线传输有哪些传播方式？常用传输信道主要有哪几种类型的电磁波模式（波形）？

5. 工程的概念是什么？电信传输工程包含哪些内容？

6. 有线信道和无线信道各有哪些特性？

7. 以功率电平为例，请简述正电平、负电平和零电平的意义。

8. 试简述绝对电平和相对电平的定义以及两者之间的关系。

9. 设传输系统某点 X 的绝对功率电平为 3 dBW、0 dBm、-7 dBm，试求 X 点的功率值（单位用国际量纲）。

10. 已知传输线路测试点 B 的功率为 0.2 W，线路始端 A 的功率为 10 mW，求测试点 B 的相对功率电平值。

第 2 章　传输线和波导理论

　　从广义上讲，凡是能够引导高频或微波电磁能量沿指定方向传输的导体、介质（物理通信线路）或由它们共同组成的导波系统，都可以称为传输线。传输线起着引导或束缚电磁波能量向指定的方向前行的传输作用。

　　在不同的频率范围内，由于不同的传输线具有不同的传输特性，且某一类传输线，不可能适用于各种频率下的传输，因此需采用不同类型的传输线来适应不同频率范围的应用场合。总之，无论在何种应用情况下，对传输线的基本要求仍然是高效率、宽频带、大容量、长距离、低损耗、小尺寸和低成本等。

2.1　常用的传输线和波导

2.1.1　传输线的结构及分类

　　任何一种传输线，其信号能量的传播都是以电磁波形式进行的。因此，通常可按传输的电磁波模式的类型，即 TE 波、TM 波和 TEM 波来划分传输线的模式类型。

　　常用的 TEM 波（模）（含准 TEM 模）传输线有平行双导线、同轴线、带状线、微带线等，如图 2-1 所示。

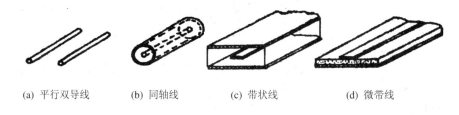

　　(a) 平行双导线　　　(b) 同轴线　　　(c) 带状线　　　(d) 微带线

图 2-1　常用 TEM 波传输线

1. 平行双导线

　　平行双导线是最简单的 TEM 波传输线，如图 2-1(a)所示。当传输 TEM 波的频率增高时，平行双导线的辐射损耗会急剧增加，因此，该传输线只适用于千米波、十米波的低频段。平行双导线的另一种形式为双绞线，如图 1-13 所示。

2. 同轴线

　　同轴线是由内、外导体构成的，如图 2-1(b)所示。电磁波在内、外导体之间传输。外导体对电磁波能量具有屏蔽作用，从而避免了辐射损耗。同轴线可用于分米波的高频段至大于 10 cm 的波段。其主要优点是工作频带较宽，适合传送频带较宽的信号，在高频下也可传输 TE、TM 波。

3. 带状线

　　带状线由双接地板中间夹一导体带构成，如图 2-1(c)所示。导体带与双接地板之间填充的是固体介质或空气。带状线可以看成由同轴线演变而来，如图 2-2 所示，它适合做 1 GHz 以上的高性能无源带状元件，如滤波器、耦合器等。

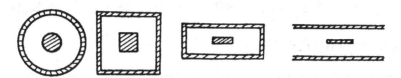

图 2-2　同轴线向带状线的演变

4. 微带线

　　微带线是微波集成电路中使用最多的一种传输线，其结构便于外接固体微波器件。如图 2-1(d)所示，微带线由介质基片上的导体带与底面上的金属接地板构成，它也可以看成由平行双导线演变而来，如图 2-3 所示。微带线广泛用于 1 GHz 以上的信号传输，也可制成各种集成微波元器件。

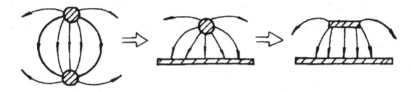

图 2-3　平行双导线向微带线的演变

2.1.2　波导传输线的结构及分类

　　波导是由空心金属管构成的传输线，根据其横截面形状不同，可以分为矩形波导、圆波导、脊形波导、椭圆波导等，如图 2-4 所示。波导适合传输 TE 波（模）和 TM 波（模），常用于高频传输，如厘米、分米波段的微波传输。

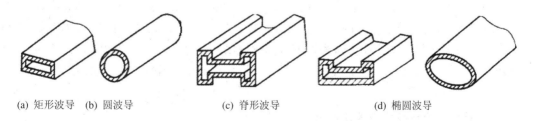

(a) 矩形波导　(b) 圆波导　　　　　(c) 脊形波导　　　　　　(d) 椭圆波导

图 2-4　波导传输线的结构

　　波导的特点可通过分析同轴线高频特性而得出。同轴线是由内、外导体构成的，外导体具有屏蔽和防辐射作用，从而减小由辐射引起的损耗。但是随着电磁波频率的升高，流经导体的电流越来越"挤向"导体表面（即趋肤效应）。所谓"趋肤效应"，就是当导线通过交变电流时，在导线的中心处电流密度较小，而导线的表面处电流密度较大，即电流趋向于导体表面流通，在导线中心层几乎没有电流流过，相当于减小了导线的截面积，使导线电阻增大。趋肤效应启发了人们将高频传输线（如波导管）做成空心状结构。

2.2 传输线的分析

本节主要针对平行双导线（含对称电缆线、双绞线）和同轴线等传输线进行分析。

2.2.1 传输线常用的分析方法

传输线的理论基础是麦克斯韦电磁场理论，用来描述电磁场和电磁波的运动规律，进而分析和解释传输线中传输的信号和能量的变化规律。

传输线实际上是一个导行系统，信号以电磁波的形式在导行系统内或附近沿着传输线传播，因此传输线中电磁场的存在形式与麦克斯韦方程的数学函数一一对应。各种传输线都共同遵循麦克斯韦方程，区别仅在于电磁场的边界条件不同。为了简化研讨，本章讨论的传输线都工程化地近似为均匀传输线，以后不再做专门说明。

1. 分析方法的讨论

当电磁波通过传输线传播时，不同频率的电磁波在不同的传输线中会有不同的电磁场分布，其分布情况将受到传输线的边界条件、电磁波频率（或波长）以及传输线横向尺寸与纵向尺寸大小等因素的影响。

分析电信号沿传输线传播的特性时，通常有两种方法：一种是电路理论分析法，另一种是电磁场理论分析法。

（1）电路理论分析法是把传播电信号的传输线看作是由一系列电阻 R、电感 L、电容 C 和电导 G 通过串、并联等方式组成的等效电路。根据基尔霍夫定律，可较准确地列出传输线纵向上任意一点的电压 U 和电流 I 的表达式。该分析方法易于理解和求解，在频率不是很高的情况下，其分析结果能满足工程近似的误差要求。用电路理论分析法研究传输线的条件是电磁波波长远大于传输线横向尺寸，可将传输线的横截面近似看作一点，传输线上的场强即可视为传输线上任意一点的场强。

（2）电磁场理论分析法是通过用麦克斯韦方程和边界条件进行严密分析，可得到电场 E 和磁场 H 的麦克斯韦方程的数学表达式，从中推导出信号沿传输线传输的规律。该分析法常用于分析波导、光纤等传输线处于微波频段以上的电磁波传播规律。这是因为在微波频段上电磁波波长与传输线横向尺寸已经是可以比拟的了，不能再将传输线的横截面当作一个点来处理。

2. 长线的分布参数和等效电路

电路理论分析法是将传输线的电气特性用一个同特性的无源电路网络来等效分析的方法。如图 2-5 所示，将一个传输线等效为一个二端口电路网络，分析等效电路网络的电气特性就等同于分析传输线的电气特性。使用该分析法时，传输线上传输不同的信号频率决定了此传输线等效电路中的电路元件是采用分布参数来近似还是采用集总参数来近似。当传输线上传输的信号频率不是很高时，传输线等效电路元件值可以采用集总参数近似，用

R、L、C、G 电路元件组合表示。随着传输线中传输信号的频率升高，传输线的等效电路将会产生分布参数效应，即此传输线需看作是由一系列的分布电阻 R_1、分布电感 L_1、分布电容 C_1 和分布电导 G_1（分布参数）串、并联等效电路组成的电路模型，此时传输线的等效电路元件就应采用分布参数 R_1、L_1、C_1、G_1 组合表示。在工程上，电路理论分析法更适合于双线传输线传输信号规律的分析。

当传输线的几何长度 L 比其上传输的电磁波的波长 λ 更长，即 $L \geqslant \lambda$ 时，传输线称为长线，反之则称为短线。若传输线工作在长线状态，则采用传输线为分布参数（R_1、L_1、C_1、G_1）的等效电路组合；若传输线工作在短线状态，则采用传输线为集总参数（R、L、C、G）的等效电路组合。

长线并不意味着传输线的几何长度的绝对长度很长，而是用来反映传输线几何长度与传输电磁波波长之间的相对长度。例如，若传输线的传输频率较高，则其波长在微米波段时，传输线长度为分米量级，即可称此传输线工作于长线状态。再如，若传输线是输送市电的电力线，其工作频率为 50 Hz，相当于波长为 6000 km，那么，即使传输线长度在几千米以上，仍然不能称其工作于长线状态。

传输线单位长度上的电阻 R_1、电感 L_1、电容 C_1、电导 G_1 统称为分布参数。如果传输线工作在长线状态，传输线上就会出现分布参数效应，这时，即使传输线处于稳态，传输线上的电压、电流随时间和传输线长度也会发生变化。

在均匀传输线上截取任意一段 dz（$dz \ll \lambda$），可看作集总参数（R、L、C、G）电路，其参数分别为 $R = R_1 dz$、$L = L_1 dz$、$C = C_1 dz$、$G = G_1 dz$，如图 2-5(a)所示。可将整个传输线看成由许多尺寸极短的集总参数电路连接而成，如图 2-5(b)所示。其中每个微分段的"小电路"构成了集总参数电路单元并遵循基尔霍夫定律，但在同一瞬间，各"小电路"都具有不同的电压值和电流值。

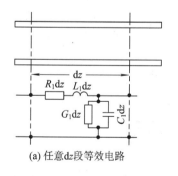

(a) 任意 dz 段等效电路

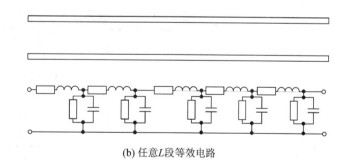

(b) 任意 L 段等效电路

图 2-5　传输线的等效电路

对于双线传输线（平行双导线、同轴线），互相绝缘的平行双导线表面可视为电容器的两个极板，当导线直径 d 越大、两导线间距 D 越近、线路越长时，电容量越大，而与传输信号的频率、电压和电流的值无关。电阻、电感及电导都是频率及两导线间距 D 和导线直径 d 的函数，频率 f 越高电阻值就越大，其原因可用"趋肤效应"来解释。

平行双导线的分布参数与 D、f、d 的关系曲线如图 2-6 所示。同轴线的分布参数与 f 以及内、外导体半径 b/a 变化的关系曲线如图 2-7 所示。

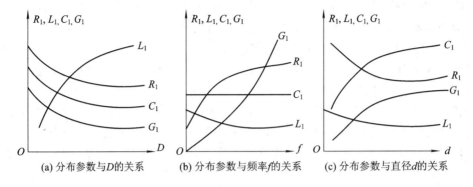

图 2-6　平行双导线分布参数与 D、f、d 的关系曲线

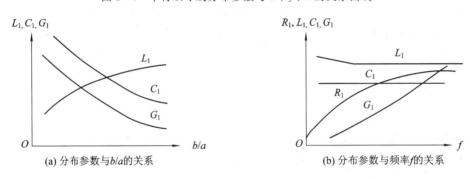

图 2-7　同轴线分布参数与 f、b/a 的关系曲线

表 2-1 给出了平行双导线和同轴线的分布参数的计算公式，R_1、L_1、C_1、G_1 表达式来自静态场的分析结论。表中的 ε_1 是介电常数；μ 是导线间介质的磁导率；σ_1 是导线周围的绝缘介质的漏电电导率；σ_2 是导线的电导率。

表 2-1　平行双导线和同轴线的分布参数

参数	传输线	
	平行双导线	同轴线
$L_1/(\text{H/m})$	$\dfrac{\mu}{\pi}\ln\dfrac{D+\sqrt{D^2-d^2}}{d}$	$\dfrac{\mu}{2\pi}\ln\dfrac{b}{a}$
$C_1/(\text{F/m})$	$\dfrac{\pi\varepsilon_1}{\ln\dfrac{D+\sqrt{D^2-d^2}}{d}}$	$\dfrac{2\pi\varepsilon_1}{\ln\dfrac{b}{a}}$
$R_1/(\Omega/\text{m})$	$\dfrac{2}{\pi d}\sqrt{\dfrac{\omega\mu}{2\sigma_2}}$	$\sqrt{\dfrac{f\mu}{4\pi\sigma_2}}\left(\dfrac{1}{a}+\dfrac{1}{b}\right)$
$G_1/(\text{S/m})$	$\dfrac{\pi\sigma_1}{\ln\left[(D+\sqrt{D^2-d^2})/d\right]}$	$\dfrac{2\pi\sigma_1}{\ln(b/a)}$

2.2.2　传输线方程及其解

根据目前传输线所传输的信息容量,传输线基本工作于长线状态,一般采用分布参数的电路理论分析法讨论。为了得到传输线的传输特性,首先从传输线上选取任意一点,利用传输线分布参数做等效电路,并根据基尔霍夫定律,列出电压 U 和电流 I 的关系式,继而可推导出传输线方程,即"电报方程",然后求出其解。

1.传输线方程

在传输线上任意一点 z 处选取一微分线元 A－B,其长度为 $\mathrm{d}z(\mathrm{d}z \ll \lambda)$,此小线元 A－B 就可视为一集总参数电路的二端口倒 L 型或 π 型网络,其网络上的相应总电阻为 $R_1\mathrm{d}z$,总电感为 $L_1\mathrm{d}z$,总电容为 $C_1\mathrm{d}z$,总电导为 $G_1\mathrm{d}z$,如图 2－8(a)所示。这样,整个均匀传输线就可视为由多个等效倒 L 型网络级联而成的分布参数等效电路,如图 2－8(b)所示。通过研究传输线上电压、电流的相互变化关系就可推导出传输线方程。

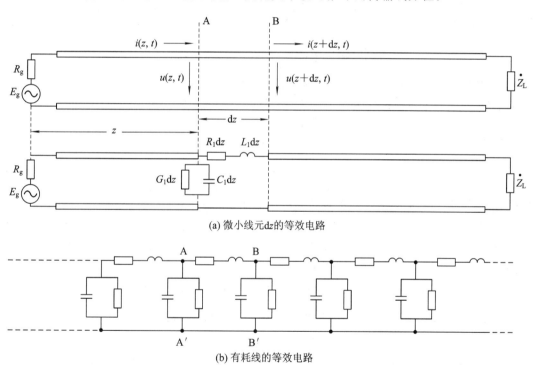

(a) 微小线元dz的等效电路

(b) 有耗线的等效电路

图 2－8　传输线的等效电路

首先,假设传输线的始端连接了一个角频率为 ω 的正弦信号源,其电压和电流随时间作简谐变化。此时传输线上电压和电流的瞬时值为 $u(z,t)$ 和 $i(z,t)$,则有

$$u(z,t) = \mathrm{Re}[U(z)\mathrm{e}^{\mathrm{j}\omega t}]$$
$$i(z,t) = \mathrm{Re}[I(z)\mathrm{e}^{\mathrm{j}\omega t}] \tag{2.1}$$

式中,$U(z)$ 和 $I(z)$ 分别为传输线上 z 处电压、电流的复数有效值,它们仅是距离 z 的函数。

然后,再设 t 时刻在位置 z 处(A 点)的输入电压和电流分别为 $u(z,t)$ 和 $i(z,t)$,$z＋\mathrm{d}z$ 处(B 点)的输出电压和电流分别为 $u(z＋\mathrm{d}z,t)$ 和 $i(z＋\mathrm{d}z,t)$。对如图 2－8(a)所示

的等效电路，可以看成集总参数电路，应用基尔霍夫的 A、B 两点间的电压降和电流定律可得

$$\begin{cases} u(z+\mathrm{d}z,\,t)-u(z,\,t)=-\,\mathrm{d}u(z,\,t)=-\dfrac{\partial u(z,\,t)}{\partial z}\mathrm{d}z=\left[R_1 i(z,\,t)+L_1\dfrac{\partial i(z,\,t)}{\partial t}\right]\mathrm{d}z \\[2mm] i(z+\mathrm{d}z,\,t)-i(z,\,t)=-\,\mathrm{d}i(z,\,t)=-\dfrac{\partial i(z,\,t)}{\partial z}\mathrm{d}z=\left[G_1 u(z,\,t)+C_1\dfrac{\partial u(z,\,t)}{\partial t}\right]\mathrm{d}z \end{cases}$$

也即

$$\begin{cases} -\dfrac{\partial u(z,\,t)}{\partial z}=R_1 i(z,\,t)+L_1\dfrac{\partial i(z,\,t)}{\partial t} \\[2mm] -\dfrac{\partial i(z,\,t)}{\partial z}=G_1 u(z,\,t)+C_1\dfrac{\partial u(z,\,t)}{\partial t} \end{cases} \qquad (2.2)$$

式(2.2)即为均匀传输线方程，又称为电报方程。

　　根据式(2.1)的假设，其电压和电流的瞬时值与复数形式之间的关系为 $u(z,\,t)=\mathrm{Re}\left[U(z)\mathrm{e}^{\mathrm{j}\omega t}\right]$，$i(z,\,t)=\mathrm{Re}\left[I(z)\mathrm{e}^{\mathrm{j}\omega t}\right]$，其相应的瞬时值 u、i、$\dfrac{\partial u}{\partial t}$、$\dfrac{\partial i}{\partial t}$、$\dfrac{\partial u}{\partial z}$ 和 $\dfrac{\partial i}{\partial z}$ 均可分别对应写为 U、I、$\mathrm{j}\omega U$、$\mathrm{j}\omega I$、$\dfrac{\mathrm{d}U}{\mathrm{d}z}$ 和 $\dfrac{\mathrm{d}I}{\mathrm{d}z}$（将原来的偏导数 $\dfrac{\partial u}{\partial z}$ 和 $\dfrac{\partial i}{\partial z}$ 改写成 $\dfrac{\mathrm{d}U}{\mathrm{d}z}$ 和 $\dfrac{\mathrm{d}I}{\mathrm{d}z}$ 的原因是 U 和 I 在某一确定时刻仅是位置 z 的函数），则式(2.2)可改写为式(2.3)，并将 $U(z)$ 写为 U，$I(z)$ 写为 I，于是得到如下传输线方程：

$$\begin{cases} -\dfrac{\mathrm{d}U}{\mathrm{d}z}=(R_1+\mathrm{j}\omega L_1)I & (2.3\text{-}a) \\[2mm] -\dfrac{\mathrm{d}I}{\mathrm{d}z}=(G_1+\mathrm{j}\omega C_1)U & (2.3\text{-}b) \end{cases}$$

式中，$R_1+\mathrm{j}\omega L_1=Z_1$，为传输线单位长度的串联阻抗($\Omega/\mathrm{m}$)；$G_1+\mathrm{j}\omega C_1=Y_1$，为传输线单位长度的并联导纳($\mathrm{S/m}$)。式(2.3)称为时谐形式的传输线方程。它描述了均匀传输线每个微分段上电压和电流的变化规律，此方程可以解出传输线上任意点电压和电流以及它们之间的关系。

2. 传输线方程的解

　　为了求解传输线方程，将式(2.3)的等号两边对 z 求导，得

$$\begin{cases} (R_1+\mathrm{j}\omega L_1)\dfrac{\mathrm{d}I}{\mathrm{d}z}=-\dfrac{\mathrm{d}^2 U}{\mathrm{d}z^2} & (2.4\text{-}a) \\[2mm] (G_1+\mathrm{j}\omega C_1)\dfrac{\mathrm{d}U}{\mathrm{d}z}=-\dfrac{\mathrm{d}^2 I}{\mathrm{d}z^2} & (2.4\text{-}b) \end{cases}$$

再将式(2.3)代入式(2.4)，得

$$\begin{cases} (R_1+\mathrm{j}\omega L_1)(G_1+\mathrm{j}\omega C_1)U=\dfrac{\mathrm{d}^2 U}{\mathrm{d}z^2} \\[2mm] (G_1+\mathrm{j}\omega C_1)(R_1+\mathrm{j}\omega L_1)I=\dfrac{\mathrm{d}^2 I}{\mathrm{d}z^2} \end{cases} \qquad (2.5)$$

　　若令：

$$\gamma^2=Z_1 Y_1=(R_1+\mathrm{j}\omega L_1)(G_1+\mathrm{j}\omega C_1) \qquad (2.6)$$

将式(2.6)代入式(2.5)，并互相代换整理得到

$$
\begin{cases}
\dfrac{\mathrm{d}^2 U}{\mathrm{d}z^2} - \gamma^2 U = 0 & (2.7-\mathrm{a}) \\[3mm]
\dfrac{\mathrm{d}^2 I}{\mathrm{d}z^2} - \gamma^2 I = 0 & (2.7-\mathrm{b})
\end{cases}
$$

式(2.7)是二阶常微分方程，也称为均匀传输线的波动方程，其通解为

$$
U(z) = A_1 \mathrm{e}^{-\gamma z} + A_2 \mathrm{e}^{\gamma z} = U^+ + U^- \qquad (2.8-\mathrm{a})
$$

$$
I(z) = B_1 \mathrm{e}^{-\gamma z} + B_2 \mathrm{e}^{\gamma z} = I^+ + I^- \qquad (2.8-\mathrm{b})
$$

式中，上标"＋"和"－"分别表示向＋z 和－z 方向行进的波。

为了求得式(2.8-a)和式(2.8-b)的待定常数，将式(2.8-a)代入式(2.3-a)得

$$
I(z) = \frac{-\dfrac{\mathrm{d}U}{\mathrm{d}z}}{(R_1 + \mathrm{j}\omega L_1)} = \frac{\gamma}{R_1 + \mathrm{j}\omega L_1}(A_1 \mathrm{e}^{-\gamma z} - A_2 \mathrm{e}^{\gamma z})
$$

故得

$$
B_1 = \frac{A_1 \gamma}{R_1 + \mathrm{j}\omega L_1}, \qquad B_2 = \frac{-A_2 \gamma}{R_1 + \mathrm{j}\omega L_1}
$$

令

$$
\begin{aligned}
Z_c &= \frac{U^+}{I^+} = \frac{U^-}{-I^-} = \frac{R_1 + \mathrm{j}\omega L_1}{\gamma} = \frac{R_1 + \mathrm{j}\omega L_1}{\sqrt{(R_1 + \mathrm{j}\omega L_1)(G_1 + \mathrm{j}\omega C_1)}} \\[3mm]
&= \sqrt{\frac{R_1 + \mathrm{j}\omega L_1}{G_1 + \mathrm{j}\omega C_1}} = \sqrt{\frac{Z_1}{Y_1}}
\end{aligned} \qquad (2.9)
$$

这里，正向波的电压与电流之比和反向波的电压与电流之比是相同的，用 Z_c 表示，称为传输线的特性阻抗。最后，将式(2.8)整理为

$$
U(z) = A_1 \mathrm{e}^{-\gamma z} + A_2 \mathrm{e}^{\gamma z}
$$

$$
I(z) = \frac{1}{Z_c}(A_1 \mathrm{e}^{-\gamma z} - A_2 \mathrm{e}^{\gamma z}) \qquad (2.10)
$$

式中，A_1、A_2 为待定常数，可由边界条件确定；Z_c 具有阻抗的量纲，定义为传输线的特性阻抗。γ 在方程式中直接表明电压(电流)是怎样按指数规律变化的，故定义为传输系数，它是复数，通常可表示为

$$
\gamma = \alpha + \mathrm{j}\beta \qquad (2.11)
$$

其中，实部 α 影响信号幅度的变化，故称为损耗系数，单位为 dB/km；虚部 β 影响信号相位的变化，故称为相移系数，单位为 rad/km。

根据式(2.1)的假设，电压和电流随时间作简谐变化，由式(2.10)可写出传输线上的电压和电流瞬时值为

$$
\begin{aligned}
u(z, t) &= \mathrm{Re}[U(z)\mathrm{e}^{\mathrm{j}\omega t}] \\
&= \mathrm{Re}[(A_1 \mathrm{e}^{-\gamma z} + A_2 \mathrm{e}^{\gamma z})\mathrm{e}^{\mathrm{j}\omega t}] \\
&= A_1 \mathrm{e}^{-\alpha z}\cos(\omega t - \beta z) + A_2 \mathrm{e}^{\alpha z}\cos(\omega t + \beta z)
\end{aligned} \qquad (2.12-\mathrm{a})
$$

$$
i(z, t) = \frac{A_1}{Z_c}\mathrm{e}^{-\alpha z}\cos(\omega t - \beta z) - \frac{A_2}{Z_c}\mathrm{e}^{\alpha z}\cos(\omega t + \beta z) \qquad (2.12-\mathrm{b})
$$

式(2.12)表明了电压和电流的物理意义，它说明传输线上电压和电流是以波的形式传播的，并且任意一点上电压和电流均由两部分叠加而成，$\mathrm{e}^{-\alpha z}$ 表示沿＋z 方向传播的衰减行波(称为入射波)，$\mathrm{e}^{\alpha z}$ 表示沿－z 方向传播的衰减行波(称为反射波)，如图 2－9 所示。

下面根据传输线的边界条件确定通解中的待定常数，即可得到一定条件下的特解。

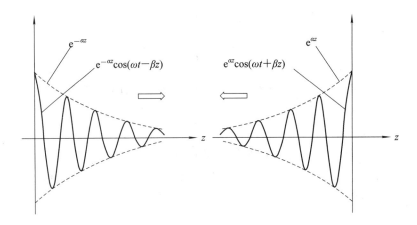

图 2-9　传输线上的入射波和反射波

1）已知终端的电压 U_2 和电流 I_2 时的解

如图 2-10 所示，若以 $z=0$ 为坐标的起点，将边界条件 $z=L$、$U(L)=U_2$ 且 $U_2=I_2Z_L$，$I(L)=I_2$ 代入式（2.10），可得

$$U_2 = A_1 e^{-\gamma L} + A_2 e^{\gamma L}$$

$$I_2 Z_c = A_1 e^{-\gamma L} - A_2 e^{\gamma L}$$

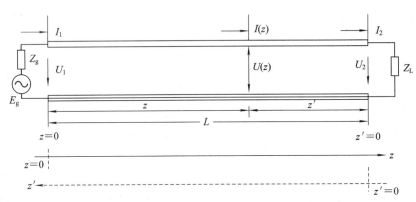

图 2-10　由边界条件确定待定常数

将上式求解，可得

$$A_1 = \frac{U_2 + I_2 Z_c}{2} e^{\gamma L}$$

$$A_2 = \frac{U_2 - I_2 Z_c}{2} e^{-\gamma L} \tag{2.13}$$

将式（2.13）代入式（2.10）并整理可得

$$\begin{cases} U(z) = \dfrac{U_2 + I_2 Z_c}{2} e^{\gamma(L-z)} + \dfrac{U_2 - I_2 Z_c}{2} e^{-\gamma(L-z)} \\ I(z) = \dfrac{U_2 + I_2 Z_c}{2 Z_c} e^{\gamma(L-z)} - \dfrac{U_2 - I_2 Z_c}{2 Z_c} e^{-\gamma(L-z)} \end{cases} \tag{2.14}$$

同一个表达式在同一位置点 z（或 z'）观察可得，若更换 $z'=0$ 为坐标起点，由图 2-10 可见，任意一点 $z'=L-z$，这样式（2.14）可改写为

$$\begin{cases} U(z') = \dfrac{U_2 + I_2 Z_c}{2}\mathrm{e}^{\gamma z'} + \dfrac{U_2 - I_2 Z_c}{2}\mathrm{e}^{-\gamma z'} \\[3mm] I(z') = \dfrac{U_2 + I_2 Z_c}{2 Z_c}\mathrm{e}^{\gamma z'} - \dfrac{U_2 - I_2 Z_c}{2 Z_c}\mathrm{e}^{-\gamma z'} \end{cases} \qquad (2.15)$$

2）已知始端电压 U_1 和电流 I_1 时的解

如图 2-10 所示，若以 $z=0$ 为坐标的起点，将边界条件 $U(0)=U_1$，$I(0)=I_1$ 代入式 (2.10)可得

$$\begin{cases} U_1 = A_1 + A_2 \\[3mm] I_1 = \dfrac{1}{Z_c}(A_1 - A_2) \end{cases}$$

上式联立可解得

$$\begin{cases} A_1 = \dfrac{1}{2}(U_1 + I_1 Z_c) \\[3mm] A_2 = \dfrac{1}{2}(U_1 - I_1 Z_c) \end{cases} \qquad (2.16)$$

将式(2.16)代入式(2.10)可得

$$\begin{cases} U(z) = \dfrac{U_1 + I_1 Z_c}{2}\mathrm{e}^{-\gamma z} + \dfrac{U_1 - I_1 Z_c}{2}\mathrm{e}^{\gamma z} \\[3mm] I(z) = \dfrac{U_1 + I_1 Z_c}{2 Z_c}\mathrm{e}^{-\gamma z} - \dfrac{U_1 - I_1 Z_c}{2 Z_c}\mathrm{e}^{\gamma z} \end{cases} \qquad (2.17)$$

2.3　传输线的特性参数及工作状态

2.3.1　特性参数

由 2.2 节导出的均匀传输线方程解可知，沿线各点电压、电流的分布不仅是 z 的函数，且与物理量 γ、α、β、Z_c 有关，这些物理量又被称为均匀传输线的特性参数（也称二次参数），特性参数是衡量传输线通信质量优劣的重要指标。

传输线上的电压波和电流波都不是孤立的，它们之间由特性阻抗建立了密切的关系。下面根据传输线方程的解，进一步分析传输线的特性参数。

1. 特性阻抗 Z_c

特性阻抗 Z_c 定义为传输线上入射电压 $U^+ = A_1\mathrm{e}^{-\gamma z}$ 与入射电流 $I^+ = \dfrac{A_1}{Z_c}\mathrm{e}^{-\gamma z}$ 之比，即

$$Z_c = \frac{U^+}{I^+} = -\frac{U^-}{I^-}$$

由式(2.9)给出特性阻抗的一般公式为

$$Z_c = \sqrt{\frac{R_1 + \mathrm{j}\omega L_1}{G_1 + \mathrm{j}\omega C_1}} = \sqrt{\frac{Z_1}{Y_1}}$$

可见 Z_c 通常是个复数，如果用 $|Z_c|$ 表示特性阻抗的模，φ_c 表示它的幅角，则 Z_c 又可表示为

$$Z_c = |Z_c|\,\mathrm{e}^{\mathrm{j}\varphi_c} \qquad (2.18-\mathrm{a})$$

其中：

$$|Z_c| = \sqrt[4]{\frac{R_1^2 + \omega^2 L_1^2}{G_1^2 + \omega^2 C_1^2}} \qquad (2.18-b)$$

$$\varphi_c = \frac{1}{2}\arctan\frac{\omega L_1 G_1 - \omega C_1 R_1}{R_1 G_1 + \omega^2 L_1 C_1}$$

$$(2.18-c)$$

若以频率 f 为横坐标，$|Z_c|$、φ_c 为纵坐标来作图，可得如图 2-11 所示的特性曲线。

不同频率特性阻抗 Z_c 的计算值是不同的，事实上，当频率高于 30 kHz 时，在保证一般工程所需要的精度条件下，可用式 (2.19)来计算 Z_c，即

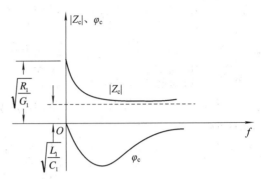

图 2-11　特性阻抗的幅频及相频特性

$$|Z_c| = \lim_{\omega \to \infty} |Z_c| = \sqrt{\frac{L_1}{C_1}}(\Omega), \ \varphi_c \approx 0 \qquad (2.19)$$

平行双导线的特性阻抗 Z_c 的值一般为 $100\sim400\ \Omega$，常用的是 $100\ \Omega$、$120\ \Omega$、$150\ \Omega$；同轴线的特性阻抗 Z_c 的值一般为 $40\sim100\ \Omega$，常用的是 $50\ \Omega$ 和 $75\ \Omega$。

2. 传输常数 γ

传输常数 γ 是描述单位长度传输线上入射波和反射波的损耗与相位变化的参数。由式 (2.6)可知，传输常数 γ 的一般公式为

$$\gamma = \sqrt{(R_1 + \mathrm{j}\omega L_1)(G_1 + \mathrm{j}\omega C_1)} = \alpha + \mathrm{j}\beta$$

$\gamma = \alpha + \mathrm{j}\beta$ 表明，α 和 β 都是与信号传输相伴的。通过推导可以得出，损耗系数 α 表示的是单位长度(每千米)电磁波沿着传输线的传输损耗，单位为 dB/km；相移系数 β 表示的是单位长度(每千米)电磁波沿着传输线的传输相移，单位是 rad/km。

传输系数 γ 这一数值综合表征了信号的电磁波沿均匀匹配线路传输时，一个单位长度线路内在幅值和相位上所发生的变化程度。

表 2-2 中列出了不同频率范围内特性参数的计算公式。

表 2-2　特性参数在不同频率下的计算公式

参数符号	频率/Hz			
	0	$0\sim800$	$800\sim30\ 000$	$30\ 000\sim\infty$
α	$\sqrt{R_1 G_1}$	$\sqrt{\dfrac{\omega C_1 R_1}{2}}$	完全公式	$\dfrac{R_1}{2}\sqrt{\dfrac{C_1}{L_1}} + \dfrac{G_1}{2}\sqrt{\dfrac{L_1}{C_1}}$
β	0	$\sqrt{\dfrac{\omega C_1 R_1}{2}}$		$\omega\sqrt{L_1 C_1}$
Z_c	$\sqrt{\dfrac{R_1}{G_1}}$	$\sqrt{\dfrac{R_1}{\omega C_1}}\mathrm{e}^{-\mathrm{j}45°}$		$\sqrt{\dfrac{L_1}{C_1}}$

对于大于 30 kHz 的高频工作状态下的传输线，其分布参数满足 $\omega L_1 \gg R_1$ 及 $\omega C_1 \gg G_1$，将此代入式(2.6)，并将 γ、α、β 简化整理可得

$$\gamma = \alpha + j\beta \approx \frac{R_1}{2}\sqrt{\frac{C_1}{L_1}} + \frac{G_1}{2}\sqrt{\frac{L_1}{C_1}} + j\omega\sqrt{L_1 C_1} + \frac{R_1 G_1}{j4\omega\sqrt{L_1 C_1}} \qquad (2.20-a)$$

$$\alpha = \left[\frac{R_1}{2}\sqrt{\frac{C_1}{L_1}} + \frac{G_1}{2}\sqrt{\frac{L_1}{C_1}}\right] \times 8.686 \quad (\text{dB/km}) \qquad (2.20-b)$$

$$\beta = \omega\sqrt{L_1 C_1} \quad (\text{rad / km}) \qquad (2.20-c)$$

从前面分析可绘出平行双导线的损耗系数和相移系数与频率的关系曲线，如图 2-12 所示。

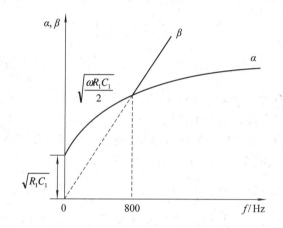

图 2-12　平行双导线的 α-f 和 β-f 的关系

例 2-1　已知 $f=2.5$ MHz 时，同轴电缆回路的一次参数为：$R_1=65.887$ Ω/km，电感 $L_1=0.2654$ mH/km，电导 $G_1=29.83$ μs/km，电容 $C_1=48$ nF/km，试确定回路的二次参数。

解　当频率 $f=2.5$ MHz 时，特性阻抗可按表(2-2)中的公式计算：

$$Z_c = \sqrt{\frac{L_1}{C_1}} = \sqrt{\frac{0.2654 \times 10^{-3}}{48 \times 10^{-9}}} = 74.35 \ \Omega$$

损耗系数和相移常数可按式(2.20)计算：

$$\alpha = \left[\frac{R_1}{2}\sqrt{\frac{C_1}{L_1}} + \frac{G_1}{2}\sqrt{\frac{L_1}{C_1}}\right] \times 8.686$$

$$= \left[\frac{65.887}{2}\sqrt{\frac{48 \times 10^{-9}}{0.2654 \times 10^{-3}}} + \frac{29.83 \times 10^{-6}}{2}\sqrt{\frac{0.2654 \times 10^{-3}}{48 \times 10^{-9}}}\right] \times 8.686$$

$$= 3.857 \ (\text{dB/km})$$

$$\beta = \omega\sqrt{L_1 C_1} = 2\pi \times 2.5 \times 10^6 \times \sqrt{0.2654 \times 10^{-3} \times 48 \times 10^{-9}}$$

$$= 56.036 \ (\text{rad/km})$$

3. 反射系数与驻波比

传输线上任意点的波通常是由入射波与反射波相叠加而成的。波的反射现象是传输线上最基本的物理现象，同时传输线的工作状态也主要取决于反射波电压幅度的大小，为了表示传输线反射波的大小，引入反射系数。传输线上任意点的反射电压与入射电压之比，称为电压的反射系数 $\Gamma_U(z')$。即

$$\Gamma_U(z') = \frac{U^-(z')}{U^+(z')} \tag{2.21}$$

由式(2.15)，令

$$U_2^+ = \frac{U_2 + I_2 Z_c}{2}, \quad U_2^- = \frac{U_2 - I_2 Z_c}{2}$$

则式(2.15)可以简化写为

$$U(z') = U_2^+ e^{\gamma z'} + U_2^- e^{-\gamma z'} = U^+(z') + U^-(z') \tag{2.22}$$

将式(2.22)代入式(2.21)，可以得到传输线任意点的电压反射系数为

$$\Gamma_U(z') = \frac{U_2^-}{U_2^+} e^{-2\gamma z'} = \Gamma_2 e^{-2\gamma z'} \tag{2.23}$$

其中：

$$\Gamma_2 = |\Gamma_U(z')| = \left|\frac{U_2^-}{U_2^+}\right| = \left|\frac{U_2 - I_2 Z_c}{U_2 + I_2 Z_c}\right| = \left|\frac{Z_L - Z_c}{Z_L + Z_c}\right| \tag{2.24}$$

Γ_2 为终端负载反射系数值。由式(2.24)可见，反射信号越小，Γ_2 值越小，说明匹配程度越好。式(2.23)所示反射系数 $\Gamma_U(z')$ 是复数，不便测试，在工程上为了测试方便，用 Γ_2 代替反射系数 $\Gamma_U(z')$。另外，使用反射损耗 A 和电压驻波比 VSWR 也可表示终端负载反射的大小。终端负载反射损耗[A]（或称回波损耗）可表示为

$$[A] = 20\lg\left|\frac{U^+(z')}{U^-(z')}\right| = 20\lg\left|\frac{Z_L + Z_c}{Z_L - Z_c}\right| \quad (\text{dB}) \tag{2.25}$$

反射损耗[A]值越大，表明反射波的电压幅度值越小，阻抗匹配程度越好。

终端负载电压驻波比 VSWR（简称驻波比）定义为传输线上电压振幅的最大值与电压振幅最小值之比，可表示为

$$\text{VSWR} = \frac{|U_{\max}|}{|U_{\min}|} = \frac{|U_2^+ + U_2^-|}{|U_2^+ - U_2^-|} = \frac{1 + \Gamma_2}{1 - \Gamma_2} \tag{2.26}$$

VSWR 可表征失配程度或反射程度的大小，其取值范围为 $1 < \text{VSWR} < \infty$，工程上允许 VSWR 小于 1.5，VSWR 越接近 1 则匹配越好。驻波比和反射系数一样在工程中常用于描述传输线的工作状态。

4. 相速度与群速度

1）相速度 v_p

相速度是指信号以单频信号形式沿一个方向传输的行波（入射波或反射波）电压、电流等相位点移动的速度，记作 v_p。

由式(2.12)可知，入射波电压和电流的相位取决于 $\omega t - \beta z$，如图 2-13 所示。在 $t = t_1$ 时刻，波形上等相位点 P_1 点距始端为 z_1，其相位是 $\omega t_1 - \beta z_1$；在 $t = t_2$ 时刻，波形上等相位点 P_2 距始端为 z_2，其相位是 $\omega t_2 - \beta z_2$，因此此行波的传输相速度是

$$v_p = \frac{z_2 - z_1}{t_2 - t_1} \tag{2.27}$$

根据定义，P_1 和 P_2 的相位是相同的，即 $\omega t_1 - \beta z_1 = \omega t_2 - \beta z_2$，于是波传播的相速度为

$$v_p = \frac{z_2 - z_1}{t_2 - t_1} = \frac{\omega}{\beta} \quad (\text{km/s}) \tag{2.28}$$

从相速度的概念推导出的公式，可得电磁波的单一频率传播速度就是波的相速度。在不同频率范围内的相速度是不同的。

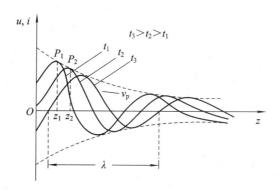

图 2-13 相速度示意图

2）**群速度** v_g

任何实际的沿传输线传播的信号总是由许多频率成分组成的，即占有一定的频带宽度，而传输线的损耗系数 α 和相移常数 β 都是频率 f 的函数。故当不同频率的信号经过传输线时，其损耗、相移均不同，信号到达终端的时间必定有先有后，这就是常说的色散现象。因此，用相速度无法描述一个实际信号在色散介质中的传输速度，故引入“群速度 v_g”的概念。群速度是指在传输多频信号包络上的某一恒定相位点推进的速度，即信号能量的传播速度，记作 v_g。

设有两个振幅均为 A_m、频率为 $\omega+\Delta\omega$ 和 $\omega-\Delta\omega$ 的电磁波，沿 $+z$ 方向传播，如图 2-14 所示。在色散介质中相应的相移常数分别为 $\beta+\Delta\beta$ 和 $\beta-\Delta\beta$。这两个行波可表示为

$$\Psi_1 = A_m \cos[(\omega+\Delta\omega)t-(\beta+\Delta\beta)z]$$
$$\Psi_2 = A_m \cos[(\omega-\Delta\omega)t-(\beta-\Delta\beta)z]$$

合成波为

$$\begin{aligned}
\Psi &= \Psi_1 + \Psi_2 \\
&= A_m\{\cos[(\omega+\Delta\omega)t-(\beta+\Delta\beta)z]+\cos[(\omega-\Delta\omega)t-(\beta-\Delta\beta)z]\} \\
&= 2A_m \cos(\Delta\omega t-\Delta\beta z)\cos(\omega t-\beta z)
\end{aligned}$$

上式表明，合成波的振幅是受调制的，称为包络波，如图 2-14 中虚线所示。

由 $\Delta\omega t-\Delta\beta z=$ 常数，当 $\Delta\omega\ll\omega$ 时，可得包络的传播速度 v_g：

$$v_g = \frac{\mathrm{d}z}{\mathrm{d}t} = \frac{\Delta\omega}{\Delta\beta} \approx \frac{\mathrm{d}\omega}{\mathrm{d}\beta} \tag{2.29}$$

对已调波来说，v_g 和 v_p 是同时存在的，它们必然彼此相关。根据 v_p 的定义式，将 $\omega=v_p\times\beta$ 代入式（2.29）得

$$v_g = \frac{\mathrm{d}\omega}{\mathrm{d}\beta} = \frac{\mathrm{d}(v_p\beta)}{\mathrm{d}\beta} = v_p + \beta\frac{\mathrm{d}v_p}{\mathrm{d}\beta} = v_p + \frac{\omega}{v_p}\frac{\mathrm{d}v_p}{\mathrm{d}\omega}\times v_g$$

由此得到

$$v_g = \frac{v_p}{1-\frac{\omega}{v_p}\frac{\mathrm{d}v_p}{\mathrm{d}\omega}} \tag{2.30}$$

显然，有以下三种可能：

（1）$\dfrac{\mathrm{d}v_p}{\mathrm{d}\omega}=0$，即相速与频率无关，$v_g=v_p$，信号为无色散状态。

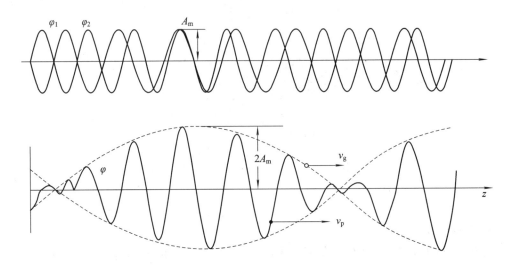

图 2-14　群速度与相速度

（2）$\dfrac{\mathrm{d}v_p}{\mathrm{d}\omega}<0$，即频率越高相速越小，$v_g<v_p$，信号为正色散状态。

（3）$\dfrac{\mathrm{d}v_p}{\mathrm{d}\omega}>0$，即频率越高相速越大，$v_g>v_p$，信号为负色散状态。

在色散介质中传输信号时，信号通常为正色散状态。

2.3.2　工作状态

　　电信传输的目的是正确地以用户满意的质量传送信息，而对传送信号功率大小的要求并非唯一目的。电信传输对传输效率是有要求的，讨论传输线的工作状态就是讨论电信传输的效率。人们希望能把含信息的能量能尽可能多地传送到终端负载上，从而实现高质量的信息传送。从理想传输原理可知，传输网络输出端在负载阻抗匹配时信号能获得最大能量。为了说明传输线的传输效率，将传输线的工作状态分为阻抗匹配状态和阻抗不匹配状态。

1. 传输线的阻抗匹配

　　当终端负载阻抗 Z_L 等于传输线的特性阻抗 Z_c，即 $Z_L=Z_c$ 时，根据式（2.24），传输线上 $\Gamma_2=0$，无反射，此时传输线的负载阻抗匹配，传输线上只有沿一个 $+z$（负载）方向传播的入射波，即行波。

　　由式（2.12）可得行波状态下传输线沿线瞬时电压和电流的分布为

$$u(z,\ t)=A_1\mathrm{e}^{-\alpha z}\cos(\omega t-\beta z)$$

$$i(z,\ t)=\dfrac{A_1}{Z_c}\mathrm{e}^{-\alpha z}\cos(\omega t-\beta z)$$

　　假设传输线工作在无损耗的情况下，上式可进一步改写为

$$u(z,\ t)=A_1\cos(\omega t-\beta z) \qquad (2.31-a)$$

$$i(z,\ t)=\dfrac{A_1}{Z_c}\cos(\omega t-\beta z) \qquad (2.31-b)$$

　　由式（2.31）可以看出，当 t 一定时，沿线电压和电流为余弦分布，如图 2-15 所示。同一地点的电压和电流同相位，沿线各点的阻抗均等于特性阻抗，与频率和位置无关。

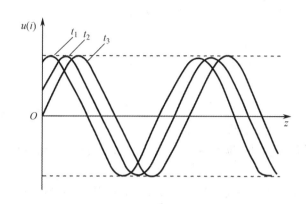

图 2-15　匹配无损耗下电压(或电流)行波沿线瞬时分布

处于行波状态下的传输线有以下特点:

(1) 传输线上只存在入射波而无反射波,电压波或电流波均处于纯行波状态。

(2) 电压波和电流波同相,其值之比(U/I)为特性阻抗 Z_c。

(3) $Z_L = Z_c$,驻波比 VSWR=1,反射系数 $\Gamma_2 = 0$。

(4) 没有反射,始端向终端方向传输的功率全部被负载吸收,传输效率最高。

应当注意,电信传输中的匹配连接提高了传输效率和质量,但从发送功率来说,由于信源内部的阻抗和负载阻抗相等,接收设备能接收到的最大功率只是发送信号功率的一半。

2. 传输线的阻抗不匹配

传输线的特性阻抗 Z_c 与终端负载 Z_L 不匹配有两种状态:一是部分不匹配,即 $Z_c \neq Z_L$;二是完全不匹配,即 $Z_L = 0$ 或 $Z_L \to \infty$。

假如传输线的阻抗不匹配,就会出现反射波,一方面干扰输入信号,造成信号的传输质量下降;另一方面会使接收效率降低,还会形成驻波。若驻波电压很高,则电压波腹点处易出现介质击穿,为避免这种现象,需采用大尺寸和耐压高的传输线,从而加大了传输线的投资;若电流波腹点电流过大,则局部绝缘层易烧坏。比如从天线向接收机传送电视图像信号时,若传输线阻抗不匹配,则传输线上的部分信号来回反射,使信号传输出现失真,且传输效率降低,同时致使图像轮廓不清。

1) 传输线的 Z_c 与 Z_L 部分不匹配时的行驻波状态

对于一个复杂的传输系统来说,传输线的特性阻抗 Z_c 一般都不等于传输线终端负载阻抗 Z_L($Z_c \neq Z_L$,$Z_L \neq 0$,$Z_L \neq \infty$ 或 $Z_c < Z_L < \infty$),或者阻抗不绝对匹配。也就是说,反射波必定存在,但不一定会产生全反射,此时传输线上既有行波,又有驻波,构成行驻混合波状态。

2) 传输线的 Z_c 与 Z_L 完全不匹配时的驻波状态

当传输线路上发生断线或短路故障,即负载阻抗 $Z_L \to \infty$ 或 $Z_L = 0$ 时,传输线处于完全不匹配状态。当电磁波传输到故障点时,既不能继续向前传播,又没有负载吸收能量,于是电磁波只能沿故障点向始端回传,即反射,而且是全反射。如果电磁波为全反射,传输线将处于驻波工作状态,即沿线分布的电压和电流各处的振幅稳定不变,传输线似乎是贮立不动的振荡器，不会以波的形式沿线移动传播。

这里只讨论 $Z_L = 0$ 的情况，根据式(2.24)得 $\Gamma_2 = 1$，由式(2.12)可得驻波状态下传输线沿线瞬时电压和电流分布为

$$u(z, t) = 2A_1 \mathrm{e}^{-az} \cos\left(\omega t + \frac{\pi}{2}\right)$$

$$i(z, t) = \frac{2A_1}{Z_c} \mathrm{e}^{-az} \cos(\omega t) \qquad (2.32)$$

处于驻波状态下的传输线有以下特点：

(1) 驻波是一种简谐振动，非传输波，它是由两个传输方向相反、振幅幅值不变的行波叠加的结果。

(2) 沿线电压、电流的振幅是位置 z 的函数，具有固定不变的波腹点和波节点。

(3) 沿线各点的电压和电流相位差为 $\pi/2$。在驻波状态下，既没有能量的损耗，也没有能量的传播。

3) 传输线处于完全不匹配时驻波状态的用途

在传输线完全失配的状态下，传输线上出现电磁波的全反射现象，这恰好可用于测量传输信号的波长，因为此时波节点的位置不随时间变化，只与波长有关。也可以利用这种全反射现象提供一个最好的测量线路故障点的方法。比如，利用它可以测量故障点至测试点(输入端)的距离，测试过程如下：

设故障点 x 与输入口测试点的距离为 L_x，当测试信号发送的电磁波到达故障点 x 后被全反射回到测试点的时间为 Δt，则有

$$2L_x = v \times \Delta t$$

$$L_x = \frac{v \times \Delta t}{2} \; (\mathrm{km}) \qquad (2.33)$$

式中，v 为电磁波在传输线上的速度，不同介质的传输线上 v 的数值是不同的。

例 2-2　在某一用户发送端向一对称平行双导线发出一个测试脉冲，测试故障点的位置，由时域反射仪测得经过 0.000 01 s 脉冲返回用户发送端，已知波速 $v = 288\ 000$ km/s，试求故障点与测试点的距离。

解　由式(2.33)，易得

$$L_x = \frac{v \times \Delta t}{2} = \frac{288\ 000 \times 0.000\ 01}{2} = \frac{2.88}{2} = 1.44 \; (\mathrm{km})$$

2.4　波导及其传输特性

在传输信号频率较低时，平行双导线可以有效地传输信号，但传输信号的频率较高时，平行双导线的传输损耗很大，辐射电磁波很明显。尽管同轴线可以有效地传输较高频率的信号，其内、外导体间的绝缘介质可阻止电磁波向外辐射以及外界对它的干扰，但随着频率的升高，同轴线的导体损耗和内、外导体间绝缘介质的损耗也将增大，究其原因就是"趋肤效应"所致。如果取出同轴线的内导体及绝缘介质，既可以减少导体损耗，又可以避免介质损耗。这种空心结构的金属导管做成的传输线，适用于更高频率段的信号传输，这就是波导的产生。波导常用在微波、雷达和卫星通信中。

与波导相匹配的另一个名词是"导波"，沿波导行进（传播）的电磁波叫作导波，即导波也就是能够在波导中传输的电磁波。波导中传播的电磁波和自由空间中传播的电磁波的差别是，波导中的电磁波能量被局限在波导内部，沿波导规定的 z 方向前进，传输效率更高。

2.4.1　波导的分析方法及一般特性

1. 波导的分析方法

由于电路理论分析法导出的传输线方程存在局限性，使空心金属波导管、光纤等传输线的传输特性分析无法简单套用该传输方程。电磁场理论分析法的适用范围更广泛，理论上可解决任何电气问题，故波导传输线的分析采用电磁场理论分析法最为合适。

波导传输线的传输特性分析，主要是研究波导中导行电磁波场的分布规律、波的传播条件和传输特性。具体做法是：第一步通过麦克斯韦方程建立电磁场的亥姆霍兹方程（或波动方程），然后求出电磁场中的纵向分量，并利用纵向分量直接求出其他横向分量，从而得到电磁场场强的全解；第二步求解满足波导内壁边界条件下波导中电磁波的一般特性。

为了求解简单，将金属波导假设为理想的波导，即规则金属波导。如图 2-16 所示，它是一条无限长而且笔直的波导，其横截面的形状、尺寸、管壁结构和所用材料在整个长度上保持不变。

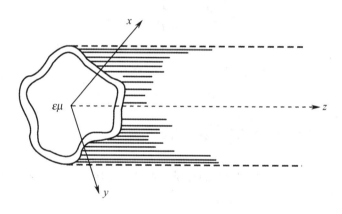

图 2-16　规则金属波导

具体来说，对规则金属波导作如下假设：

（1）波导管内壁的电导率为无穷大，即认为波导管内壁是理想导体。

（2）波导内为各向同性、线性、无损耗的均匀介质。

（3）波导内为无源区域，波导内远离信号波源和接收设备。

（4）波导为无限长，波导内的场随时间作简谐变化。

在工程上，应用最多的是时谐电磁场，即以一定角频率作时谐变化或正弦变化的电磁场。由麦克斯韦方程可以建立电磁场的亥姆霍兹方程（或波动方程），而时谐电磁场的矢量 E 和 H 在无源空间中满足亥姆霍兹方程。在直角坐标系中，矢量亥姆霍兹方程可以分解为三个方向上的标量方程。

在无源的充满理想介质的波导内，电磁波满足如下麦克斯韦方程组：

$$\begin{cases} \nabla \times \boldsymbol{E} = -\mathrm{j}\omega\mu\boldsymbol{H} \\ \nabla \times \boldsymbol{H} = \mathrm{j}\omega\varepsilon\boldsymbol{E} \\ \nabla \cdot \boldsymbol{H} = 0 \\ \nabla \cdot \boldsymbol{E} = 0 \end{cases} \tag{2.34}$$

同时还满足矢量亥姆霍兹方程，即

$$\begin{cases} \nabla^2 \boldsymbol{E} + k^2 \boldsymbol{E} = \boldsymbol{0} \\ \nabla^2 \boldsymbol{H} + k^2 \boldsymbol{H} = \boldsymbol{0} \end{cases} \tag{2.35}$$

式中，$k = \omega\sqrt{\mu\varepsilon} = \omega\sqrt{\mu_0\mu_r\varepsilon_0\varepsilon_r} = k_0 n$，是介质中的波数；$k_0 = \omega\sqrt{\mu_0\varepsilon_0} = \dfrac{2\pi}{\lambda_0}$，是真空中的波数；$\lambda_0$ 是真空中的波长；n 是介质的折射率。

采用直角坐标系 (x, y, z)，矢量 $\boldsymbol{E}$ 和 $\boldsymbol{H}$ 可分解为三个分量：

$$\boldsymbol{E} = iE_x + jE_y + kE_z$$
$$\boldsymbol{H} = iH_x + jH_y + kH_z$$

式中，i、j、k 分别为 x、y、z 方向的单位矢量。将上式中 $\boldsymbol{E}$、$\boldsymbol{H}$ 分解式代入式(2.35)，整理可得标量的亥姆霍兹方程：

$$\nabla^2 E_x + k^2 E_x = 0 \tag{2.36 - a}$$
$$\nabla^2 E_y + k^2 E_y = 0 \tag{2.36 - b}$$
$$\nabla^2 E_z + k^2 E_z = 0 \tag{2.36 - c}$$
$$\nabla^2 H_x + k^2 H_x = 0 \tag{2.36 - d}$$
$$\nabla^2 H_y + k^2 H_y = 0 \tag{2.36 - e}$$
$$\nabla^2 H_z + k^2 H_z = 0 \tag{2.36 - f}$$

式(2.36)中的 E_x、E_y、H_x、H_y、E_z 和 H_z 都是空间坐标 x、y、z 的函数，波导系统内电场和磁场的各项分量都满足标量的亥姆霍兹方程。

金属波导中求解 $\boldsymbol{E}$、$\boldsymbol{H}$ 的一般步骤如下：

第一步，先从纵向分量的 E_z 和 H_z 的标量亥姆霍兹方程入手，采用分离变量法解出场的纵向分量 E_z、H_z 的常微分方程表达式。

第二步，利用麦克斯韦方程横向场与纵向场关系式，解出横向场 E_x、E_y、H_x、H_y 的表达式，最终得到电磁场各分量的全解。

第三步，讨论波导中电磁波的一般特性，即截止特性、传输特性、场结构和波型特点。

下面简单介绍在直角坐标系中求各场分量的求解过程。

如果规则金属波导为无限长，则波导内没有反射，可将电场和磁场分解为横向 (x, y) 分布函数和纵向 (z) 传输函数之积，即先对 $E_z(x, y, z)$ 和 $H_z(x, y, z)$ 进行分解：

$$E_z(x, y, z) = E_z(x, y)Z_1(z) \tag{2.37 - a}$$
$$H_z(x, y, z) = H_z(x, y)Z_2(z) \tag{2.37 - b}$$

将式(2.37 - a)代入 $\nabla^2 E_z + k^2 E_z = 0$，可得

$$\nabla^2 [E_z(x, y)Z_1(z)] + k^2 [E_z(x, y)Z_1(z)] = 0 \tag{2.38}$$

在直角坐标系中，三维拉普拉斯算子 ∇^2 的展开式为

$$\nabla^2 = \frac{\partial^2}{\partial x^2} + \frac{\partial^2}{\partial y^2} + \frac{\partial^2}{\partial z^2}$$

以 $E_z(x, y, z) = E_z$ 为例，其满足标量的亥姆霍兹方程为

$$\frac{\partial^2 E_z}{\partial x^2} + \frac{\partial^2 E_z}{\partial y^2} + \frac{\partial^2 E_z}{\partial z^2} + k^2 E_z = 0 \qquad (2.39)$$

在圆柱坐标系中，三维拉普拉斯算子 ∇^2 的展开式为

$$\nabla^2 = \frac{\partial^2}{\partial r^2} + \frac{1}{r}\frac{\partial}{\partial r} + \frac{1}{r^2}\frac{\partial^2}{\partial \theta^2} + \frac{\partial^2}{\partial z^2}$$

以 $E_z(r, \theta, z) = E_z$ 为例，其满足的标量亥姆霍兹方程为

$$\frac{\partial^2 E_z}{\partial r^2} + \frac{1}{r}\frac{\partial E_z}{\partial r} + \frac{1}{r^2}\frac{\partial^2 E_z}{\partial \theta^2} + \frac{\partial^2 E_z}{\partial z^2} + k^2 E_z = 0 \qquad (2.40)$$

由于假设波导为无限长，且可将 ∇^2 拆分成纵向和横向两项，即

$$\nabla^2 = \nabla_t^2 + \frac{\partial^2}{\partial z^2} \qquad (2.41)$$

在直角坐标中，横向二维 ∇_t^2 的展开式为

$$\nabla_t^2 = \frac{\partial^2}{\partial x^2} + \frac{\partial^2}{\partial y^2} \qquad (2.42)$$

在圆柱坐标中，横向二维 ∇_t^2 的展开式为

$$\nabla_t^2 = \frac{\partial^2}{\partial r^2} + \frac{1}{r}\frac{\partial}{\partial r} + \frac{1}{r^2}\frac{\partial^2}{\partial \theta^2} \qquad (2.43)$$

将式(2.41)代入式(2.38)，则有

$$\nabla_t^2 [E_z(x,y)Z_1(z)] + \frac{\partial^2}{\partial z^2}[E_z(x,y)Z_1(z)] + k^2[E_z(x,y)Z_1(z)] = 0 \qquad (2.44)$$

由于式(2.44)的第一项中 $Z_1(z)$ 只与 z 有关，在 ∇_t^2 运算中 $Z_1(z)$ 相当于常数，故可将其提到 ∇_t^2 符号之前，而第二项对 z 做两次偏微分时，$E_z(x, y)$ 也与 z 无关，可以将其看成常数，也可将其提到 $\frac{\partial^2}{\partial z^2}$ 符号之前，又因为 $Z_1(z)$ 只与 z 有关，因而在 $Z_1(z)$ 对 z 做两次偏微分时，可变成两次常微分，从而式(2.44)可简化为

$$Z_1(z)\nabla_t^2 E_z(x,y) + E_z(x,y)\frac{d^2 Z_1(z)}{dz^2} + k^2 E_z(x,y)Z_1(z) = 0$$

将上式两端同除 $E_z(x, y)Z_1(z)$，整理可得

$$\frac{\nabla_t^2 E_z(x, y)}{E_z(x, y)} = -\frac{1}{Z_1(z)}\frac{d^2 Z_1(z)}{dz^2} - k^2 = -k_c^2$$

上式左端仅是 x、y 的函数，而右端仅是 z 的函数。显然，要保证等式两端恒等，只有二者均为常数才能成立。设这个常数为 $-k_c^2$，于是上式变为

$$\nabla_t^2 E_z(x, y) + k_c^2 E_z(x, y) = 0 \qquad (2.45)$$

$$\frac{d^2 Z_1(z)}{dz^2} + (k^2 - k_c^2)Z_1(z) = 0 \qquad (2.46)$$

同理，也可得到满足磁场强度的另两个独立的微分方程，即

$$\nabla_t^2 H_z(x, y) + k_c^2 H_z(x, y) = 0 \qquad (2.47)$$

$$\frac{d^2 Z_2(z)}{dz^2} + (k^2 - k_c^2)Z_2(z) = 0 \qquad (2.48)$$

从式(2.45)和式(2.46)看出横向电场和磁场分量也满足标量的亥姆霍兹方程。

如果令：

$$-\gamma^2 = k^2 - k_c^2 \qquad\qquad (2.49-a)$$

$$k_c^2 = k^2 + \gamma^2 \quad 或 \quad k_c^2 = \omega^2\mu\varepsilon + \gamma^2 \qquad (2.49-b)$$

从数学的观点上看，式(2.46)和式(2.48)有相同的形式，可统一写成

$$\frac{\mathrm{d}^2 Z(z)}{\mathrm{d}z^2} - \gamma^2 Z(z) = 0 \qquad\qquad (2.50)$$

从式(2.50)可看出，电磁波在波导中沿 z 方向传播时，电场强度和磁场强度的传播规律是同一种形式。

常微分方程式(2.50)的形式和传输线波动方程式(2.8)相同，则通解形式为

$$Z(z) = A\mathrm{e}^{-\gamma z} + B\mathrm{e}^{\gamma z} \qquad\qquad (2.51)$$

根据上述讨论，式(2.51)右端第一项表示沿 $+z$ 方向传播的入射波；第二项表示沿 $-z$ 方向传播的反射波。γ 是沿 $+z$ 方向传播的传输系数。由于研究的是理想规则金属波导，又因它是无限长的，故没有反射波，因此，沿 $+z$ 传播方程的解应为

$$Z(z) = A\mathrm{e}^{-\gamma z} \qquad\qquad (2.52)$$

将式(2.52)代入式(2.37)，即可得到波导中 $\boldsymbol{E}$ 和 $\boldsymbol{H}$ 以行波方式沿 z 方向传播解的初步形式：

$$E_z(x,\ y,\ z) = AE_z(x,\ y)\mathrm{e}^{-\gamma z} \qquad\qquad (2.53)$$

$$H_z(x,\ y,\ z) = AH_z(x,\ y)\mathrm{e}^{-\gamma z} \qquad\qquad (2.54)$$

在直角坐标系中，将式(2.53)和式(2.54)代入式(2.34)，把 $\nabla\times\boldsymbol{E}$、$\nabla\times\boldsymbol{H}$ 展开，写成分量形式，并经简单运算，可得用 E_z 和 H_z 表示的 E_x、E_y、H_x、H_y 的表达式：

$$E_x(x,y,z) = -\frac{1}{k_c^2}\left[\gamma\frac{\partial E_z}{\partial x} + \mathrm{j}\omega\mu\frac{\partial H_z}{\partial y}\right] \qquad (2.55-a)$$

$$E_y(x,\ y,\ z) = \frac{1}{k_c^2}\left[-\gamma\frac{\partial E_z}{\partial y} + \mathrm{j}\omega\mu\frac{\partial H_z}{\partial x}\right] \qquad (2.55-b)$$

$$H_x(x,\ y,\ z) = \frac{1}{k_c^2}\left[\mathrm{j}\omega\varepsilon\frac{\partial E_z}{\partial y} - \gamma\frac{\partial H_z}{\partial x}\right] \qquad (2.55-c)$$

$$H_y(x,\ y,\ z) = -\frac{1}{k_c^2}\left[\mathrm{j}\omega\varepsilon\frac{\partial E_z}{\partial x} + \gamma\frac{\partial H_z}{\partial y}\right] \qquad (2.55-d)$$

式(2.55)为横向分量与纵向分量间的关系式。只要设法解出了波导中的纵向分量 E_z、H_z，将它们代入式(2.55)，即可求出场的全部横向分量。当然还需根据具体波导的边界条件，才能决定纵向场中的待定常数，从而得到全部场分量的表达式。

2. 波导的一般特性

1）截止波长

截止波长是波导最重要的特性参数，这是因为电磁波能否在波导中传输，取决于信号工作波长是否小于截止波长。截止波长是电磁波能否在波导中传输的条件，若某一模式的信号波工作波长小于该模式的截止波长，则该模式的电磁波信号可以在波导中传输。此外，波导中可能产生许多电磁波信号的高次模式，一般仅希望传输一种模式，不同模式的截止波长是不同的，研究波导的截止波长对保证只传输所需模式、抑制高次模式有着极其重要的作用。下面将讨论某一模式信号波在波导中的传输条件。

2）传输条件

由式(2.49-a)可知：

$$-\gamma^2 = k^2 - k_c^2$$

式中，$\gamma = \alpha + j\beta$ 是描述波沿波导轴向传播的传输系数。因假设波导壁是理想导体，可以认为 $\alpha = 0$，这样传输系数变为

$$\gamma = j\beta \qquad (2.56)$$

将式(2.56)代入式(2.49)，有

$$\beta^2 = k^2 - k_c^2, \quad \beta = \sqrt{\left(\frac{2\pi}{\lambda}\right)^2 - k_c^2} \qquad (2.57)$$

由于 $k = 2\pi/\lambda$，$k_c = 2\pi/\lambda_c$，则式(2.57)可改写为

$$\beta = \sqrt{\left(\frac{2\pi}{\lambda}\right)^2 - k_c^2} = \sqrt{\left(\frac{2\pi}{\lambda}\right)^2 - \left(\frac{2\pi}{\lambda_c}\right)^2} = \frac{2\pi}{\lambda}\sqrt{1 - \left(\frac{\lambda}{\lambda_c}\right)^2} \qquad (2.58)$$

讨论式(2.58)，可能出现下面三种情况：

（1）当 $k_c^2 > k^2$ 时，β 为虚数，这时 γ 为实数，传播因子 $e^{-\gamma z}$ 是一个沿 z 方向衰减的因子。显然，β 为虚数时对应的不是沿 z 方向传输的波，或者说，这时波不能沿 z 方向传播。

（2）当 $k_c^2 = k^2$ 时，$\beta = 0$，这是决定波能否在波导中传播的分界线。由此决定的频率定义为截止频率，用 f_c 表示，相应的波长为截止波长，用 λ_c 表示。

（3）当 $k_c^2 < k^2$ 时，β 为实数，这时 γ 为虚数。传播因子 $e^{-\gamma z}$ 变为 $e^{-j\beta z}$，这意味着这是一个沿 z 方向传播的波。从物理意义上也可看出，若相移常数 β 为实数，则传播一段距离相位必滞后，这是波的传输特点。式(2.58)表明，某模式的波在波导中的传输条件为

$$\lambda < \lambda_c \quad \text{或} \quad f > f_c$$

上式表明，某个模式的电磁波若能在波导中传输，则其工作波长 λ 小于该模式的截止波长 λ_c，或工作频率 f 大于该模式的截止频率 f_c；反之，在 $\lambda > \lambda_c$ 或 $f < f_c$ 时，此模式的电磁波不能沿波导传输，称为导波截止。

3）相速度 v_p

这里所说的相速度与第 2.3 节的相速度定义一样，相速度 v_p 可用式(2.59)表示如下：

$$v_p = \frac{\omega}{\beta} = f\frac{\lambda}{\sqrt{1 - \left(\frac{\lambda}{\lambda_c}\right)^2}} = \frac{c}{\sqrt{1 - \left(\frac{\lambda}{\lambda_c}\right)^2}} \qquad (2.59)$$

4）群速度 v_g

由前述式(2.29)群速度的定义可知，群速度 v_g 的一般公式为

$$v_g = \frac{d\omega}{d\beta} = c\sqrt{1 - \left(\frac{\lambda}{\lambda_c}\right)^2} \qquad (2.60)$$

5）波阻抗

波导中的某波型阻抗简称波阻抗，定义为该波型横向电场与横向磁场之比。

横电波的波阻抗为

$$Z_{TE} = \frac{|E_x|}{|H_y|} = \frac{\omega\mu}{\beta} = \frac{\eta}{\sqrt{1 - \left(\frac{\lambda}{\lambda_c}\right)^2}} \qquad (2.61)$$

横磁波的波阻抗为

$$Z_{\text{TM}} = \frac{|E_x|}{|H_y|} = \frac{\beta}{\omega\mu} = \eta\sqrt{1 - \left(\frac{\lambda}{\lambda_c}\right)^2} \tag{2.62}$$

横电磁波的波阻抗为

$$Z_{\text{TEM}} = \frac{E_x}{H_y} = \frac{\gamma}{j\omega\varepsilon} = \sqrt{\frac{\mu}{\varepsilon}}\,(\text{单导体波导不支持 TEM 波}) \tag{2.63}$$

2.4.2　矩形波导及其传输特性

　　矩形波导是横截面为矩形的空心金属管，其轴线与 z 轴平行，如图 $2-17$ 所示，a 和 b 分别是矩形波导内壁的宽边和窄边，管壁材料通常是铜、铝或其他金属材料。

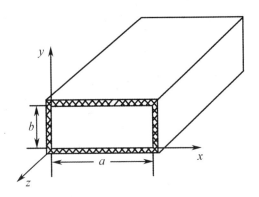

图 $2-17$　矩形波导结构

　　可以借鉴第 2.4.1 小节讨论的步骤来研究矩形波导中导行电磁波场的分布规律、波的传播条件和传输特性。矩形波导中只能存在 TM 模、TE 模，先建立 TM、TE 模的亥姆霍兹方程，用分离变量法求二维常微分方程及其解，解出波导中纵向分量 E_z 和 H_z 的表达式，然后通过纵向场与横向场的分量关系，解出各个横向场分量 E_x、E_y 和 H_x、H_y，最后推导出矩形波导中电磁波的一般特性，即截止特性、传输特性、场结构和波型特点。

1. 矩形波导中 TM、TE 波的场方程

1）求 TM 波的场分量表达式

对于 TM 波，$H_z = 0$，$E_z \neq 0$，由式(2.53)得

$$E_z(x, y, z) = E_z(x, y)Z(z) = AE_z(x, y)e^{-\gamma z} \neq 0$$

将式(2.42)代入式(2.45)得知 $E_z(x, y)$ 在直角坐标系下满足标量的亥姆霍兹方程：

$$\left(\frac{\partial^2}{\partial x^2} + \frac{\partial^2}{\partial y^2}\right)E_z(x, y) + k_c^2 E_z(x, y) = 0 \tag{2.64}$$

　　应用横截面的分离变量求解，令

$$E_z(x, y) = X(x)Y(y) \tag{2.65}$$

将式(2.65)代入式(2.64)，可得两个关于 $X(x)$ 和 $Y(y)$ 的二阶常微分方程：

$$\frac{\partial^2 X(x)Y(y)}{\partial^2 x} + \frac{\partial^2 X(x)Y(y)}{\partial^2 y} + k_c^2 X(x)Y(y)$$

$$= \frac{Y(y)\mathrm{d}^2 X(x)}{\mathrm{d}^2 x} + \frac{X(x)\mathrm{d}^2 Y(y)}{\mathrm{d}^2 y} + k_c^2 X(x)Y(y) = 0 \tag{2.66}$$

将上式等式两边同除以 $X(x)Y(y)$ 并移项整理，可得

$$\frac{1}{X(x)}\frac{\mathrm{d}^2 X(x)}{\mathrm{d}^2 x} + \frac{1}{Y(y)}\frac{\mathrm{d}^2 Y(y)}{\mathrm{d}^2 y} = -k_c^2 \tag{2.67}$$

　　显然，$\dfrac{1}{X(x)}\dfrac{\mathrm{d}^2 X(x)}{\mathrm{d}^2 x}$ 仅是 x 的函数，$\dfrac{1}{Y(y)}\dfrac{\mathrm{d}^2 Y(y)}{\mathrm{d}^2 y}$ 仅是 y 的函数，要想式(2.67)成立，左边的每项必须均为常数，分别设为 $-k_x^2$ 和 $-k_y^2$，这样可将式(2.67)化为两个方程：

$$\frac{1}{X(x)}\frac{\mathrm{d}^2 X(x)}{\mathrm{d}^2 x} = -k_x^2 \tag{2.68-a}$$

$$\frac{1}{Y(y)}\frac{\mathrm{d}^2 Y(y)}{\mathrm{d}^2 y} = -k_y^2 \tag{2.68-b}$$

且

$$k_x^2 + k_y^2 = k_c^2 \tag{2.69}$$

由式(2.68)得到 $X(x)$、$Y(y)$ 的通解为

$$X(x) = A\cos k_x x + B\sin k_x x \tag{2.70-a}$$

$$Y(y) = C\cos k_y y + D\sin k_y y \tag{2.70-b}$$

将式(2.70)代回式(2.65)得到 $E_z(x, y)$ 的通解：

$$E_z(x, y) = [A\cos k_x x + B\sin k_x x][C\cos k_y y + D\sin k_y y] \tag{2.71}$$

式中，A、B、C、D、k_x、k_y 都是待定常数，将由矩形波导的边界条件决定。

由电磁场理论知，理想导体相切的电场强度为零。利用边界条件确定待定常数：

当 $x=0$, $0 \leqslant y \leqslant b$ 处 $E_z = 0$，代入式(2.71)，可得

$$A[C\cos k_y y + D\sin k_y y] = 0$$

式中，对应的 y 值应在 $0 \leqslant y \leqslant b$ 范围内变化，要使上式成立，只有 $A=0$。

同理，在 $y=0$, $0 \leqslant x \leqslant a$ 处 $E_z = 0$，代入式(2.71)，可得

$$C[A\cos k_x x + B\sin k_x x] = 0$$

类似可得：$C=0$，并令 $B \times D = E_0$，这样式(2.71)变为

$$E_z(x, y) = E_0 \sin(k_x x)\sin(k_y y) \tag{2.72}$$

再将边界条件 $x=a$, $0 \leqslant y \leqslant b$ 处 $E_z = 0$，代入式(2.72)，有

$$E_0 \sin(k_x a)\sin(k_y y) = 0$$

只有

$$\sin k_x a = 0, \quad k_x = \frac{m\pi}{a} (m = 0, 1, 2, 3, \cdots) \tag{2.73-a}$$

同样，在 $y=b$, $0 \leqslant x \leqslant a$ 处 $E_z = 0$，代入式(2.72)，有

$$E_0 \sin(k_x x)\sin(k_y b) = 0$$

只有

$$\sin k_y b = 0, \quad k_y = \frac{n\pi}{b} (n = 0, 1, 2, 3, \cdots) \tag{2.73-b}$$

将 $k_x = \dfrac{m\pi}{a}$ 和 $k_y = \dfrac{n\pi}{b}$ 代入式(2.69)，可得

$$k_c = \sqrt{\left(\frac{m\pi}{a}\right)^2 + \left(\frac{n\pi}{b}\right)^2} \tag{2.74}$$

矩形波导中 TM 波的纵向电场 $E_z(x, y, z)$ 的表达式为

$$E_z(x, y, z) = E_0 \sin\left(\frac{m\pi}{a}x\right)\sin\left(\frac{n\pi}{b}y\right)\mathrm{e}^{-\gamma z} \tag{2.75}$$

式中，常数 E_0 由激励源来决定，将式(2.75)代入式(2.55)，可得 TM 波其余的场分量解的表达式为

$$E_x(x, y, z) = -\frac{\gamma}{k_c^2}\frac{m\pi}{a}E_0 \cos\left(\frac{m\pi}{a}x\right)\sin\left(\frac{n\pi}{b}y\right)\mathrm{e}^{-\gamma z} \tag{2.76-a}$$

$$E_y(x, y, z) = -\frac{\gamma}{k_c^2}\frac{n\pi}{b}E_0\sin\left(\frac{m\pi}{a}x\right)\cos\left(\frac{n\pi}{b}y\right)e^{-\gamma z} \qquad (2.76-b)$$

$$E_z(x, y, z) = E_0\sin\left(\frac{m\pi}{a}x\right)\sin\left(\frac{n\pi}{b}y\right)e^{-\gamma z} \qquad (2.76-c)$$

$$H_x(x, y, z) = \frac{j\omega\varepsilon}{k_c^2}\frac{n\pi}{b}E_0\sin\left(\frac{m\pi}{a}x\right)\cos\left(\frac{n\pi}{b}y\right)e^{-\gamma z} \qquad (2.76-d)$$

$$H_y(x, y, z) = -\frac{j\omega\varepsilon}{k_c^2}\frac{m\pi}{a}E_0\cos\left(\frac{m\pi}{a}x\right)\sin\left(\frac{n\pi}{b}y\right)e^{-\gamma z} \qquad (2.76-e)$$

$$H_z(x, y, z) = 0 \qquad (2.76-f)$$

式(2.76)为沿 $+z$ 方向传输的 TM 波的全部场分量的表达式。从这些表达式中可以看出以下几个特点：

（1）关于波型（或模式）的概念。每一个 m、n 的值，对应一组如式(2.76)所示的场分量，即在矩形波导中对应一种场结构，这里把一种场结构称为一种波型或一种模式。而 m、n 分别表示沿 x 轴和 y 轴变化的半波个数。不同波型以 TM_{mn} 表示，如图 2-18 所示。

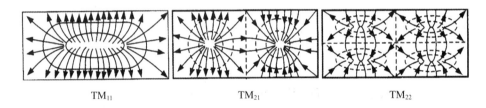

$$TM_{11} \qquad\qquad\qquad TM_{21} \qquad\qquad\qquad TM_{22}$$

图 2-18　不同波型 TM 波的场结构

（2）由于 m、n 均可取 $0\sim\infty$ 范围内的正整数，因此 TM_{mn} 波有无穷多个。当 $m=0$ 或 $n=0$ 时，由式(2.76)知，全部场强分量为零，故矩形波导中 TM_{00} 波、TM_{m0} 波、TM_{0n} 波均不存在。

（3）由式(2.74)可知，截止波数 k_c 也与 m、n 有关，即不同波型的 k_c 不同或截止波长 λ_c 不同，这意味着它们的传输参数也各不相同。

2）求 TE 波的场分量表达式

对于 TE 波，$E_z=0$，由式(2.54)得，$H_z(x, y, z)=AH_z(x, y)e^{-\gamma z}\neq0$，由式(2.42)和式(2.47)得知 $H_z(x, y)$ 在直角坐标系满足标量的亥姆霍兹方程，即

$$\left(\frac{\partial^2}{\partial x^2}+\frac{\partial^2}{\partial y^2}\right)H_z(x, y) + k_c^2H_z(x, y) = 0$$

采用与 TM 波相同的推导方法可求得 TE 波的全部场分量，其差别在于边界条件有所不同。对于 TE 波，其边界条件为

在 $x=0$ 和 $x=a$，$0\leqslant y\leqslant b$ 处，$H_z=0$；

在 $y=0$ 和 $y=b$，$0\leqslant x\leqslant a$ 处，$H_z=0$。

最后得到 TE 波的场分量表达式如下：

$$E_x(x, y, z) = \frac{j\omega\mu}{k_c^2}\frac{n\pi}{b}H_0\cos\left(\frac{m\pi}{a}x\right)\sin\left(\frac{n\pi}{b}y\right)e^{-\gamma z} \qquad (2.77-a)$$

$$E_y(x, y, z) = -\frac{j\omega\mu}{k_c^2}\frac{m\pi}{a}H_0\sin\left(\frac{m\pi}{a}x\right)\cos\left(\frac{n\pi}{b}y\right)e^{-\gamma z} \qquad (2.77-b)$$

$$E_z(x, y, z) = 0 \tag{2.77-c}$$

$$H_x(x, y, z) = \frac{\gamma}{k_c^2} \frac{m\pi}{a} H_0 \sin\left(\frac{m\pi}{a}x\right)\cos\left(\frac{n\pi}{b}y\right)e^{-\gamma z} \tag{2.77-d}$$

$$H_y(x, y, z) = \frac{\gamma}{k_c^2} \frac{n\pi}{b} H_0 \cos\left(\frac{m\pi}{a}x\right)\sin\left(\frac{n\pi}{b}y\right)e^{-\gamma z} \tag{2.77-e}$$

$$H_z(x, y, z) = H_0 \cos\left(\frac{m\pi}{a}x\right)\cos\left(\frac{n\pi}{b}y\right)e^{-\gamma z} \tag{2.77-f}$$

式中，$k_c = \sqrt{\left(\dfrac{m\pi}{a}\right)^2 + \left(\dfrac{n\pi}{b}\right)^2}$，为矩形波导 TE 波的截止波数，它与波导尺寸、传导波形有关。

从 TE 波的特点来看，和 TM 波一样，m、n 不同，电磁场的结构就不同，即电磁场（电磁波）的模式不同，如图 2-19 所示。不同波型用 TE_{mn} 表示，当 m、n 同时为零时，所有场强分量为零，故矩形波导中不存在 TE_{00} 波。但若 m 及 n 之一为零，则场强的一部分为零，因此 TE_{m0} 波、TE_{0n} 波和 TE_{mn} 波都能够在矩形波导中存在。

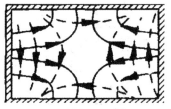

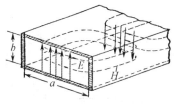

　(a) TE$_{11}$ 横截面场结构　　　　　　(b) TE$_{21}$ 横截面场结构　　　　　　(c) TE$_{10}$ 空间场结构

图 2-19　不同波型 TE 波的场结构

TE_{mn} 波中的 m、n 含义与 TM_{mn} 波的类似，m、n 表示的是场强沿 x、y 方向变化的半波个数，即最大值的个数。每一组 m、n 值代表一个模式，各模式有自己独立的场分布。

2. 矩形波导中电磁波的传输特性

1）截止波长 λ_c

不是任何模式的电磁波都能在波导中传播，当波导尺寸给定以后，只有工作频率高于某模式的截止频率（或工作波长低于某模式的截止波长），该模式的电磁波才能在波导中传播。

由式（2.74）可得矩形波导中 TE_{mn} 波和 TM_{mn} 波的截止波数均为

$$k_c = \sqrt{\left(\frac{m\pi}{a}\right)^2 + \left(\frac{n\pi}{b}\right)^2}$$

故截止波长为

$$\lambda_{c\text{TE}_{mn}} = \lambda_{c\text{TM}_{mn}} = \frac{2\pi}{k_c} = \frac{2}{\sqrt{\left(\dfrac{m}{a}\right)^2 + \left(\dfrac{n}{b}\right)^2}} \tag{2.78}$$

因为 $\lambda = \dfrac{c}{f}$，所以截止频率 f_c 可写为

$$f_c = \frac{c}{2}\sqrt{\left(\frac{m}{a}\right)^2 + \left(\frac{n}{b}\right)^2} \tag{2.79}$$

由式(2.78)可以看出,在矩形波导中,不同的模式有不同的 n、m 相对应,有不同的截止波长,其中有一个是最长的截止波长。

在 $a>2b$ 条件下,当 $m=1$,$n=0$ 时(TE$_{10}$),它的截止波长为最长,即

$$\lambda_c = \frac{2}{\sqrt{\left(\dfrac{1}{a}\right)^2 + \left(\dfrac{0}{b}\right)^2}} = 2a$$

TE$_{10}$ 模的 λ_c 值最大,称为主模或基模,其余的模式统称为高次模。

由式(2.78)可看出,对于相同的 n 和 m,TE$_{nm}$ 和 TM$_{nm}$ 两种模式具有相同的截止波长。例如,TE$_{11}$ 和 TM$_{11}$、TE$_{21}$ 和 TM$_{21}$……的截止波长相同。这意味着不同模式存在相同的截止波长,称该现象为模式简并。虽然它们场分布不同,但它们有相同的传输特性。图 2-20 给出了波导(标准波导 BJ-32)在 $a=7.2$ cm 和 $b=3.4$ cm 时各模式截止波长的分布图。

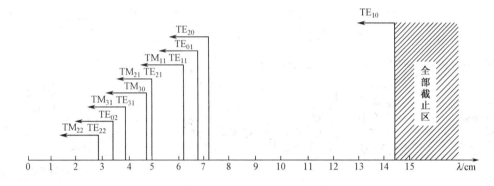

图 2-20 尺寸固定的波导各模式截止波长分布图

例 2-3 设某矩形波导的尺寸为 $a=7.2$ cm,$b=3.4$ cm,试求信号工作频率在 3 GHz 时,该波导能传输的模式数。

解 由 $f=3$ GHz 得

$$\lambda = \frac{c}{f} = \frac{3 \times 10^8}{3 \times 10^9} = 0.1 \text{ m}$$

各模式的截止波长为

$$\lambda_{cTE_{10}} = 2a = 0.144 \text{ m} > \lambda$$
$$\lambda_{cTE_{20}} = 6 = 0.072 \text{ m} < \lambda$$
$$\lambda_{cTE_{01}} = 2b = 0.068 \text{ m} < \lambda$$
$$\lambda_{cTM_{11}} = \frac{2ab}{\sqrt{a^2 + b^2}} = 0.0615 \text{ m} < \lambda$$

可见,该波导在工作频率为 3 GHz 时,只能传输 TE$_{10}$ 波。对一个截面尺寸已给定的波导管,如果工作波长较短,有 n 个模式同时满足传输条件,那么,这 n 个模式就可以同时在同一个波导管中传输,这就是所谓的"多模传输"。

如果工作波长选得比较合适(或者在工作波长固定时,波导管的截面尺寸选得比较恰当),此时,波导中只有主模能满足传输条件,别的模式都不能沿着波导管传输,则称为"单模传输"。在工程应用上几乎毫无例外地工作在单模传输状态,其原因在于不同的模式传输的路径不同,从而使同一信号抵达接收端时出现时延差,或者说,产生了失真。为了

保证通信质量，对传输系统来说，不希望出现多模传输。

实现单模传输的方法可由图 2 - 20 说明，图中主模 TE_{10} 的截止波长为 14.4 cm（即 $2a$），第一个高次模 TE_{20} 的截止波长为 7.2 cm（即 a）。若只允许传输一种模（即 TE_{10}），在 $a>2b$ 条件下，则有单模传输的条件：

$$a < \lambda_c < 2a$$

2）相速度 v_p 和群速度 v_g

矩形波导的相速度 v_p、群速度 v_g 和波阻抗 Z_{TM}、Z_{TE} 如式（2.59）～式（2.63）所示，这里不再重述。

2.4.3　圆波导及其传输特性

规则金属波导除了矩形波导外，常用的还有圆波导，其结构如图 2 - 21 所示。与矩形波导类似，研究圆波导的目的仍然是了解导行电磁波场的分布规律、波的传播条件和传输特性，具体做法仍是借鉴第 2.4.1 小节讨论的步骤来完成。圆波导也只能传输 TE 波和 TM 波，其分析方法与矩形波导类似，只是由于横截面形状不同，采用的是圆柱坐标系 $(r、\theta、z)$。掌握圆波导的分析方法，也有助于对光导纤维的分析和理解。

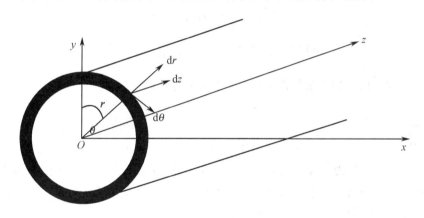

图 2 - 21　圆波导结构图

对于圆波导，利用圆柱坐标系 $r、\theta、z$ 最方便，并且使 z 轴与管轴一致，如图 2 - 21 所示。圆柱坐标系下 $\boldsymbol{E}$ 和 $\boldsymbol{H}$ 的场分量为 $E_r、E_\theta、E_z、H_r、H_\theta、H_z$，它们都是 $r、\theta、z$ 的函数。由式（2.43）得知横向分量 $E_z(r,\theta)$ 和 $H_z(r,\theta)$ 也满足标量的亥姆霍兹方程，即

$$\frac{\partial^2 E_z}{\partial r^2} + \frac{1}{r}\frac{\partial E_z}{\partial r} + \frac{1}{r^2}\frac{\partial^2 E_z}{\partial \theta^2} + k_c^2 E_z = 0 \qquad (2.80)$$

$$\frac{\partial^2 H_z}{\partial r^2} + \frac{1}{r}\frac{\partial H_z}{\partial r} + \frac{1}{r^2}\frac{\partial^2 H_z}{\partial \theta^2} + k_c^2 H_z = 0 \qquad (2.81)$$

1. 圆波导中 TM、TE 波的场方程

1）求 TM 波的场分量表达式

对于 TM 波，$H_z = 0$，而 $E_z(r,\theta,z) = AE_z(r,\theta)\mathrm{e}^{-\gamma z} \neq 0$，应用横向分离变量法，即

$$E_z(r,\theta) = R(r)\Theta(\theta) \qquad (2.82-a)$$

而

$$E_z(r, \theta, z) = AR(r)\Theta(\theta)\mathrm{e}^{-\gamma z} \tag{2.82-b}$$

式中，$R(r)$ 只是变量 r 的函数，$\Theta(\theta)$ 只是变量 θ 的函数。由式(2.80)可得 $E_z(r, \theta)$ 的标量亥姆霍兹方程，即

$$\Theta(\theta)\frac{\partial^2 R(r)}{\partial r^2} + \frac{\Theta(\theta)}{r}\frac{\partial R(r)}{\partial r} + \frac{R(r)}{r^2}\frac{\partial^2 \Theta(\theta)}{\partial \theta^2} + k_c^2 R(r)\Theta(\theta) = 0$$

两边同乘以 $\dfrac{r^2}{R(r)\Theta(\theta)}$，并整理得

$$\frac{r^2}{R(r)}\frac{\partial^2 R(r)}{\partial r^2} + \frac{r}{R(r)}\frac{\partial R(r)}{\partial r} + k_c^2 r^2 = -\frac{1}{\Theta(\theta)}\frac{\partial^2 \Theta(\theta)}{\partial \theta^2}$$

式中，左边仅是变量 r 的函数，右边仅是变量 θ 的函数。显然要使上式成立，只有使等式两端等于同一个常数，设此常数为 m^2，则上述方程可"拆分"为两个常微分方程，分别如下：

$$-\frac{1}{\Theta(\theta)}\frac{\partial^2 \Theta(\theta)}{\partial \theta^2} = m^2$$

$$\frac{r^2}{R(r)}\frac{\partial^2 R(r)}{\partial r^2} + \frac{r}{R(r)}\frac{\partial R(r)}{\partial r} + k_c^2 r^2 = m^2$$

将上式整理后变为

$$\frac{\partial^2 \Theta(\theta)}{\partial \theta^2} + m^2\Theta(\theta) = 0$$

$$\frac{r^2\partial^2 R(r)}{\partial r^2} + \frac{r\partial R(r)}{\partial r} + (k_c^2 r^2 - m^2)R(r) = 0 \tag{2.83}$$

求解式(2.83)描述的二阶线性常微分方程，可得其通解为

$$\Theta(\theta) = A_1\cos m\theta + A_2\sin m\theta = A_m \begin{cases} \cos m\theta \\ \sin m\theta \end{cases}$$

$$R(r) = A_3 \mathrm{J}_m(k_c r) + A_4 \mathrm{N}_m(k_c r)$$

式中，A_1、A_2、A_3、A_4 为待定常数，$\mathrm{J}_m(k_c r)$、$\mathrm{N}_m(k_c r)$ 分别为第一、二类 m 阶贝塞尔函数，当 $r \to 0$ 时，$\mathrm{N}_m(k_c r) \to \infty$，其变化曲线如图 2-22 所示。根据波导中心处 $E_z(r, \theta, z)$ 场为有限值的要求，只能令 $A_4 = 0$，因此有

$$E_z(r, \theta, z) = E_0 \mathrm{J}_m(k_c r) \begin{cases} \cos m\theta \\ \sin m\theta \end{cases} \mathrm{e}^{-\gamma z} \quad (E_0 = A_m \times A_3 \times A) \tag{2.84}$$

根据边界条件，$r = a$ 处，$E_z = 0$，于是有：$\mathrm{J}_m(k_c a) = 0$。

设第 m 阶第一类贝塞尔函数 $\mathrm{J}_m(k_c a)$ 的第 n 个根为 $\mu_{mn} = k_c a$，如图 2-22(a) 及表 2-3 所示，则

$$k_c a = \frac{2\pi}{\lambda_c}a = \mu_{mn} \quad (n = 1, 2, 3, \cdots) \tag{2.85-a}$$

于是得到圆波导中 TM 波的截止波长为

$$\lambda_c = \frac{2\pi a}{\mu_{mn}} \tag{2.85-b}$$

圆波导中 TM 波的截止波长取决于 m 阶第一类贝塞尔函数 n 个根的值($n=0$ 无意义)，这些 μ_{mn} 值可从图 2-22(a) 取得，将 μ_{mn} 值代入式(2.85-b)计算，得到表 2-3 所示的一些 TM 波型的截止波长值。

至此，得到 TM 波纵向电场表达式为

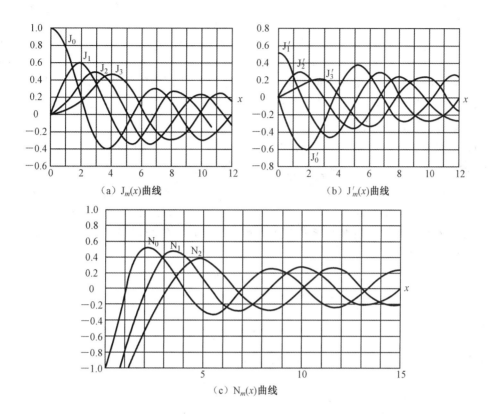

(a) $J_m(x)$曲线　　　　　　　　　　(b) $J'_m(x)$曲线

(c) $N_m(x)$曲线

图 2-22　m 级贝塞尔函数 $J_m(x)$、$J'_m(x)$ 和 $N_m(x)$ 曲线

$$E_z(r,\,\theta,\,z) = E_0 J_m\left(\frac{\mu_{mn}}{a}r\right)\begin{cases}\cos m\theta \\ \sin m\theta\end{cases}\mathrm{e}^{-\gamma z}$$

表 2-3　TM 波的截止波长

波型	μ_{mn}	λ_c	波型	μ_{mn}	λ_c
TM_{01}	2.405	$2.62a$	TM_{12}	7.016	$0.90a$
TM_{11}	3.832	$1.64a$	TM_{22}	8.417	$0.75a$
TM_{21}	5.135	$1.22a$	TM_{03}	8.650	$0.72a$
TM_{02}	5.520	$1.14a$	TM_{13}	10.173	$0.62a$

　　将麦克斯韦方程在圆柱坐标系中展开，可求出 TM 模式（波）的全部横向分量，进而得到 TM 波的所有场分量表示式为

$$E_r(r,\,\theta,\,z) = -\frac{\gamma}{k_c^2}E_0 J'_m\left(\frac{\mu_{mn}}{a}r\right)\begin{cases}\cos m\theta \\ \sin m\theta\end{cases}\mathrm{e}^{-\gamma z} \qquad (2.86-\mathrm{a})$$

$$E_\theta(r,\,\theta,\,z) = \frac{\gamma m}{k_c^2 r}E_0 J_m\left(\frac{\mu_{mn}}{a}r\right)\begin{cases}\sin m\theta \\ \cos m\theta\end{cases}\mathrm{e}^{-\gamma z} \qquad (2.86-\mathrm{b})$$

$$E_z(r,\,\theta,\,z) = E_0 J_m\left(\frac{\mu_{mn}}{a}r\right)\begin{cases}\cos m\theta \\ \sin m\theta\end{cases}\mathrm{e}^{-\gamma z} \qquad (2.86-\mathrm{c})$$

$$H_r(r,\,\theta,\,z) = -\frac{\mathrm{j}\omega\varepsilon\gamma m}{k_c^2 r}E_0 J_m\left(\frac{\mu_{mn}}{a}r\right)\begin{cases}\sin m\theta \\ \cos m\theta\end{cases}\mathrm{e}^{-\gamma z} \qquad (2.86-\mathrm{d})$$

$$H_\theta(r,\,\theta,\,z) = -\frac{j\omega\varepsilon}{k_c^2}E_0 J_m'\left(\frac{\mu_{mn}}{a}r\right)\begin{cases}\cos m\theta\\\sin m\theta\end{cases}e^{-\gamma z} \qquad (2.86-e)$$

$$H_z(r,\,\theta,\,z) = 0 \qquad (2.86-f)$$

由式(2.86)可见，圆波导中的 TM 波有无数多个，以 TM_{mn} 波表示，对应于不同的 m 和 n 值，得到不同的波型。圆波导中不存在 TM_{m0} 波，但存在 TM_{0n} 波。

2）求 TE 波的场分量表达式

对于 TE 波，$E_z = 0$，而 $H_z(r,\,\theta,\,z) = AH_z(r,\,\theta)e^{-\gamma z} \neq 0$，$H_z(r,\,\theta)$ 二维函数满足标量的亥姆霍兹方程，所以其解的形式与式(2.84)极为相似，即

$$H_z(r,\,\theta,\,z) = H_0 J_m(k_c r)\begin{cases}\cos m\theta\\\sin m\theta\end{cases}e^{-\gamma z} \qquad (2.87)$$

将麦克斯韦方程在圆柱坐标系中展开，可求出 TE 波的全部横向分量，进而得到 TE 波的所有场分量表示式为

$$E_r(r,\,\theta,\,z) = j\frac{\omega\mu m}{k_c^2 r}H_0 J_m\left(\frac{\nu_{mn}}{a}r\right)\begin{cases}\sin m\theta\\\cos m\theta\end{cases}e^{-\gamma z} \qquad (2.88-a)$$

$$E_\theta(r,\,\theta,\,z) = j\frac{\omega\mu}{k_c^2}H_0 J_m'\left(\frac{\nu_{mn}}{a}r\right)\begin{cases}\cos m\theta\\\sin m\theta\end{cases}e^{-\gamma z} \qquad (2.88-b)$$

$$E_z(r,\,\theta,\,z) = 0 \qquad (2.88-c)$$

$$H_r(r,\,\theta,\,z) = -\frac{\gamma}{k_c^2}H_0 J_m'\left(\frac{\nu_{mn}}{a}r\right)\begin{cases}\cos m\theta\\\sin m\theta\end{cases}e^{-\gamma z} \qquad (2.88-d)$$

$$H_\theta(r,\,\theta,\,z) = \frac{\gamma m}{k_c^2 r}H_0 J_m\left(\frac{\nu_{mn}}{a}r\right)\begin{cases}\sin m\theta\\\cos m\theta\end{cases}e^{-\gamma z} \qquad (2.88-e)$$

$$H_z(r,\,\theta,\,z) = H_0 J_m\left(\frac{\nu_{mn}}{a}r\right)\begin{cases}\cos m\theta\\\sin m\theta\end{cases}e^{-\gamma z} \qquad (2.88-f)$$

再由圆波导的边界条件确定常数 k_c，在波导边界上，$r = a$ 处，有 $\frac{\partial H_z}{\partial r} = 0$ 或 $E_\theta = 0$。式(2.87)可变为

$$\frac{\partial H_z}{\partial r} = H_0 k_c J_m'(k_c a)\begin{cases}\cos m\theta\\\sin m\theta\end{cases}e^{-\gamma z} = 0$$

显然，要使上式成立，只有

$$J_m'(k_c a) = 0$$

$$k_c a = \frac{2\pi}{\lambda_c}a = \nu_{mn} \quad (n = 1,\,2,\,3,\,\cdots) \qquad (2.89-a)$$

于是得到圆波导中 TE 波的截止波长为

$$\lambda_c = \frac{2\pi a}{\nu_{mn}} \qquad (2.89-b)$$

式中，ν_{mn} 是 m 阶第一类贝塞尔函数的一阶导数 $J_m'(k_c a) = 0$ 的第 n 个根。圆波导中 TE 波的截止波长取决于 $J_m'(k_c a) = 0$ 的 n 个根的值，这些 ν_{mn} 值可以从图 2-22(b) 中取得。表 2-4 列出了一些 TE 波的各种模式的截止波长。

表 2 – 4　　TE 波的各种模式的截止波长

模式	ν_{mn}	λ_c	模式	ν_{mn}	λ_c
TE_{11}	1.841	3.41a	TE_{12}	5.332	1.18a
TE_{21}	3.054	2.06a	TE_{22}	6.705	0.94a
TE_{01}	3.832	1.64a	TE_{02}	7.016	0.90a
TE_{31}	4.201	1.50a	TE_{13}	8.536	0.74a

从式(2.88)可看出 TM 波、TE 波各场分量的表达式与 m、n 有关。m 是从零开始的正整数，n 是从 1 开始的正整数，并且每一对 m、n 值都对应着某一种确定的场分布状态。在圆波导中场分量的 m、n 值可以有无穷多，所以，可能存在无穷多个导模 TE_{mn}、TM_{mn}，但 TE_{m0}、TM_{m0} 不能在圆波导中存在，原因是 $n \neq 0$，否则将无意义。

2. 圆波导中电磁波的传输特性

1) 截止波长 λ_c

由式(2.85)和式(2.89)可分别得到圆波导 TM_{mn}、TE_{mn} 波的截止波长为

$$\lambda_{cTM_{mn}} = \frac{2\pi a}{\mu_{mn}}, \qquad \lambda_{cTE_{mn}} = \frac{2\pi a}{\nu_{mn}}$$

根据上式可以计算出 TM_{mn} 波、TE_{mn} 波的截止波长。图 2 – 23 绘出了半径为 a 的圆波导中各模式截止波长的分布图。从图可以看出，在所有模式中，TE_{11} 波的截止波长最长，为 3.41a，是圆波导中的最低次(主)模。

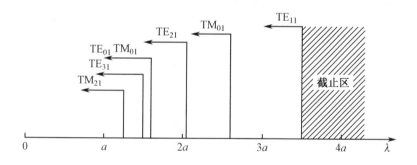

图 2 – 23　圆波导中各模式截止波长的分布图

在 TM_{mn} 各模式中，TM_{01} 波的截止波长最长，为 2.62a，是 TM_{mn} 中的最低次模。又因 $\lambda_{cTE_{11}} > \lambda_{cTM01}$，故在圆波导中截止波长最长的模式是 TE_{11}，它是圆波导中的主模。

在圆波导中单模传输的条件是：

$$2.62a < \lambda < 3.41a \tag{2.90}$$

在圆波导中，可能存在具有相同的截止波长、而场结构却不同的模式同时传输的现象，这种现象称为模式简并。例如，在同一圆波导中存在 TE_{0n} 波和 TM_{1n} 波传输，它们的场结构不同，但它们的截止波长却相同，这种现象称为圆波导的模式简并。

2) 相速度 v_p 和群速度 v_g

相速度 v_p、群速度 v_g 和波阻抗 Z_{TM}、Z_{TE} 与矩形波导相同，这里不再重述。

2.4.4 同轴线及其传输特性

同轴线是一种多用途的传输线,可用于低频信号和高频信号传输,它既能传输 TEM 波,又能传输 TM、TE 高次模。同轴线由内、外导体构成,电磁波在内、外导体之间传输,外导体对电磁波能量具有屏蔽作用,可避免辐射损耗。

1. 同轴线中的 TEM 波及传输特性

同轴线是一种非对称型双导体传输线,也是一种由内、外导体构成的双导体波导系统,可视为圆波导,故称为同轴波导。同轴线中的主模是 TEM 波,其电磁场分布在外导体的横截面内,电力线为发散射线分布,而磁力线垂直于电力线形成闭合曲线。同轴线中 TEM 波的电磁场分布如图 2-24 所示。

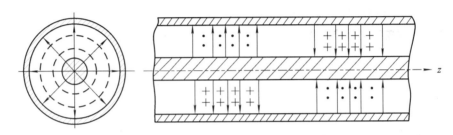

图 2-24　同轴线中 TEM 波的场结构(实线为电力线,虚线为磁力线)

由分析可知,TEM 波只有在 $k_c^2 = 0$ 时,各电磁场分量才有非零解,从而经推导可得同轴波导中的 TEM 波的截止波长、传输系数、特性阻抗、相速度和群速度等基本参数分别为

$$\lambda_c = \infty \quad 或 \quad f_c = 0$$

$$\beta = \omega \sqrt{\varepsilon \mu}$$

$$v_p = v_g = \frac{c}{\sqrt{\varepsilon_r}}$$

$$Z_c = \frac{U}{I} = \frac{60}{\sqrt{\varepsilon_r}} \ln \frac{b}{a} \ (\Omega)$$

2. 同轴线中的高次模及传输特性

在实际应用中,同轴线还可传输高次模即 TE 波和 TM 波,其分析方法与圆波导中 TE 波和 TM 波的分析方法相似,这里分析过程从略。直接引用理论分析表明,TE_{11} 波的截止波长最长,且可由式(2.91)确定:

$$\lambda_{cTE_{11}} \approx \pi(a + b) \qquad (2.91)$$

因此,为了使同轴线只传输 TEM 波,需使同轴线在工作频段内的最小工作波长满足

$$\lambda > \lambda_{cTE_{11}} \approx \pi(a + b) \qquad (2.92)$$

式(2.92)称为同轴线的单模传输条件,其中 λ 是工作波长。同轴线中各模式波的截止波长分布如图 2-25 所示。

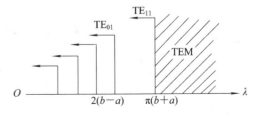

图 2-25　同轴线中各模式波的截止波长分布

思考题与习题

1. 集总参数与分布参数的产生条件是什么？它们之间的差别是什么？

2. 何为长线？何为短线？

3. "电报方程"表示了传输线上传输信号的什么特点？

4. 阐述传输线上产生 R_1、L_1、C_1 和 G_1 的原因及其物理意义。

5. 传输线的特性阻抗和传输系数代表什么意义？

6. 当 $Z_c = Z_L$ 时，传输线处于什么工作状态？反射系数、电压驻波比、反射损耗的取值为多少？

7. 当 $Z_c \neq Z_L$ 时，传输线处于什么工作状态？传输线具有什么特点？

8. 截止波长的物理意义是什么？截止波长的用途是什么？

9. 矩形波导、圆波导、同轴线的主模是什么？它们的单模传输条件是什么？

10. 已知 $f = 5$ MHz，同轴电缆回路的一次参数：电阻 $R_1 = 50$ Ω/km，电感 $L_1 = 0.2$ mH/km，电导 $G_1 = 15$ μS/km，电容 $C_1 = 33$ nF/km。试求该同轴电缆的二次参数。

11. 一空气填充的矩形波导，其截面尺寸 $a = 8$ cm，$b = 4$ cm，试画出截止波长 λ_c 的分布图，并说明工作频率 $f_1 = 3$ GHz 和 $f_2 = 5$ GHz 的电磁波在该波导中可以传输哪些模式。

12. 若将 3 cm 标准矩形波导 BJ - 100 型（$a = 22.86$ mm，$b = 10.16$ mm）用来传输工作波长 $\lambda_0 = 5$ cm 的电磁波，试问是否可能？若用 BJ - 58 型（$a = 40.4$ mm，$b = 20.2$ mm）波导来传输波长 $\lambda_0 = 3$ cm 的电磁波是否可能？会不会产生什么问题？

13. 在 BJ - 100 型矩形波导中传输频率 $f = 10$ GHz 的 TE_{10} 模式的电磁波。

(1) 求 λ_c 和 β；

(2) 若波导宽边 a 增大一倍，上述各量如何变化？

(3) 若波导窄边尺寸 b 增大一倍，上述各量又将如何变化？

(4) 若波导截面尺寸不变，但工作频率变为 15 GHz，上述各量又将如何变化？

14. 有一内充空气，$b < a < 2b$ 的矩形波导，在确保单模传输的前提下，且 TE_{10} 模工作在 3 GHz。要求工作频率至少高于主模（TE_{10}）截止频率的 20% 和至少低于次主模截止频率的 20%，试设计该波导的截面尺寸 a 和 b。

15. 设计一圆波导，工作波长 $\lambda = 7$ cm，只容许 TE_{11} 波传输。

16. 有一空气同轴线的截面尺寸 $a = 10$ mm，$b = 40$ mm。

(1) 计算 TE_{11}、TE_{01} 和 TM_{01} 三种模式的截止波长；

(2) 当工作波长 $\lambda_0 = 10$ cm 时，求 TEM 波和 TE_{11} 波的相速度。

17. 有一同轴线内、外导体的半径 $a = 0.5$ mm，$b = 1.75$ mm，绝缘材料的相对介电常数 $\varepsilon_r = 1$。试问该同轴线的特性阻抗为多少？计算单模工作的工作频率范围。

第3章　传输线和波导在系统中的应用

由于不同频段范围的电信传输系统及网络具有不同的用途，因此需选择适用的传输线和波导。可以说传输线和波导对电信传输系统及网络的应用开发有重要的作用。本章重点介绍现在常用的传输线和波导在电信传输系统及网络中的经典应用。

3.1　对称电缆及其在用户接入网系统中的应用

对称电缆是由两根特性完全相同的金属导线外涂覆聚乙烯绝缘层而构成的，称为全塑市话对称电缆，简称对称电缆（平行双导线）。通常对称电缆不止一对线，而是由多对相互绝缘的导线绞合封装而成的。对称电缆可用来传输电话、电报、传真文件、电视和广播节目、数据等电信号。

3.1.1　对称电缆的分类及型号

1. 对称电缆的分类

对称电缆有多种分类方法，按敷设方式可分为架空电缆、管道电缆、直埋电缆及水底电缆等 4 种。

1) 架空电缆

所谓架空电缆，就是用钢绞线支托电缆架挂在电杆上，其外形如图 3-1(a)所示。

(a) 架空电缆　　　　　(b) 管道电缆　　　　　(c) 直埋电缆　　　　　(d) 水底电缆

图 3-1　对称电缆的分类

2) 管道电缆

架空电缆敷设简单易行，但需要树立电杆，电缆裸露于空中，有碍城市景观。目前，在大部分城市建设标准中大多要求将电缆敷设于地下管道中，这种电缆称为管道电缆，如图 3-1(b)所示。现在这种敷设方法应用得较多，如在高楼等建筑物内的通信电缆，既可以预埋暗管敷设，也可以架挂在墙壁上。

3) 直埋光缆

把电缆敷设于地沟中称为直埋电缆，在郊区常采用这种敷设方法。直埋电缆结构示意如图 3-1(c)所示。

4) 水底电缆

水底电缆简称水线，是将特种结构的通信电缆敷设于水底，其结构如图 3-1(d)所示。

2. 对称电缆的型号与规格

对称电缆种类较多，其型号与规格一般由 7 部分内容组合描述，如图 3-2 所示。电缆型号与规格中各字母代码及数字代号的含义如表 3-1 所示。

图 3-2　对称电缆型号与规格的组成图

表 3-1　电缆型号与规格中代码及代号的意义

分类代码(用途)	导体	绝缘层	内护层	特征(形状)	外护层(铠装)	规格
H(市话电缆) HP(市话配线电缆) HJ(局用电话电缆) HR(电话软线) HB(通信线及广播线) HD(铁道通信电缆)	T(铜)(或省略) L(铝) G(钢或铁) GL(铝包钢)	Y(聚乙烯) YF(泡沫聚乙烯) V(聚氯乙烯) YP(泡沫/实心皮聚乙烯)	A(铝-聚乙烯) V(聚氯乙烯) S(钢-铝-聚乙烯) Y(聚乙烯)	T(填充石油膏) G(高频隔离) C(自承式)	23(双层防腐钢带绕包铠装聚乙烯外护层) 33(单层细钢丝铠装聚乙烯外护层) 43(单层粗钢丝铠装聚乙烯外护层) 53(单层钢带皱纹纵包铠装聚乙烯外护层)	例:200×2×0.4 为200 对、线径为0.4 mm

一般将对称电缆的规格代号排在电缆型号的后面，用数字表示。

例如 HYA-400×2×0.5 型号电缆，表示 400 对、线径为 0.5 mm 铜芯实线聚乙烯绝缘、涂塑铝-聚乙烯内护套，而无外护层的全塑市话对称电缆；HYFA-100×2×0.5 型号电缆，表示 100 对、线径为 0.5 mm 铜芯实线泡沫聚乙烯绝缘、涂塑铝-聚乙烯内护套，而无外护层全塑市话对称电缆；HYAT53-300×2×0.4 型号电缆，表示 300 对、线径为 0.4 mm 铜芯实线聚乙烯绝缘、填充石油膏、涂塑铝-聚乙烯内护套，加单层钢带皱纹纵包铠装聚乙烯外护层、全塑市话对称电缆。

3.1.2　对称电缆在用户接入网系统中的应用

对称电缆在固定电话用户接入网系统中的应用最广泛，如在干线电缆、配线电缆、用户引入线等场合，如图 3-3 所示。干线电缆通常线对数量较大，一般在 300 对以上；配线

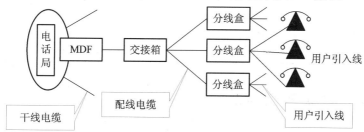

图 3-3　用户接入网系统结构

电缆线对数量通常小于 300 对；而用户引入线线对数量只有 1 对，它们的线径在 0.32～0.6 mm 之间。电缆与相应的配线设备进行适当的组合就可构成用户接入网系统，常用配线设备有配线架（MDF）、交接箱、分线盒，如图 3-4 所示。随着光纤接入网的普及应用，目前在大城市中对称电缆已经基本退出用户接入网系统。

(a) 配线架(MDF)

(b) 交接箱

(c) 分线盒

图 3-4 用户接入网系统的配线设备

表 3-2 给出了一些在工程应用中对称电缆的选型。

表 3-2 对称电缆选型表

结构型号		主干电缆		配线电缆				成端电缆	
		管道	直埋	管道	直埋	架空、沿墙	室内、暗管	MDF	交接箱
电缆结构	铜导线径/mm	0.32、0.4、0.5、0.6、0.8	0.32、0.4、0.5、0.6、0.8	0.4、0.5、0.6	0.4、0.5、0.6	0.4、0.5、0.6	0.4、0.5	0.4、0.5、0.6	0.4、0.5、0.6
	导线绝缘	实心聚烯烃泡沫聚烯烃泡沫/实心皮聚烯烃	实心聚烯烃泡沫聚烯烃泡沫/实心皮聚烯烃	实心聚烯烃泡沫/实心皮聚烯烃	实心聚烯烃泡沫/实心皮聚烯烃	实心聚烯烃泡沫/实心皮聚烯烃	宜选用聚氯乙烯	阻燃聚烯烃	实心聚烯烃泡沫/实心皮聚烯烃聚乙烯
	电缆护套	涂塑铝带粘接屏蔽聚乙烯	涂塑铝带粘接屏蔽聚乙烯	涂塑铝带粘接屏蔽聚乙烯	涂塑铝带粘接屏蔽聚乙烯	涂塑铝带粘接屏蔽聚乙烯	宜选用铝箔层聚乙烯	宜选用铝箔层聚氯乙烯	涂塑铝带粘接屏蔽聚乙烯
	电缆型号	HYA HYFA HYPA 或 HYAT HYFAT HYPAT	HYAT 铠装 HYFAT 铠装 HYPT 铠装 或 HYA 铠装 HYFA 铠装 HYPA 铠装	HYAT HYPAT 或 HYA HYPA	HYAT 铠装 HYPAT 铠装 或 HYA 铠装 HYPA 铠装	HYA HYPA HYAC HYPAC	HPVV	HYVVZ	HYA

3.2 双绞线电缆及其在计算机局域网中的应用

对称电缆的另一种形式就是双线回路扭绞式，即双绞线电缆或数据线（网线）。典型的双绞线电缆由 4 对或 25 对、50 对、甚至更多对双绞线放置在一根电缆外护套内组成。

目前，在数据通信中，双绞线电缆是宽带接入网系统比较常用的一种传输线，它具有制造成本较低、结构简单、便于网络升级的优点，主要用于智能大楼综合布线、小区计算机局域网布线等。

3.2.1 双绞线电缆的分类及型号

1. 双绞线电缆的分类

双绞线电缆，按其电气特性分类，一般分为非屏蔽双绞线(Unshilded Twisted Pair, UTP)电缆和屏蔽双绞线(Shielded Twisted Pair, STP)电缆两大类，其基本结构参看图 1-13。双绞线电缆的技术标准主要由 EIA(美国电子工业协会)/TIA(美国电信工业协会)和 IBM 来制定，EIA/TIA 负责制定"Cat"系列的 UTP/STP 标准，IBM 负责制定"Type"系列的 STP 标准。

UTP 电缆是由多对非屏蔽双绞线外包缠一层塑橡护套构成的，通常有 2 对、4 对、25 对双绞线等结构，如图 3-5 所示。UTP 电缆目前是校园网接入数据线和智能大楼综合布线的最佳选择。UTP 电缆可分 5 类，其差别主要是单位长度扭绞次数，不同类型的线对具有不同的扭绞长度，双绞线内含铜导线的直径通常在 $0.4 \sim 1.0$ mm 之间，按逆时针方向扭绞。一般而言，双绞线扭距越密其抗干扰能力就越强，支持的传输速度越高。如 5 类线(Cat 5)1 对线对扭绞长度在 12.7 mm 以内，4 类线(Cat 4)1 对线扭对绞长度在 25 mm 以内。

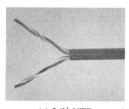
(a) 2 对 UTP

(b) 4 对 UTP

(c) 25 对 UTP

图 3-5 UTP 电缆结构图

STP 电缆结构与 UTP 电缆结构不同，STP 电缆的护套层内增加了金属箔屏蔽层。屏蔽双绞线根据屏蔽方式的不同可分为整体屏蔽金属箔双绞线电缆和绕对屏蔽金属箔双绞线电缆，如图 3-6 所示。

(a) 整体屏蔽STP

(b) 绕对屏蔽STP

图 3-6 STP 电缆结构图

目前，工程上使用最多的是 4 对双绞线电缆（即网线）。网线又可分为两种：一种是直连网线，即 A 与 B 两端线序一一对应，常用于连接计算机与路由器、HUB、拨号猫、交换机等设备；第二种是标准网线或称交叉网线，A 端按标准 568A 排列线序，B 端按标准 568B 排列线序，如表 3-3 所示。标准网线用于计算机与计算机、交换机与交换机之间的连接。

表 3-3　双绞线 8 根（4 对）线组序号与色谱表

线序号	1	2	3	4	5	6	7	8
标准 568A	白绿	绿	白橙	蓝	白蓝	橙	白棕	棕
标准 568B	白橙	橙	白绿	蓝	白蓝	绿	白棕	棕
线对序号	1 对		2 对		3 对		4 对	
色　谱	蓝/白蓝		橙/白橙		绿/白绿		棕/白棕	

2. 双绞线电缆的型号与规格

双绞线电缆种类较多，其型号与规格一般由 7 部分内容组合描述，如图 3-7 所示。电缆型号与规格中各字母代码及数字代号的含义如表 3-4 所示。

图 3-7　双绞线电缆型号与规格组成示意图

表 3-4　双绞线电缆的型号与规格中代码及代号的意义

分类代码（用途）	导体	绝缘层	内护层	特征	外护层（铠装）	最高速率（规格）
HS（数字通信电缆）	T(铜)（可省略）	Y(聚乙烯) YF(泡沫聚乙烯) Z (低烟无卤阻燃聚乙烯) YP(泡沫/实心皮聚乙烯) YF(泡沫聚乙烯)	A(铝-聚乙烯) V(聚氯乙烯) S(钢-铝-聚乙烯) Z (低烟无卤阻燃聚乙烯)	T(填充石油膏) P(屏蔽) C(自承式)	33(单层细钢丝铠装聚乙烯外护层)	例："3"代表 Cat 3 类线；"4"代表 Cat 4 类线

在工程上，常用的双绞线电缆习惯用较为直接的"Cat"标准来表示型号。其实"Cat"标准与双绞线电缆的型号与规格是相对应的。比如 UTP Cat 3，对应于 HSYV-3 的 UTP 电缆型号与规格；UTP Cat 5，对应于 HSYV-5 的 UTP 电缆型号与规格；UTP Cat 5e，对应于 HSYV-5e 的 UTP 电缆型号与规格，又称超 5 类线；STP Cat 5，对应于 HSYVP-5 的 STP 电缆型号与规格，表示纵包铝箔的 5 类线；STP Cat 6，对应于 HSYVP-6 的 STP 电缆型号与规格，表示纵包铝箔后再加金属屏蔽网的 6 类线。

3.2.2　双绞线电缆在计算机局域网中的应用

目前，UTP 电缆的 3、4、5 类线主要应用在园区网智能大楼综合布线系统和计算机局域网之中。

1. 双绞线电缆在智能大楼综合布线中的应用

UTP 电缆可分为 7 类，不同类别的 UTP 电缆在传输距离、信道宽度和数据传输速度等方面均受限不同。UTP 电缆的数据传输距离通常都在 100 m 内，数据传输速率不尽相同，如表 3 - 5 所示。

表 3 - 5　UTP 电缆类型及应用范围

类　　型	使　用　范　围
Cat 1	线缆最高频率带宽是 750 kHz，用于报警系统或语音传输，以及低速数据传输
Cat 2	线缆最高频率带宽是 1 MHz，用于语音传输和最高传输速率为 4 Mb/s 的数据传输，常用于 4 Mb/s 规范令牌传递协议的旧的令牌网
Cat 3	EIA/TIA568 标准中指定的电缆，最高传输频率为 16 Mb/s，主要应用于语音、10 Mb/s 以太网(10BASE - T)和 4 Mb/s 令牌环，最大网段长度为 100 m
Cat 4	用于语音传输和最高传输速率为 20 Mb/s 的数据传输，最大网段长度为 100 m
Cat 5/ Cat 5e	用于语音传输和最高传输速率为 100 Mb/s 的数据传输，最大网段长度为 100 m；超 5 类线主要用于千兆位以太网(1000 Mb/s)
Cat 6/ Cat 6e	5 类线用于最大传输速率为 250～1000 Mb/s 的数据传输，类似于 STP 双绞线，最大网段长度为 90～100 m
Cat 7	计划的带为 600 MHz～10 GHz，类似于 STP 双绞线，最大网段长度为 90～100 m

在工程上，选用双绞线电缆时主要关心的电参数是损耗、反射损耗、特性阻抗等。UTP 电缆的特性阻抗可以是 100 Ω 或 120 Ω，我国常用的 UTP 电缆特性阻抗为 100 Ω。常用 UTP 电缆的电参数如表 3 - 6 所示。

表 3 - 6　UTP 电缆的电参数

项目	频率/MHz	损耗/(dB/100 m)	反射损耗/dB	特性阻抗/Ω
第 3 类	1	4.2	12	100±15%
	8	10.2		
	16	14.9		
第 4 类	1	2.6	12	
	8	6.7		
	16	9.9		
	20	11		
第 5 类	1	2.5	23	
	8	6.3		
	16	9.2		
	20	10.3		
	100	24		

UTP 电缆 3、4、5 类线多用于智能大楼综合布线系统。一个智能大楼综合布线系统通常由水平干线子系统、垂直干线子系统、工作区、管理子系统、设备间和建筑群子系统 6 个部分组成，如图 3 - 8 所示。

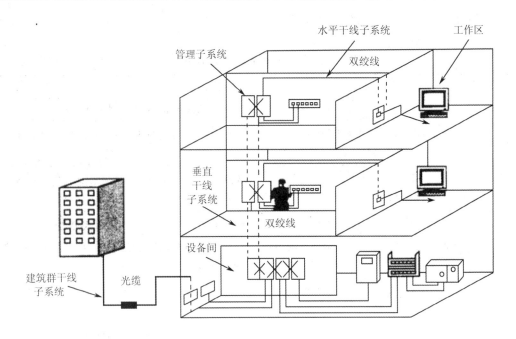

图 3-8　智能大楼综合布线系统结构

　　水平干线子系统的线缆应依据建筑物信息的类型、容量、带宽或传输速率来确定，对于语音和数据传输，推荐可选用 5 类、超 5 类型号 UTP 电缆，但当传输带宽要求较高，或管理子系统到工作区超过 90 m 时，可选择光纤作为传输介质。

　　垂直干线子系统应由设备子系统至管理间的上下垂直干线电缆和光缆、安装在设备间的建筑物配线设备及设备缆线和跳线组成。一般采用特性阻抗为 100 Ω 的大对数 UTP 电缆或光缆。

　　工作区是一个独立的需要设置终端设备的区域。工作区应由配线子系统的信息插座模块延伸到终端设备处的连接缆线及适配器组成，具体包括信息插座、插座盒、连接跳线和适配器。

　　在综合布线系统中，管理子系统用于垂直干线子系统和水平干线子系统的连接管理，由通信线路互连设施和设备组成，通常设置在楼层配线间内。

　　设备间是在每幢建筑物的适当地点进行网络管理和信息交换的场地。对于综合布线系统的工程设计，设备间主要安装了交换机、计算机主机设备及建筑物入口配线设备等。

　　建筑群子系统由连接多个建筑物的主干电缆或光缆、建筑物配线设备及设备线缆和跳线组成。它支持两座及两座以上建筑物彼此之间的信息交流，在构成建筑物之间的标准通信连接时，主要采用 UTP 电缆或光缆。

　　2. 双绞线电缆在计算机局域网中的应用

　　双绞线电缆在计算机局域网中最典型的应用是构成 10 Mb/s 以太网(10BASE - T)，即使用星形拓扑结构。网络中心采用集线器(Hub)，各站点到集线器的距离一般不超过 100 m，可采用直连网线连接，如图 3-9 所示。每个站点需要用两对双绞线，分别用于发送和接收，由标准 RJ45 接头(如图 3-10 所示)连接到网卡上的 RJ45 连接器插口。

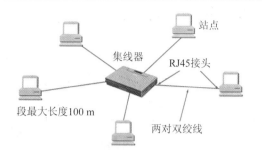

图 3-9 星形网计算机局域网   图 3-10 RJ45 接头

3.3 同轴电缆及其在电信传输系统中的应用

同轴电缆属于非对称电缆，其主要应用包括：有线电视 CATV 入户线，移动通信的基站收/发信机到天线之间的数据线馈线系统，连接交换机和传输设备电接口的数据线等。

3.3.1 同轴电缆的分类及型号

1. 同轴电缆的分类

从应用场景分类，当前广泛使用的同轴电缆有两种：一种是特性阻抗为 50 Ω 的基带同轴电缆，用于传输各类基带信号，如设备内的信号传输；另一种是特性阻抗为 50 Ω 或 75 Ω 的宽带同轴电缆，主要用于有线电视系统、移动通信馈线系统的信号传输。同轴电缆的结构图和实物图如图 3-11 和图 3-12 所示。

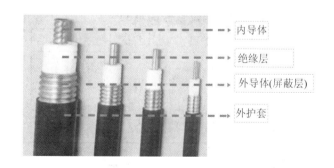

图 3-11 射频(RF)同轴电缆的结构图   图 3-12 各种同轴电缆实物图

根据同轴管的尺寸，可将同轴电缆分为以下四类：大同轴电缆，内导体的外径为 5 mm，外导体的内径为 18 mm；中同轴电缆，内导体的外径为 2.6 mm，外导体的内径为 9.5 mm；小同轴电缆，内导体的外径为 1.2 mm，外导体的内径为 4.4 mm；微同轴电缆，内导体的外径为 0.7 mm，外导体的内径为 2.9 mm。

下面介绍使用较广泛的射频同轴电缆和用于隧道内天线的泄漏同轴电缆。

1) 射频(RF)同轴电缆

射频同轴电缆的内导体采用单股或多股铜导线，外导体由铜管或铜丝编织而成，最外层是聚乙烯绝缘外护层。这种电缆具有传输频带宽、屏蔽性能好、质量轻、易曲绕和结构简单等优点。

2）漏泄同轴电缆

漏泄同轴电缆是在同轴管外导体上开有用作辐射的周期性裸露窗口或槽孔，使电磁波可以漏泄到周围空间，损耗可达 $10 \sim 40$ dB/100 m 且随频率而升高，如图 3-13 所示。漏泄同轴电缆的工作原理是发送端的电磁波在漏泄同轴电缆中纵向传输的同时通过槽孔向外界辐射，外界的电磁场也可通过槽孔感应到漏泄同轴电缆内部并传送到接收端。

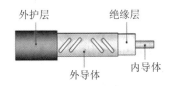

(a) 耦合型漏泄同轴电缆   (b) 辐射型漏泄同轴电缆

图 3-13　漏泄同轴电缆

2. 同轴电缆的型号与规格

同轴电缆的型号与规格由 5 部分组成，如图 3-14 所示。电缆型号与规格中各字母代码及数字代号的含义如表 3-7 所示。

图 3-14　同轴电缆型号与规格组成图

表 3-7　同轴电缆型号与规格中代码及代号的意义

分类代码(用途)	内、外导体间绝缘材料	外护层	特征	规格
S(射频电缆) SS(电视电缆) SZ(数字电缆) SG(高压射频电缆)	Y(泡沫聚乙烯) F(聚四氟乙烯) X(橡皮) W(稳定聚乙烯)	V(聚氯乙烯) Y(聚乙烯) F(聚四氟乙烯) W(物理发泡)	特性阻抗(Ω)	内导体绝缘层外径(mm)和屏蔽层数

图 3-14 中，特征和规格用共 3 部分的数字代号组成，分别是特性阻抗(Ω)、内导体绝缘外径(mm)和屏蔽层数。

例如：型号与规格为 SZYV-75-7-2 的同轴电缆，表示数字同轴电缆，内、外导体间的绝缘材料为泡沫聚乙烯，外护套材料为聚氯乙烯，特性阻抗为 75 Ω，内导体绝缘层外径为 7 mm，屏蔽层数为 2 层。

3.3.2 同轴电缆在电信传输系统中的应用

1. 同轴电缆在 CATV 系统中的应用

在有线电视 CATV 系统中，其传输网络一般采用星形/树形混合结构，见图 3-15，只有用户接入线使用的是同轴电缆。同轴电缆的直径一般不超过 7 mm，其特性阻抗为75 Ω，传输频率达到 300 MHz。若进一步增加电视频道数，则要求其使用频率应达到900 MHz，目前同轴电缆的使用频率可高达 1 GHz。同轴电缆常用的室内插座与插头如图3-16 所示。

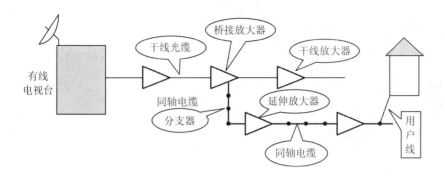

图 3-15　CATV 系统结构

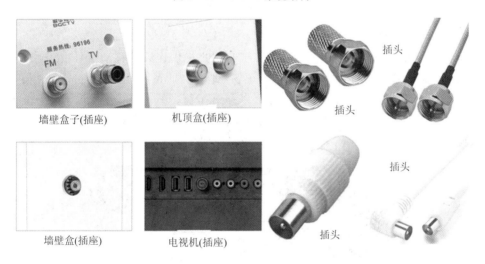

图 3-16　同轴电缆的室内插座与插头

2. 同轴电缆在馈线系统中的应用

天馈线系统是指天线系统与馈线系统的组合系统，是移动通信系统、微波通信系统和卫星通信系统中必不可少的组成部分。

天线系统是电波传播的窗口，它将高频信号能量转换成向空间传播的电磁波，向着指定方向传播，并在接收端用接收天线将接收的电磁波还原为相应的高频电信号。

馈线系统是传输高频信号电磁能的传输线。馈线系统连接在收/发信机和天线之间，其功能是将发射机的高频信号功率传输到天线，并将天线接收到的目标返回信号传输到接收机。馈线系统主要采用软同轴电缆系统(或类似于波导)、矩形硬波导系统、椭圆软波导系统、圆-矩形硬波导系统实现。由于 RF 同轴电缆与波导相比具有质量轻的优点，除了个别需要用较大功率发射信号的系统采用波导作馈线外，其他无线电通信多半都采用 RF 同轴电缆来实现馈线系统。目前 2G/3G/4G 或 5G 移动通信基站的收/发信机到天线的馈线部分大多采用轻便的直径为 7/8 英寸的 RF 同轴电缆，如图 3-17 所示。

(a) 同轴电缆在移动通信馈线系统中的应用　　　　(b) 同轴电缆在微波通信馈线系统中的应用

图 3-17　同轴电缆在无线通信馈线系统中的应用

3. 漏泄同轴电缆在馈线系统中的应用

　　漏泄同轴电缆具有电磁辐射功能，可实现向用户提供连续的移动信号覆盖，适用于在隧道、地铁、大型的多层商业中心、地下停车场、地下交通系统等场合。它不仅使隧道内的移动车辆能与外界通信，而且使基站信号可以穿过车窗、车体传递给车厢内用户，也使用户的电磁场通过槽孔感应到漏泄同轴电缆内部并传送到基站接收端。漏泄同轴电缆频带较宽，可使多个不同的移动通信系统共用一条电缆，如图 3-18 所示。

图 3-18　漏泄同轴电缆在隧道的应用场景

3.4　波导及其在馈线系统中的应用

　　高频信号可以在同轴电缆内、外导体之间以电磁场的形态传播，此时的同轴电缆就具有波导特性。同轴电缆中的内导体及内、外导体间介质是引起电磁能损耗的重要原因，因此，从结构上讲，取消同轴电缆的内导体及相关的绝缘介质就可以构成波导。

　　波导的主要优点有：传输频段高、损耗小、功率容量大、没有辐射损耗、结构简单、易于制造，在应用上它正好弥补了同轴电缆在较高频传输困难的缺陷。波导采用简单的管状金属结构，如前所述，它允许 $f > f_c$（或 $\lambda < \lambda_c$）以上的信号通过，而截止频率以下的信号则被阻止或损耗掉，呈现高通滤波器的特性。

3.4.1 波导的分类及在常规馈线系统中的应用

1. 波导的分类

波导是用来定向引导电磁场传播的空心金属管传输线。按其结构可分为矩形波导和圆波导等，如图 2-4 所示。国产波导的电参数如表 3-8 和表 3-9 所示。

表 3-8　国产矩形波导电参数表（第 1 位 B 为波导，第 2 位 B 为扁矩形截面，J 为矩形）

型号	主模频率范围/GHz	内截面尺寸/mm			主模损耗/(dB/m)	
		宽边 a	窄边 b	壁厚 t	频率/GHz	理论值/最大值
BJ22	1.72~2.61	109.22	54.61	2	2.06	0.00970/0.013
BJ32	2.6~3.95	72.14	34.04	2	3.12	0.0189/0.025
BJ70	5.38~8.17	34.85	15.799	1.5	6.46	0.0576/0.075
BJ100	8.20~12.5	22.86	10.16	1	9.84	0.110/0.143
BB22	1.72~2.61	109.2	13.10	2	2.06	0.03018/0.039
BB58	4.64~7.06	40.40	5.00	1.5	5.57	0.13066/0.170
BB100	8.20~12.5	22.86	5.00	1	9.84	0.1931/0.251

表 3-9　国产圆波导电参数表（B 为波导，Y 为圆形截面）

型号	主模频率范围/GHz	内截面尺寸/mm		主模损耗/(dB/m)	
		直径	壁厚 t	频率/GHz	理论值/最大值
BY22	2.07~2.83	97.87	3.30	2.154	0.0115/0.015
BY30	2.83~3.88	71.42	3.30	2.952	0.0184/0.024
BY40	3.89~5.33	51.99	2.54	4.056	0.0297/0.039
BY56	5.30~7.27	38.10	2.03	5.534	0.0473/0.062
BY76	7.27~9.970	27.788	1.65	7.588	0.0759/0.099
BY104	9.97~13.7	20.244	1.27	10.42	0.1220/0.150
BY120	11.6~15.9	17.415	1.27	12.07	0.1524/0.150

波导还可分为封闭式波导管和泄漏波导管。泄漏波导管在圆形（或椭圆）金属波导管内设置有一个金属隔板，将该金属波导管分隔成第一波导和第二波导，分别等间距地开有第一辐射槽和第二辐射槽，第一辐射槽与第二辐射槽的激化方向不同，可以辐射不同频率的电磁波，如图 3-19 所示。

泄漏波导管的几何尺寸不能做得过大，其应用频率一般在 3~30 GHz 范围内，功能与漏泄同轴电缆相似。泄漏波导管主要适用于地铁或高铁隧道的信号覆盖。

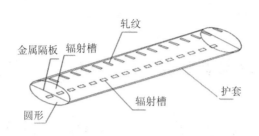

图 3-19　泄漏波导管

2. 波导在常规馈线系统中的应用

矩形波导和圆波导是在微波传输系统中采用最多的波导管，广泛地应用于远距离能量传输中，如微波中继、雷达、卫星通信的馈线部分等，如图 3-20 所示。

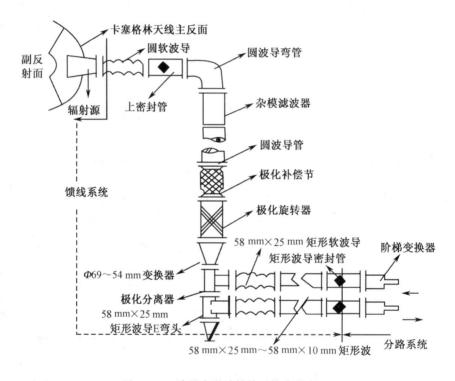

图 3-20　波导在微波馈线系统中的应用

3.4.2　波导在 5G 馈线系统中的应用

当信号频率在 3 GHz 以下时，常用同轴电缆作馈线，其特点是可以弯曲，架设容易。当信号频率高于 3 GHz 时，由于同轴电缆损耗加大，故一般采用矩形波导或圆波导作馈线。5G 移动通信占用的频段在 2.5～4.2 GHz 范围，馈线系统采用波导作传输线比较合适。当然，波导是刚性结构，其制造长度一般小于 2～5 m，馈线系统必须通过法兰盘逐段连接，另外还须增加一些波导器件，因而接头多，易造成反射和泄漏，安装调整比较困难，机动性较差。

目前微波频率高于 3 GHz 的场合，常用椭圆软波导作馈线，在弯曲盘绕、扭转等情况下，都可保持良好的电气特性。在移动通信中，考虑将 5G 信号引入地铁、高铁隧道实现全覆盖，若是较短隧道则可利用漏泄同轴电缆完成；若要在地铁或长隧道环境下实现良好的覆盖 5G 信号效果，则需采用泄漏波导管替代漏泄同轴电缆。

思考题与习题

1. 对称电缆、双绞线电缆、同轴电缆在电信传输网中有何应用？

2. 漏泄同轴电缆在电信传输网中有何应用？波导在电信传输网中有何应用？

3. 识别电缆型号，请解释型号为 SYV-50-7-1 和 HSYV-3 的电缆的含义。

4. 识别电缆型号，请解释型号为 HYA—$100 \times 2 \times 0.5$、HYFA-$100 \times 2 \times 0.5$ 和 HYAT53-$200 \times 2 \times 0.4$ 的电缆的含义。

第4章　光纤传输理论

在光纤通信系统中，光纤作为光波传输的良好介质得到了广泛应用，光纤的传输特性对光纤通信的传输质量起着决定性作用。近年来，全球各国对于光纤的研发热度持续升高，最新研究数据显示，单根光纤的数据传输速率最高可达 Tb/s 量级，在不使用中继器的情况下，传输距离可达上千公里。光纤通信具有比铜缆节能、抗干扰、容量大和速率高等优势，已成为当代社会信息的主要传输介质，在通信、交通、工业、医疗和教育等领域得到了广泛应用。本章从应用的角度介绍光纤的结构、制造过程、传输原理、特性以及光纤光缆的类型和基本器件。

4.1　光　　纤

4.1.1　光纤的结构

光纤一般由折射率较大的纤芯、折射率较小的包层和外涂覆层组成，如图 4-1(a) 所示。纤芯和包层的结构满足导光要求，控制光波沿纤芯轴向传播；外涂覆层主要起保护作用（因不作导光用，故可染成各种颜色）。通信用的光纤，其纤芯的直径为 $5\sim10~\mu m$（单模光纤）或 $50\sim80~\mu m$（多模光纤），包层外直径均为 $125~\mu m$。

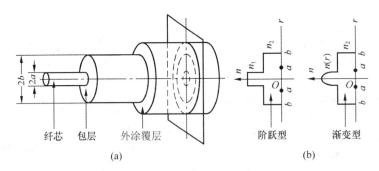

图 4-1　光纤结构示意图

按照纤芯和包层的折射率差异，光纤可以分为阶跃型光纤和渐变型光纤。阶跃型光纤纤芯和包层的折射率均为一固定值，而纤芯与包层的交界面处是突变的，如图 4-1(b) 所示，图中 a 是纤芯的半径，b 是包层的半径，n 是表示光纤折射率大小的纵坐标，r 是表示光纤横截面（径向）大小的横坐标。渐变型光纤的纤芯折射率沿半径方向是连续变化的，在轴芯处最大，且随半径 r 的增大而逐渐减小，直至等于包层折射率。

4.1.2　光纤的制造过程

通信用光纤是由高纯度 SiO_2 与少量高折射率掺杂剂 GeO_2、TiO_2、Al_2O_3、ZrO_2 和低折射率掺杂剂 SiF_4（F）、B_2O_3 或 P_2O_5 等玻璃材料经涂覆高分子材料制成的具有一定力学强度的涂覆光纤。目前常用的 G.652 单模光纤，纤芯材料是 SiO_2＋GeO_2，包层材料是 SiO_2。

在光纤制造过程中，要求严格控制并保证光纤原料的纯度，这样才能生产出性能优良的光纤光缆产品。同时，合理地选择生产工艺也是非常重要的。制造光纤的主要原材料为人造石英（SiO_2），其特点是没有"熔点"，在较高温度下变得比较柔软，且能直接汽化，软化点在 1730℃ 以内，它是各向同性的介质。

光纤的制造要经历光纤预制棒制备、光纤拉丝等具体的工艺步骤，如图 4-2 所示。制造光纤预制棒时，先进行原材料制备、原材料提纯和纯度分析，然后用气相沉积（MCVD）法或非气相沉积法制作高质量的预制棒，下面只介绍改进的 MCVD 法。

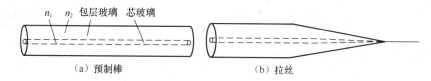

图 4-2　光纤预制棒及拉丝示意图

MCVD 法制造过程是首先把一根外径为 18～25 mm、壁厚为 1.4～2 mm 的石英管夹在车床上，将原料注入石英管，在内壁上沉积光纤的包层玻璃，其次在包层内沉积纤芯玻璃，最后烧缩成预制棒，其工艺流程如图 4-3 所示。

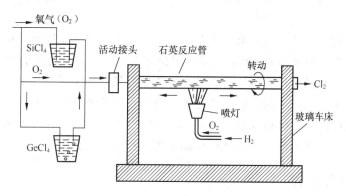

图 4-3　管内 MCVD 法预制棒制备

将光纤预制棒拉制成光纤的制作过程可按图 4-4 和图 4-5 所示的工艺程序进行。预制棒由送棒机构按照某个速度连续地送往电阻加热炉中，加热炉用来提供使石英玻璃软化所必需的温度，当预制棒尖端受热时其黏度变低，自身因重力逐渐下垂变细而形成纤维。通过线径测量仪来监测光纤的直径，并根据反馈信息控制炉温和拉丝牵引转速。经涂覆之后的单根光纤可承受几百克的拉力。若要光纤达到通信工程的实际要求，则必须经过加强芯和外护套等成缆工艺，进一步增加光纤的力学强度。

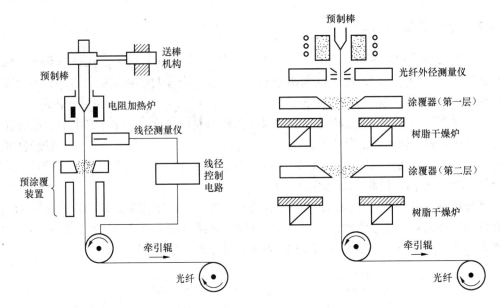

图 4-4 光纤拉丝过程示意图   图 4-5 光纤涂覆工艺

4.2 射线理论分析光纤传输原理

分析光纤传输原理是研究从光信号射线进入光纤开始，到光信号在纤芯与包层界面上产生全反射，直至光信号传输到光纤线路终点，这一过程需要满足哪些传输条件和具有什么特性。

光的实质是电磁波或光场，光纤的传输原理就是光纤的导光原理。分析光纤传输原理的理论有两种：射线理论和波动理论。射线理论是忽略波长 λ 的光学特性，用光射线代表光能量在光纤中传输的方法，这种理论适用于光纤芯径远远大于工作光波长（$2a \gg \lambda$）的多模光纤；波动理论把光纤中的光场作为经典电磁场，要求光场必须满足麦克斯韦方程组以及边界条件，该理论可以得到全面、严密、精确的结果，但计算复杂，一般没有解析结果。

下面简要介绍应用射线理论对光纤传输原理进行分析的过程。

4.2.1 基本光学定律

光的独立传播定律认为，从不同光源发出的光线，以不同的方向通过介质某点时，各光线彼此互不影响。光的直线传播和折射、反射定律认为，光在各向同性的均匀介质（折射率 n 不变）中，光线按直线传播。光在传播中遇到两种不同介质的光滑界面时，将发生反射和折射现象，如图 4-6 所示。

光在均匀介质中的传播速度为

$$v = \frac{c}{n} \tag{4.1}$$

式中，$c = 3 \times 10^5$ km/s，是光在真空中的传播速度；n 是介质的折射率（空气的折射率为 1.00027，近似为 1，玻璃的折射率为 1.45 左右）。

反射定律认为，反射线位于入射线和法线所决定的平面内，反射线和入射线处于法线的两侧，反射角等于入射角，若 θ_1 是入射角，θ_1' 是反射角，则有

$$\theta_1 = \theta_1' \tag{4.2}$$

折射定律认为，折射线位于入射线和法线所决定的平面内，折射线和入射线位于法线的两侧，且入射角 θ_1 与折射角 θ_2 之间满足：

$$n_1 \sin\theta_1 = n_2 \sin\theta_2 \tag{4.3}$$

图 4 - 6(a)中，$n_2 > n_1$，光线以 θ_1 入射角由光疏介质(较低折射率介质)向光密介质(较高折射率介质)入射时，将会发生折射并且入射角 θ_1 大于折射角 θ_2；当光线从光密介质向光疏介质入射时，如图 4 - 6(b)所示，入射角 θ_1 小于折射角 θ_2；当 $\theta_2 = 90°$ 时，则入射角 $\theta_1 = \theta_c$(临界角)。根据折射定律得出：$\theta_c = \arcsin(n_2/n_1)$，只要入射角 $\theta_1 > \theta_c$，此时就会产生全反射，如图 4 - 6(c)所示。无论是反射还是折射，它们都遵循反射定律和折射定律。

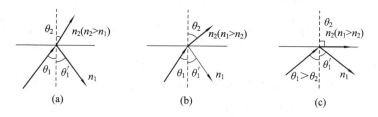

图 4 - 6　光的反射和折射

4.2.2　阶跃光纤传输原理

当一束光线从光纤端面耦合进光纤时，光纤中有两种运行的光线：一种是光线始终在一个包含光纤中心轴的平面内传播，并且一个传播周期与中心轴相交两次，这种光线常称为子午线，如图 4 - 7(a)所示；另一种是光线在传播过程中，其传播的轨迹不在同一个平面内，并且不与光纤中心轴相交，这种光线称为斜射线，如图 4 - 7(b)所示。

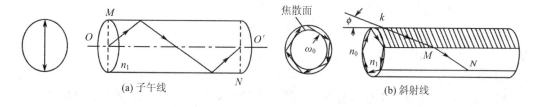

(a) 子午线　　　　　　　　　　　　　(b) 斜射线

图 4 - 7　光纤中的射线

下面介绍子午线在阶跃光纤中的传播原理。如图 4 - 8 所示，已知纤芯半径为 a，折射率为 n_1，包层折射率为 n_2，并且有 $n_1 > n_2$。当光线①以 ϕ_i 角从空气($n_0 = 1$)入射到光纤端面时，将有一部分光进入光纤，此时 $n_0 \sin\phi_i = n_1 \sin\theta_z$。由于纤芯折射率 $n_1 > n_0$(空气)，则 $\theta_z < \phi_i$，光线继续以 $\theta_z = 90° - \theta_i$ 角传播到纤芯和包层的界面处。如果 θ_i 小于纤芯和包层界面的临界角 $\theta_c = \arcsin(n_2/n_1)$，则一部分光线会折射进包层，最终被溢出而衰减掉，另一部分光线反射进入纤芯。如此几经反射、折射后，光线很快就被衰减掉了。如果 ϕ_i 减小到 ϕ_0，如光线②，则 θ_z 也减小到 θ_{z0}，即 $\theta_{z0} = 90° - \theta_c$，而 θ_i 增大。如果 θ_i 增大到略大于临界角 θ_c，则此光线将会在纤芯和包层的界面发生全反射，能量全部反射回纤芯。当它继续传播再次遇

到纤芯和包层的界面时，再次发生全反射。如此反复，光线就能从一端沿着折线传到另一端。

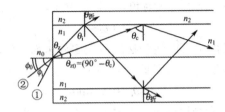

图 4-8 光纤中的子午线传播

下面分析一下 ϕ_i 要小到多少时，才能将光线由光纤的一端传到另一端。假设 $\phi_i = \phi_0$ 时，$\theta_z = \theta_{z0}$，$\theta_i = \theta_c$，则有

$$n_0 \sin\phi_0 = n_1 \sin\theta_{z0} = n_1 \sin(90° - \theta_c) = n_1 \cos\theta_c$$

$$n_1 \cos\theta_c = n_1 \sqrt{1 - \sin^2\theta_c} = n_1 \sqrt{1 - \left(\frac{n_2}{n_1}\right)^2} = n_1 \sqrt{2\Delta} = \sqrt{n_1^2 - n_2^2} \qquad (4.4)$$

式中，$\Delta = (n_1^2 - n_2^2)/2n_1^2 \approx (n_1 - n_2)/n_1$，定义为光纤的相对折射率差。

由式（4.4）可推出 ϕ_0 为纤芯端面的最大入射角，为了简化入射角的单位，可定义光纤数值孔径（Numerical Aperture，NA）为

$$NA = n_0 \sin\phi_0 = n_1 \sqrt{2\Delta} = \sqrt{n_1^2 - n_2^2} \qquad (4.5)$$

NA 表征了光纤收集光的能力，NA 越大（相当于 ϕ_0 越大），表示光纤接收光的能力越强，光源与光纤之间的耦合效率越高。同时，NA 越大，光纤对入射光的束缚越强，光纤的抗弯曲特性越好；但是，NA 太大时，进入光纤中的光线太多，此时将可能引入色散，进而限制光纤的传输容量。ITU-T（国际电信联盟）建议光纤的 NA 为 0.18～0.23。

例 4-1 设某光纤纤芯折射率 $n_1 = 1.5$，光纤相对折射率差 $\Delta = 0.01$，试求激光从自由空间向光纤入射时该光纤的数值孔径和最大入射角。

解 由数值孔径的定义有

$$NA = n_0 \sin\phi_0 = n_1 \sqrt{2\Delta} = 1.5 \sqrt{2 \times 0.01} \approx 0.21$$

从而可求得最大入射角近似为

$$\phi_0 = \arcsin(NA) \approx 12.2°$$

综上所述，光纤之所以能够导光，就是利用纤芯折射率略高于包层折射率的特点，使落在数值孔径角 ϕ_0 内的光线都能收集到光纤中，并都能在纤芯与包层界面以内形成全反射，从而将光限制在光纤中传播，这就是光纤的导光原理。

渐变型光纤导光原理与阶跃型光纤导光原理类似，不同之处在于渐变型光纤纤芯的折射率随光纤半径 r 的增加而逐渐减小，直到等于包层的折射率。当子午线在渐变型光纤中传播时，传播轨迹是自聚焦的，此处不再分析。通过推导计算求出渐变型光纤的本地数值孔径为

$$NA(r_0) = n_0 \sin\phi_0 = n(r_0) \sqrt{1 - \frac{n_2^2}{n^2(r_0)}} = \sqrt{n^2(r_0) - n_2^2}$$

式中，$n(r_0)$、n_2 分别是 $r = r_0$ 处纤芯和包层的折射率。

4.3　波动理论分析光纤传输原理

　　射线理论虽然形象地给出了光纤的导光原理，但无法对光信号在光纤中的传输状态进行严格的定量分析，因此，需要引入波动理论分析法。

　　波动理论对光在光纤中传输的分析，以求解特定边界条件下的麦克斯韦方程为基础，获得电磁场分布，从而分析光纤的传输特性。根据求解麦克斯韦方程的不同，可分为严格的矢量分析法和近似的标量分析法，本节只介绍阶跃型光纤的近似标量分析法。

　　对于作时谐振荡的光波，在阶跃型光纤中满足矢量亥姆霍兹方程：

$$\nabla^2 \boldsymbol{E} + k_0^2 n^2 \boldsymbol{E} = 0 \qquad (4.6-a)$$

$$\nabla^2 \boldsymbol{H} + k_0^2 n^2 \boldsymbol{H} = 0 \qquad (4.6-b)$$

式中，$\boldsymbol{E}$ 是电场强度，$\boldsymbol{H}$ 是磁场强度，$k_0 = 2\pi/\lambda$ 是真空中的波数，λ 是真空中的光波长，n 是介质的折射率。矢量的亥姆霍兹方程在任何正交坐标系中都是适用的，在使用时需要将矢量方程简化为直角坐标系或圆柱坐标系中任一分量的标量亥姆霍兹方程。下面先从 E_y、H_y 横向分量的标量亥姆霍兹方程入手，再通过场的横向分量与纵向分量的关系，求出其他场分量。

4.3.1　标量解法求 LP$_{mn}$ 模的场方程

　　LP 标量模（也称为 LP 模、线极化模）是 D. Glogy 在 1971 年提出来的光纤传输模式。LP 模的基本点是不分别考虑 TE、TM、HE、EH 模的具体细节，而是仅关注合成后的整体极化效果。

　　因通信光纤为弱导光纤（$n_2/n_1 \approx 1$），LP 模在弱导光纤中传播的模式近似为 TEM 波，故其 E_z 和 H_z 非常小，因此先求横向场分量 E_y 和 H_y，再求纵向场分量 E_z 和 H_z。具体做法是将阶跃型光纤同时定义在直角坐标系(x, y, z)与圆柱坐标系(r, θ, z)中，并将两个坐标系的 z 轴与光纤轴线重合，如图 4-9 所示。

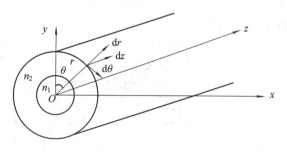

图 4-9　光纤的直角坐标系和圆柱坐标系

　　在弱导光纤中，横向（x、y 方向）电场的偏振方向在传输过程中保持不变，故可用一个标量来描述。设横向电场的偏振方向沿 y 轴方向，它满足标量亥姆霍兹方程：

$$\nabla^2 E_y(r, \theta, z) + k_0^2 n^2 E_y(r, \theta, z) = 0 \qquad (4.7)$$

式中，E_y 为电场在直角坐标系 y 轴的分量。将式(4.7)的 E_y 在圆柱坐标系中展开，得到横向电场 E_y 的场方程。对理想规则介质波导，可沿用第 2 章的圆波导分析法，利用分离变量法求解 E_y。

　　(1) 将 E_y 写成三个变量乘积的形式，即设试探函数为

$$E_y = AR(r)\Theta(\theta)Z(z) \qquad (4.8)$$

　　(2) 根据物理概念，写出 $Z(z)$、$\Theta(\theta)$ 和 $R(r)$ 的表示形式。$Z(z)$ 表示导波沿光纤轴 z 向的变化规律。因为导波沿 z 方向传播，且呈行波状态，这里用 β 表示其轴向相移系数，

$Z(z)$可表示为

$$Z(z) = A\mathrm{e}^{-\mathrm{j}\beta z}$$

由于光纤的分析方法和圆波导类似，因此这里直接给出 $\Theta(\theta)$ 和 $R(r)$ 的表达式：

$$\Theta(\theta) = A_1\cos m\theta + A_2\sin m\theta = A_m \begin{cases} \cos m\theta \\ \sin m\theta \end{cases}$$

$$\frac{r^2\partial^2 R(r)}{\partial r^2} + \frac{r\partial R(r)}{\partial r} + (k_c^2 r^2 - m^2)R(r) = 0$$

式中，$k_c^2 = k^2 - \beta^2$，且 $k^2 = k_0^2 n^2$（详见第 2 章圆波导分析过程）。

（3）求出 $R(r)$ 的表示形式。$R(r)$ 描述导波沿 r 方向的变化规律。纤芯和包层中的折射率分别为 n_1 和 n_2，纤芯半径为 a，则可得 $R(r)$ 的标准贝塞尔方程：

$$r^2 \frac{\mathrm{d}^2 R(r)}{\mathrm{d}r^2} + r\frac{\mathrm{d}R(r)}{\mathrm{d}r} + \big[(k_0^2 n_1^2 - \beta^2)r^2 - m^2\big]R(r) = 0 \quad r \leqslant a \qquad (4.9-a)$$

$$r^2 \frac{\mathrm{d}^2 R(r)}{\mathrm{d}r^2} + r\frac{\mathrm{d}R(r)}{\mathrm{d}r} + \big[(k_0^2 n_2^2 - \beta^2)r^2 - m^2\big]R(r) = 0 \quad r \geqslant a \qquad (4.9-b)$$

式（4.9）经过数学处理，将纤芯和包层中导波沿径向传输方程分别简化为标准的贝塞尔方程。贝塞尔方程的求解有多种形式，具体取什么样的解要根据物理意义来确定。导波在光纤纤芯中应为振荡解，故其解取第一类贝塞尔函数；在包层中应是衰减解，故其解取第二类修正贝塞尔函数解。于是 $R(r)$ 可写为

$$R(r) = \mathrm{J}_m\big[(n_1^2 k_0^2 - \beta^2)^{\frac{1}{2}} r\big] \quad r \leqslant a \qquad (4.10-a)$$

$$R(r) = \mathrm{K}_m\big[(\beta^2 - n_2^2 k_0^2)^{\frac{1}{2}} r\big] \quad r \geqslant a \qquad (4.10-b)$$

式中，$\mathrm{J}_m(x)$ 为 m 阶第一类贝塞尔函数；$\mathrm{K}_m(x)$ 为 m 阶第二类修正贝塞尔函数。这两种函数的曲线如图 4-10 所示。

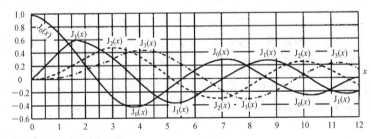

（a）第一类贝塞尔函数曲线

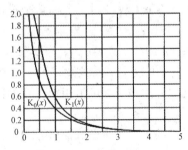

（b）第二类修正贝塞尔函数曲线

图 4-10　贝塞尔函数和修正贝塞尔函数曲线

为了使分析具有一般性，引入几个重要的无量纲参数。在纤芯和包层中，令：

$$U = (n_1^2 k_0^2 - \beta^2)^{\frac{1}{2}} a \qquad (4.11-a)$$

$$W = (\beta^2 - n_2^2 k_0^2)^{\frac{1}{2}} a \qquad (4.11-b)$$

式中，U 称为导波径向归一化相位常数；W 称为导波径向归一化衰减常数。它们分别表示在光纤的纤芯和包层中导波场沿径向 r 的分布情况。

由 U 和 W 可引出光纤的另一个参数，即归一化频率 V，令：

$$V = (U^2 + W^2)^{\frac{1}{2}} = (n_1^2 - n_2^2)^{\frac{1}{2}} k_0 a = \sqrt{2\Delta} n_1 k_0 a \qquad (4.12)$$

也即

$$V = \sqrt{2\Delta} n_1 k_0 a = \frac{2\pi n_1 a \sqrt{2\Delta}}{\lambda_0}$$

由式(4.12)可知，V 与光纤的结构参数(a，Δ，n_1)及工作波长 λ_0(包含在 $k_0 = 2\pi/\lambda_0$ 中)相关，V 是一个重要的综合参数，光纤的很多特性都与 V 有关。

(4) E_y 的标量解。将 $R(r)$、$\Theta(\theta)$、$Z(z)$ 表达式代入式(4.8)并考虑到式(4.10)和式(4.11)的关系，式(4.8)变成

$$E_{y1} = e^{-j\beta z} \cos m\theta A_1 J_m\left(\frac{Ur}{a}\right) \quad r \leqslant a \qquad (4.13-a)$$

$$E_{y2} = e^{-j\beta z} \cos m\theta A_2 K_m\left(\frac{Wr}{a}\right) \quad r \geqslant a \qquad (4.13-b)$$

这里 $\Theta(\theta)$ 取了余弦函数的解，损耗系数 $\alpha = 0$。

利用光纤的边界条件可确定式中的常数。首先根据边界条件找出 A_1、A_2 之间的关系，如在 $r = a$ 处，因 $E_{y1} = E_{y2}$，可得 $A_1 J_m(U) = A_2 K_m(W) = A$，将此式代入式(4.13)中，得

$$E_{y1} = A e^{-j\beta z} \cos m\theta J_m(Ur/a)/J_m(U) \quad r \leqslant a \qquad (4.14-a)$$

$$E_{y2} = A e^{-j\beta z} \cos m\theta K_m(Wr/a)/K_m(W) \quad r \geqslant a \qquad (4.14-b)$$

根据电磁波的性质，对 TEM 波，有 $Z = Z_0/n = -E_y/H_x$。光纤中的电磁波近似为 TEM 波，于是 H_x 的场分量表示式为

$$H_{x1} = -\frac{n_1}{Z_0} E_{y1} \quad r \leqslant a \qquad (4.15-a)$$

$$H_{x2} = -\frac{n_2}{Z_0} E_{y2} \quad r \geqslant a \qquad (4.15-b)$$

式中，$Z_0 = \sqrt{\mu_0/\varepsilon_0} = 377\ \Omega$，是自由空间波阻抗。

由麦克斯韦方程组可求出纵向场 E_z、H_z 与横向场 E_y、H_x 之间的关系：

$$E_z = \frac{j}{\omega\varepsilon} \frac{dH_x}{dy} = \frac{jZ_0}{k_0 n^2} \frac{dH_x}{dy} \qquad (4.16-a)$$

$$H_z = \frac{j}{\omega\mu_0} \frac{dE_y}{dx} = \frac{j}{k_0 Z_0} \frac{dE_y}{dx} \qquad (4.16-b)$$

将 H_x、E_y 代入式(4.16)，即可求出 E_z、H_z 的表达式。有了电磁场的纵向分量 E_z、H_z，可以通过麦克斯韦方程组导出电磁场横向分量 E_r、H_r 和 E_Θ、H_Θ 的表达式。再利用纤芯和包层界面上切向分量连续的边界条件，即在 $r = a$ 处，令 $E_{z1} = E_{z2}$，忽略 n_1 和 n_2 之间的微小差别，令 $n_1 = n_2$，就可得标量解的特征方程为

$$\begin{cases} U\dfrac{J_{m+1}(U)}{J_m(U)} = W\dfrac{K_{m+1}(W)}{K_m(W)} & (4.17-a) \\[3mm] U\dfrac{J_{m-1}(U)}{J_m(U)} = -W\dfrac{K_{m-1}(W)}{K_m(W)} & (4.17-b) \end{cases}$$

由贝塞尔函数的递推公式可以证明，式(4.17)中的两式是相等的，因而可选其一求解。由于式(4.17)是超越方程，需用数值法求解，很复杂，故下面只讨论它在截止和远离截止两种情况下的解。

4.3.2 光纤的 LP_{mn} 模及其特性

LP 模由于有多种模式，故用 LP_{mn} 来表示，下标 m、n 的值表明各模式的场型特征。不同的模式，有不同的场结构(图案)，有不同的传输常数 k_c，如果有相同的 k_c，则认为这些模式是简并的。LP_{mn} 由 $HE_{m+1,n}$ 和 $EH_{m-1,n}$ 模线性叠加而成，例如 LP_{0n} 模是由 HE_{1n} 模得到的；LP_{1n} 模是由 HE_{2n}、TM_{0n} 和 TE_{0n} 模线性组合得到的，依此类推。

1. LP_{mn} 模的截止条件 V_c

与金属波导类似，对于光纤也可以认为有辐射模出现就是导波截止的标志。当 LP_{mn} 中某一模式截止就代表该模式已不能沿光纤有效传输了，则定义该模式截止或导波截止。在光纤中，以径向归一化衰减常数 W 来衡量某一模式是否截止。如果导波远离截止即传播模导行，场在纤芯外的包层中衰减很大，电磁能量就集中在纤芯中，此时，$W>0$ 或 $W \to \infty$；若场在包层中不衰减，则表明该模式穿出包层变成了辐射模，此时传播模被截止，即包层中的衰减常数 $W=0$，表示导波截止，将"W"记作"W_c"(即 $W_c=0$)。

当 $W_c=0$ 时，截止条件下 LP_{mn} 模的 U_c 和 V_c 可得下列关系：

$$V_c^2 = U_c^2 + W_c^2 = U_c^2 \quad \text{或} \quad V_c = U_c \tag{4.18}$$

如果求出 U_c 则可确定 V_c，称此时的 V_c 为归一化截止频率。

将 $W_c=0$ 代入式(4.17-b)，可得到截止条件下的特征方程为

$$\frac{U_c J_{m-1}(U_c)}{J_m(U_c)} = -\frac{W_c K_{m-1}(W_c)}{K_m(W_c)} = 0 \tag{4.19}$$

当 $U_c \neq 0$ 时，则必须得

$$J_{m-1}(U_c = \mu_{mn}) = 0$$

在 LP_{mn} 模的归一化截止频率 $V_{cmn} = U_{cmn} = \mu_{mn}$ 时，若 $m=0$，从 LP_{0n} 模的特征方程为 $J_{-1}(U_c) = J_1(U_c) = 0$，可解出：$n=1$，2，3，… 的 $V_{c0n} = U_{c0n} = \mu_{0,n} = 0$，3.831 71，7.015 59，10.173 47，…，见图 4-11。LP_{01} 模的 $U_c=0$，$V_c=0$，意味着该模式无截止波长，无截止情况，此模式称为基模。第二个归一化截止频率较低的模式是 LP_{11} 模，称为二阶模，其 $V_c = U_c = 2.4048$。其他模式的 $V_c = U_c$ 值更大，基模以外的模式统称为高次模。表4-1列出了部分较低阶 LP_{mn} 模截止时的 U_c 值。

表 4-1 截止情况下的 LP_{mn} 模的 $V_c = U_c$ 值

n	m		
	0	1	2
1	0	2.4048	3.8317
2	3.8317	5.5201	7.0156
3	7.0156	8.6537	10.1735

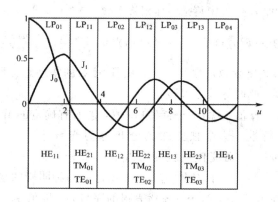

图 4-11　$m=0,1$ 模式的 U 值变化范围

对某一光纤，每个模式都对应一个归一化截止频率 V_c 或截止波长 λ_c，若 $V>V_c$ 或 $\lambda<\lambda_c$，此模式就可传输；若 $V<V_c$ 或 $\lambda>\lambda_c$，此模式就截止了。由归一化截止频率 V_c，可求出该模式的截止波长 λ_c：

$$V_c = \frac{2\pi n_1 a \sqrt{2\Delta}}{\lambda_c} \qquad (4.20-a)$$

$$\lambda_c = \frac{2\pi n_1 a \sqrt{2\Delta}}{V_c} \qquad (4.20-b)$$

注意：在阶跃型光纤中，对某一模式而言，无论光纤中任何参数发生变化，它的 V_c 是不变的，但 λ_c 却会因光纤参数不同而不同。

通常把只能传输一种模式的光纤称为单模光纤，单模光纤只传输一种模式即基模 LP_{01}。LP_{01} 模的 $V_c=0$（最小值），其 $\lambda_c=\infty$（最大值）；LP_{11} 模的 V_c 为次最小值，其 λ_c 为次最大值。要保证单模传输，需要二阶模 LP_{11} 截止，即让光纤的 V 小于 LP_{11} 的归一化截止频率 V_c，从而可得

$$0\,(LP_{01}) < V < V_c(LP_{11}) = 2.4048$$

这一重要关系称为"单模传输条件"。

以上用波动理论分析光纤的导光原理针对的是阶跃型光纤，有关渐变型光纤的波动理论解法较为复杂，在此不作叙述。

例 4-2　已知阶跃型光纤的相对折射率差 $\Delta=0.01$，纤芯折射率 $n_1=1.48$，纤芯半径 $a=3\ \mu\mathrm{m}$，要保证单模传输，问工作波长应如何选择？

解　单模传输条件是 $0<V<2.4048$，即

$$0 < \frac{2\pi a n_1 \sqrt{2\Delta}}{\lambda} < 2.4048$$

解得
$$\lambda > 1.64\ \mu\mathrm{m}$$

综上，对于工作波长 $\lambda>1.64\ \mu\mathrm{m}$ 的光波可以保证在该光纤中单模传输。

2. LP_{mn} 模的传导条件

根据电磁场理论，若要 LP_{mn} 模可以传导，则应满足 LP_{mn} 模的 $V>V_c$。

光纤中的 U 和 W 值与 V 值有关，即光纤中的场也随 V 值而变。当光纤的 V 值很大时，在极限情况下，$V\to\infty$ 时，因 $V=2\pi n_1(2\Delta)^{1/2}a/\lambda_0$，故 $a/\lambda_0\to\infty$。此时光波相当于在折

射率为 n_1 的无限大空间（$a \to \infty$）中传播，其相移系数 $\beta \to k_0 n_1$，于是有

$$W = (\beta^2 - k_0^2 n_2^2)^{\frac{1}{2}} a = k_0 (n_1^2 - n_2^2)^{\frac{1}{2}} a = \frac{2\pi (n_1^2 - n_2^2)^{\frac{1}{2}} a}{\lambda_0} \to \infty$$

因此，当 $V \to \infty$ 时可推导出衰减常数 $W \to \infty$。从 W 参数的物理意义可看出，场完全集中在纤芯中，在包层中为零，此时导波远离截止。

对应一对确定的 m、n 值，就有一确定的 U 值，进而有确定的 W 及 β 值，随之对应着确定的场分布和传输特性。这个独立的场分布称为光纤中的一个模式，即为标量模（LP_{mn}）。如果 $m=0$，$n=1$，对应模式就为 LP_{01}；如果 $m=0$，$n=2$，就为 LP_{02} 模，如图 4-12 所示。余者依此类推。另外，LP_{mn} 中 m、n 值还有一种明确的物理意义，m 代表贝塞尔函数的阶数，可取值 0，1，2，3，…；n 代表根的序号，可取值 1，2，3，…。

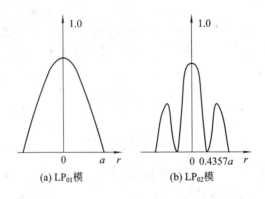

图 4-12　LP_{0n} 模的场沿半径的变化

4.4　光纤传输特性

光信号经过一定距离的光纤传输后会产生衰减和畸变，产生该现象的原因是光纤中存在损耗和色散。光纤的损耗和色散会限制光信号在光纤中的传输距离和传输容量。本节重点分析光纤中引起光信号损耗和畸变的主要特性，包括损耗、色散和非线性特性。

4.4.1　损耗特性

光纤对光信号在传输中产生的衰减作用称为光纤损耗，并且随着传输距离的增长，光信号的强度随之减弱，其规律为

$$P(z) = P(0) 10^{-\frac{\alpha(\lambda)}{10} z} \qquad (4.21-a)$$

式中，$P(0)$ 为入纤光功率，即 $z=0$ 处注入光功率；$P(z)$ 为传输距离 z 处的出纤光功率；$\alpha(\lambda)$ 为工作波长 λ 处的光纤损耗系数。当 $z=L$ 时，光纤损耗系数为

$$\alpha(\lambda) = \frac{10}{L} \lg \frac{P(0)}{P(L)} \quad (\text{dB/km}) \qquad (4.21-b)$$

当工作波长为 λ 时，在光纤上相距 L（km）两点间的总损耗 $A(\lambda)$ 用下式表示为

$$A(\lambda) = \alpha(\lambda) \times L \quad (\text{dB}) \qquad (4.22)$$

例 4-3　已知一段 3 km 长的光纤，入纤光功率 $P_i = 1$ mW（波长为 1310 nm）时，出纤光功率 $P_o = 0.8$ mW。(1) 计算这段光纤在该波长下的损耗系数；(2) 该类型光纤在

1550 nm 波长下的损耗系数为 0.25 dB/km，求光信号经 10 km 传输后的出纤光功率。

解　（1）由式（4.21 - b）得

$$\alpha(\lambda) = \frac{10}{L} \lg \frac{P_\mathrm{i}}{P_\mathrm{o}} = \frac{10}{3} \lg \frac{1}{0.8} = 0.32 \ (\mathrm{dB/km})$$

（2）由式（4.21 - a）得

$$P_\mathrm{o} = \frac{P_\mathrm{i}}{10^{[\alpha(\lambda) \cdot L/10]}} = \frac{1 \ \mathrm{mW}}{10^{[0.25 \times 10/10]}} = 0.56 \ (\mathrm{mW})$$

造成光纤损耗的原因很多，主要有吸收损耗、散射损耗和附加损耗，如图 4 - 13 所示。光纤损耗的产生机理也非常复杂，简要的说明见表 4 - 2。

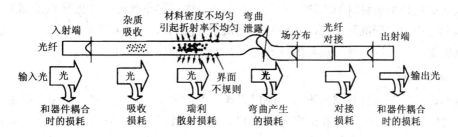

图 4 - 13　光纤传输线的各种损耗

表 4 - 2　光纤损耗

光纤本身的传输损耗	吸收损耗	材料杂质吸收	过 渡 金 属 正 离 子 吸 收（Cu^{2+}，Fe^{2+}，Cr^{2+}，Co^{2+}，Ni^{2+}，Mn^{2+}，V^{2+}，Po^{2+}）在可见光与近红外波段吸收；OH^{-1} 根负离子吸收（OH^{-1} 的吸引峰在 0.95 μm、1.23 μm、1.37 μm）
		材料固有吸收（基本材料本征吸引）	紫外区吸引（电荷转移波段） 近红外区吸引（分子振动波段）
	散射损耗	波导结构散射（制作不完善造成）	折射率分布不均匀引起的散射 光纤芯径不均匀引起的散射 纤芯与包层界面不平引起的散射 晶体中气泡及杂物等引起的散射
		材料固有散射	瑞利散射 受激拉曼散射 } 光学非线性效应引起 受激布里渊散射 }
光纤使用时引起的附加损耗		接续损耗（包括活动接续和固定接续）	固有因素：芯径失配、折射率分布失配、数值孔径失配、同心度不良等
			外部因素：纤芯位置的横向偏差、纤芯位置的纵向偏差（活接头存在，熔接头没有）、光纤的轴向角偏差、光纤端面受污染
		弯曲损耗	在敷设和连接光缆时，光纤的弯曲半径小于容许弯曲半径所产生的损耗
		微弯曲损耗	光纤轴产生微米级弯曲引起的损耗

1. 吸收损耗

吸收损耗主要包括本征吸收、杂质吸收（OH 离子）及结构缺陷吸收。下面的经验公式用来估算红外吸收的损耗系数：

$$\alpha_{ir} = 7.81 \times 10^{11} \times e^{-48.28/\lambda}$$

式中，λ 是工作波长，单位为 μm，当 $\lambda = 1.55\ \mu m$ 时，则 $\alpha_{ir} \approx 0.02\ dB/km$，其影响较小。但当 $\lambda = 1.70\ mm$ 时，则 $\alpha_{ir} \approx 0.32\ dB/km$。可见红外吸收影响了工作波长向更长波长方向发展。

2. 散射损耗

散射损耗是由于材料的不均匀使光散射将其光能辐射出光纤之外而导致的损耗，如表 4 - 2 所示。引起光纤散射损耗的主要是瑞利散射，瑞利散射损耗与光波长的 $1/\lambda^4$ 成正比，其他散射损耗只是瑞利散射损耗的百分之一。

3. 附加损耗

附加损耗属于来自外部的损耗或应用损耗，如在成缆、施工安装和使用运行中使光纤扭曲、侧压等造成光纤宏弯和微弯所形成的损耗等。微弯是在光纤成缆时随机性弯曲产生的，所引起的附加损耗一般很小，光纤宏弯损耗是最主要的。在光缆接续和施工过程中，不可避免地会出现弯曲，它的损耗原理如图 4 - 14 所示。

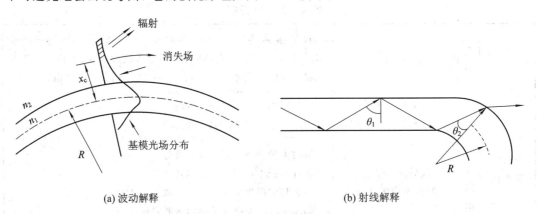

(a) 波动解释   (b) 射线解释

图 4 - 14　光纤弯曲辐射衰减

以"dB/km"为单位的宏弯损耗系数 α_T 可近似表示为

$$\alpha_T = C_1 e^{-C_2 R} \quad (dB/km) \tag{4.23}$$

式中，C_1、C_2 是与曲率半径 R 无关的常数。光纤宏弯程度越大，随着曲率半径减小，损耗越大。当弯曲程度不大时，其弯曲损耗可以忽略，但当弯曲半径 R 增加到某一值时，宏弯损耗将不能忽略，此时弯曲半径为临界弯曲半径 R_c，其估算公式为

$$R_c = \frac{3n_1^2 \lambda}{4\pi(n_1^2 - n_2^2)^{3/2}} \tag{4.24}$$

由式（4.24）可以看到，纤芯与包层折射率差较大，将导致临界弯曲半径 R_c 较小。例如 $n_1 = 1.5$，$\Delta = 0.2\%$，$\lambda = 1.55\ mm$，则 $R_c = 975\ \mu m$，显然该值是相当小的。在施工过程中严格规定了光缆的允许弯曲半径，一般要求为 15 倍光缆直径，把弯曲损耗已降低到可忽略不计的程度。

随着光纤制造技术的提高，由杂质吸收、结构不完善等因素产生的损耗已降到很小，因此，目前高质量的光纤，其损耗已达到或接近理论计算值。图 4-15 所示为光纤中光功率损耗系数随波长变化的频谱曲线。从图中可知 3 个低损耗窗口：$0.85\ \mu m$、$1.3\ \mu m$、$1.55\ \mu m$，分别对应于光纤损耗系数约 2 dB/km、0.5 dB/km、0.2 dB/km。

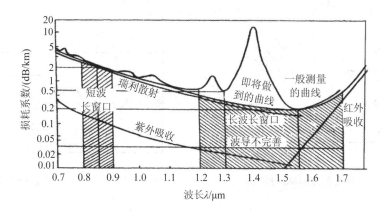

图 4-15　光纤损耗频谱曲线

4.4.2　色散特性

在物理学中，色散是指不同颜色的光经过透明介质后被分散开的现象。

在光纤中，信号的不同模式或不同频率在传输时具有不同的路径，因而信号到达终端时会出现传输时延差，从而引起光脉冲展宽或信号畸变，这种现象统称为色散。对于数字信号，经光纤传播一段距离后，色散会引起光脉冲展宽，严重时，前后脉冲将互相重叠，形成码间干扰，导致误码率增加。因此，色散决定了光纤的传输带宽，限制了系统的传输速率或中继距离。色散和带宽从不同的角度来描述光纤的同一特性。

根据产生的原因，色散可分为模式色散、材料色散、波导色散和偏振模色散。下面分别予以介绍。

1. 模式色散

模式色散是指光在多模光纤中传输，因不同模式沿光纤轴向传播的速度是不同的，它们到达终端时，必定会有先有后，出现时延差，从而引起脉冲宽度展宽或畸变，形成模式色散，如图 4-16 所示。

以阶跃型多模光纤为例，对其最大模式色散进行估算。在多模阶跃型光纤中，传输最快和最慢的两条光线分别是沿轴心传播的光线①和以临界角 θ_c 入射的光线②，如图 4-17 所示。因此，在阶跃型多模光纤中，最大色散是光线②所用时间 τ_{max} 和光线①所用时间 τ_{min} 到达终端的时间差 $\Delta\tau_{max}$：

$$\Delta\tau_{max} = \tau_{max} - \tau_{min} \tag{4.25}$$

根据几何光学，设在长为 L 的光纤中，光线①和光线②沿轴方向传播的速度分别为 c/n_1 和 $c/n_1\sin\theta_c$，因此光纤的模式色散为

$$\Delta\tau_M = \Delta\tau_{max} = \frac{L}{\frac{c}{n_1}\sin\theta_c} - \frac{L}{\frac{c}{n_1}} = \frac{Ln_1}{c}\left(\frac{n_1}{n_2} - 1\right) \approx \frac{Ln_1}{c}\Delta \tag{4.26}$$

由式(4.26)可以看出，$\Delta\tau_M$ 与 L、Δ 成正比，使用弱导光纤($n_1\approx n_2$，$\Delta\approx(n_1-n_2)/n_1$)有助于减少模式色散。例如 $\Delta=1\%$，石英光纤的折射率 $n_1=1.5$，光纤长度 $L=1$ km，根据式(4.26)可求得该光纤的模式色散 $\Delta\tau_M=50$ ns。由此可见，当光纤的长度 L 越长，相对折射率差 Δ 越大，模式色散就越严重。

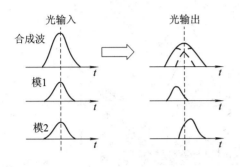

图 4-16　模式色散的脉冲展宽图　　　　图 4-17　多模阶跃光纤的模式色散

2. 材料色散

材料色散是由构成纤芯的材料对不同光波长呈现不同折射率而造成的。由于激光光源具有一定的光谱宽度 $\Delta\lambda$，使得光的传输速度随波长的变化而变化，从而造成传输的时延差，引起脉冲展宽。材料色散的计算式为

$$\Delta\tau_m = D_m \times \Delta\lambda \times L \tag{4.27}$$

式中，D_m 为材料色散系数，单位为 ps/(nm·km)；$\Delta\lambda$ 为光谱宽度，单位为 nm；L 为光传输长度，单位为 km。

例 4-4　设某光纤的最大材料色散系数 $D_m=3.5$ ps/(nm·km)，现用一中心波长为 1310 nm 的半导体激光器产生传输光波，其谱线宽度 $\Delta\lambda=4$ nm，试求出该光传输 1 km 长度光纤的材料色散。

解　材料色散为

$$\Delta\tau_m = D_m \times \Delta\lambda \times L = 3.5 \times 4 \times 1 = 0.014 \text{ ns} = 14 \text{ (ps)}$$

3. 波导色散

波导色散是指光纤的波导结构对不同波长的光信号产生的色散，用 $\Delta\tau_w$ 表示。这种波导色散通常很小，一般忽略不计。

4. 偏振模色散

对于理想单模光纤，由于只传输一种模式(基模 LP_{01} 或 HE_{11} 模)，故不存在模式色散，但存在偏振模色散。偏振模色散是单模光纤特有的一种色散。由于单模光纤中实际上传输的是两个相互正交的偏振模，它们的电场各沿 x、y 方向偏振，分别记作 LP_{01}^x 和 LP_{01}^y，其相移系数 β_x 和 β_y 不同($\beta_x\neq\beta_y$)，相应的群速度也不同，因此光纤传输产生时延差，导致脉冲展宽，即引起偏振模色散(PMD)，如图 4-18 所示。图中 $\Delta\tau_0$ 即为两个偏振模分量之间的总群时延差，也称 PMD。单位长度偏振模色散记作 $\Delta\tau_0$，计算式如下：

$$\Delta\tau_0 = \tau_x - \tau_y = \frac{d\beta_x}{d\omega} - \frac{d\beta_y}{d\omega} = \frac{d\Delta\beta}{d\omega} \approx \frac{\Delta\beta}{\omega} \approx \frac{1}{c}(n_x - n_y) \tag{4.28}$$

式中，τ_x、τ_y 为这两个模式传输单位长度所用的时间；$\Delta\beta = \beta_x - \beta_y = n_x k_0 - n_y k_0$，$\omega$ 为光的角频率；k_0 为真空中的波数；n_x、n_y 是 LP_{01}^x、LP_{01}^y 模的等效折射率。

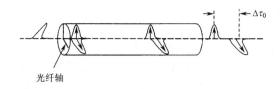

图 4 - 18　偏振模色散

造成单模光纤 PMD 的内在原因是纤芯的椭圆度和残余内应力，引起相互垂直的折射率分布及本征偏振以不同的速度传输，进而造成数字系统的光脉冲展宽和模拟系统的光信号失真，传输速率受限。造成单模光纤 PMD 的外在原因则是成缆和敷设时的各种作用力，即压力、弯曲、扭转及光缆连接等。

综上所述，在多模光纤中存在着模式色散、材料色散和波导色散三种色散，而且这三种色散之间存在模式色散≫材料色散＞波导色散的大小关系。在单模光纤中，模式色散为零，其色散主要是材料色散、波导色散和偏振模色散，而且材料色散占主导，波导色散较小，偏振模色散一般可以忽略。因此光纤色散可表示为

$$\text{多模光纤色散：} \Delta\tau = (\Delta\tau_M^2 + \Delta\tau_m^2 + \Delta\tau_w^2)^{1/2} \tag{4.29}$$

$$\text{单模光纤色散：} \Delta\tau = (\Delta\tau_m^2 + \Delta\tau_w^2 + \Delta\tau_0^2)^{1/2} \tag{4.30}$$

不过单模光纤一般只给出色散系数 D，其中包含了材料色散和波导色散的共同影响。

5. 光纤的带宽

光纤的色散和带宽描述的是光纤的同一特性。在常规速率的光纤传输系统中，光纤的色散特性可以用脉冲展宽 $\Delta\tau$、光纤带宽 B_0 和光纤色散系数 D 三个物理量来描述。

脉冲展宽 $\Delta\tau$ 是光脉冲经过传输后在时间坐标轴上展宽的程度，是色散特性在时域中的描述，而带宽 B_0 是这一特性在频域中的描述。在频域中对于调制信号而言，光纤可以看作是一个低通滤波器，当调制信号的高频分量通过它时，就会发生严重损耗。ITU - T 建议 1 km 的光纤带宽计算公式为

$$B_0 = \frac{A}{\Delta\tau} = \frac{\varepsilon \times 10^6}{D \times \Delta\lambda \times 1} \text{(MHz)} \tag{4.31}$$

$L(\mathrm{km})$ 的光纤带宽计算公式为

$$B_L \approx \frac{B_0}{L} = \frac{\varepsilon \times 10^6}{D \times \Delta\lambda \times L} \text{(MHz)} \tag{4.32}$$

式中，D 的单位为 $\mathrm{ps/(nm \cdot km)}$；光源谱宽 $\Delta\lambda$ 的单位为 nm；光纤带宽 B_0 的单位为 MHz；常数 $\varepsilon = 0.115$（多纵模激光器），$\varepsilon = 0.306$（单纵模激光器）。

在 DWDM 高速光纤传输系统中，着重考虑 PMD 对光纤距离的影响情况，可由下列公式分析：

$$L = \left[\frac{1}{10\mathrm{PMD_C} \times B_L}\right]^2 \quad \text{或} \quad B_L = \frac{1}{10\mathrm{PMD_C}\sqrt{L}} \tag{4.33}$$

式中，$\mathrm{PMD_C}$ 为偏振模色散系数（$\mathrm{ps}/\sqrt{\mathrm{km}}$），$B_L$ 为传输速率（b/s）或带宽，L 为光纤中继距离（km）。

4.4.3 非线性特性

当今在带有掺铒光纤放大器的密集波分复用大容量、高速度的光纤通信系统中，光纤中传输的工作波长多、功率大（大于 10 mW），可能引起信号与光纤的相互作用而产生各种非线性效应，如果不适当抑制，这些非线性效应会引起附加散射损耗、色散、相邻信道串扰等。

光纤的非线性特性可分为两类：受激散射和折射率扰动，下面分别简单介绍。

1. 受激散射

受激散射是指光场把部分能量转移给非线性介质。受激散射发生在光信号与光纤中的声波或系统振动相互作用的调制系统中，包括受激拉曼散射和受激布里渊散射。

1) 受激拉曼散射（SRS）

SRS（Stimulated Raman Scattering）是光纤介质中分子间的振动与入射光（称为泵浦光）的相互作用，从而使入射光产生散射。设入射光频率为 ω_p，介质分子间的振动频率为 ω_v，则散射光频率为 $\omega_S = \omega_p - \omega_v$ 和 $\omega_{aS} = \omega_p + \omega_v$，这种现象叫作受激拉曼散射。所产生的频率为 ω_S 的散射光称为斯托克斯波（Stokes），频率为 ω_{aS} 的散射光称为反斯托克斯波。对斯托克斯波可用物理概念来描述：一个入射光子消失，产生了一个频率下移光子（Stokes 波），该光子为一个有适当能量和动量的光子，使能量和动量守恒。

对典型的单模光纤，受激拉曼散射产生的最低阈值泵浦光功率 P_R 可近似表示为

$$P_R \approx \frac{16 A_{\mathrm{eff}}}{L_{\mathrm{eff}} g_R} \tag{4.34}$$

式中，A_{eff} 为纤芯有效面积，即 $A_{\mathrm{eff}} \approx \pi W_0^2$（$W_0$ 为模场半径）；L_{eff} 为光纤的有效互作用长度；g_R 是拉曼增益系数。

由式（4.34）可见，阈值泵浦光功率与光纤的有效面积成正比，与光纤的有效长度成反比。若遇超低损耗的单模光纤，拉曼散射阈值会很低。在 $\lambda = 1$ mm 附近，$g_R = 10^{-11}$ m/W，$L_{\mathrm{eff}} = 20$ km，$A_{\mathrm{eff}} = 50$ mm^2 时，预测的拉曼散射阈值 $P_R \approx 400$ mW。

受激拉曼散射的频移量在光频范围，ω_s 波和 ω_p 波传输方向一致，ω_s 波和 ω_{aS} 波传输方向相反，可采用光隔离器来消除相反方向传输的光功率。

2) 受激布里渊散射（SBS）

SBS（Stimulated Brillouin Scattering）是一种由光纤中的光信号和声波之间的相互作用所引起的非线性现象。受激布里渊散射与受激拉曼散射的物理过程类似，只是受激布里渊散射的频移量在声频范围，ω_s 波和 ω_p 波的传输方向相反。在光纤中，SBS 产生的最低阈值泵浦光功率 P_B 可近似表示为

$$P_B \approx \frac{21 A_{\mathrm{eff}}}{L_{\mathrm{eff}} g_B} \tag{4.35}$$

由式（4.35）可见，在 $\lambda = 1$ μm 附近，$A_{\mathrm{eff}} = 50$ μm^2，$L_{\mathrm{eff}} = 20$ km，布里渊增益系数 $g_B = 5 \times 10^{-11}$ m/W，光纤受激布里渊散射阈值 $P_B \approx 1 \sim 15$ mW，比 P_R 小得多。

2. 折射率扰动

在较低的光功率作用下，光纤折射率可以认为是常数，但在较强光功率入射下，则应考虑光纤折射率成为光强的函数，即折射率扰动。折射率扰动会引起三种非线性效应：自相位调制、交叉相位调制和四波混频。

1) 自相位调制（SPM）

SPM(Self Phase Modulation)是指传输过程中光脉冲自身相位变化，导致脉冲频谱展宽的现象。自相位调制与"自聚焦"有密切联系，如果十分严重，那么在密集波分复用系统中，光谱展宽会重叠进入邻近的信道。

2) 交叉相位调制（CPM）

CPM(Cross Phase Modulation)是任一波长信号的相位受其他波长信号强度起伏的调制产生的相位调制信号。CPM 不仅对本信道光波的自身相位产生影响，也对其他相邻信道光波的相位产生影响，所以 CPM 总伴有自相位调制。CPM 使信号脉冲频谱展宽，会导致多信道系统中相邻信道间的干扰。

3) 四波混频（FWM）

FWM(Four Wave Mixing)是由两个或多个波长的光波混合后产生的新光波，其效果如图 4-19 所示。在系统中，某一波长的入射光会改变光纤的折射率，从而在不同频率处发生相位调制，产生新的波长。新波长数量与原始波长数量是呈几何递增的，即 $N=N_0^2(N_0-1)/2$（N_0为原始波长数量）。四波混频与信道间隔关系密切，信道间隔越小，FWM 越严重。FWM 对波分复用系统的影响：一是将波长的部分能量转换为无用的新生波长，从而损耗光信号的功率；二是新生波长可能与某信号波长相同或重叠，造成干扰。这种非线性效应会严重地损坏眼图并产生系统误码。

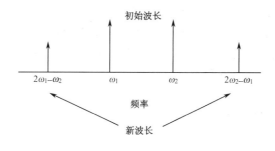

图 4-19　四波混频产生效果

4.5　光纤、光缆和光器件

4.5.1　光纤分类及主要参数

1. 光纤的分类

光纤可依据材料、波长、传导模式、纤芯折射率分布、制造方法的不同进行分类，如图 4-20 所示。这里重点介绍按照传导模式以及按照国际电信联盟(ITU-T)对光纤标准的建议分类。

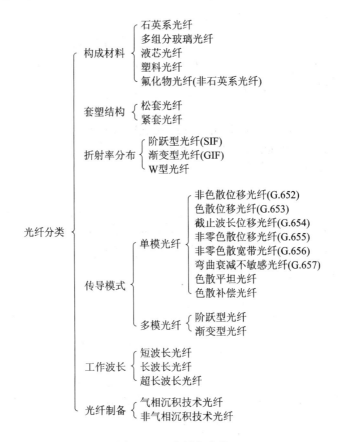

图 4-20　光纤的分类

根据 ITU-T 的建议，目前常用光纤可分为多模光纤 G.651，单模光纤 G.652、G.653、G.654、G.655、G.656、G.657，以及其他单模光纤，如色散平坦光纤(DFF)和色散补偿光纤(DCF)。至今已有 G.651～G.657 等系列光纤产品种类，在抑制色散上各有独到之处，下面分别对单模光纤的种类进行介绍。

1) G.652 光纤

G.652 光纤又称为常规单模光纤或标准单模光纤，被广泛应用于数据通信和图像传输中。其在 1310 nm 窗口处有零色散，在 1550 nm 窗口处有较大的色散，达 +18 ps/(nm·km)，不利于高速率大容量系统。

2) G.653 光纤

G.653 光纤又称为色散位移光纤(DSF)，将最小零色散点从 1310 nm 附近移至 1550 nm 波长处，实现了 1550nm 波长处的损耗系数和色散系数均很小。G.653 光纤主要用于单信道长距离海底或陆地通信干线，其缺点是不适合波分复用系统。

3) G.654 光纤

G.654 光纤又称为 1550 nm 损耗最小光纤，它在 $\lambda = 1550$ nm 处损耗系数很小，$\alpha = 0.2$ dB/km。G.654 光纤的弯曲性能好，主要用于长距离无再生中继的海底光缆系统，其缺点是制造困难、价格贵。

4) G.655 光纤和 G.656 光纤

G.655 光纤称为非零色散位移光纤(NZ DSF)，其在 1550 nm 波长处有一低色散(但不是最小)，能有效抑制"四波混频"等非线性现象。G.655 光纤适用于速率高于 10 Gb/s 的使用光纤放大器的波分复用系统，但在长距离、高速率传输系统中仍然需要进行色散补偿。

G.656 光纤称为宽带光传送非零色散光纤，其在 1530~1565 nm 波长范围内呈现低色散，其值为 3 ps/(nm·km)≤D≤14 ps/(nm·km)。

5）G.657 光纤

G.657 光纤是低弯曲损耗不敏感光纤，其弯曲半径可达 5~10 mm，可以像铜缆一样沿着建筑物内很小的拐角安装(直角拐弯)，有效降低了光纤布线的施工难度和成本。

6）色散平坦光纤(DFF)和色散补偿光纤(DCF)

DFF 光纤在 1310~1550 nm 波段范围内都是低色散，且具有两个零色散波长，可用于工作波长为 1310 nm 和 1550 nm 的高速传输系统。

DCF 是一种具有大的负色散和负色散斜率的光纤，用来补偿常规光纤工作于 1550 nm 处所产生的较大的正色散。

2. 光纤的主要参数

光纤的结构参数主要有光纤的几何参数、折射率分布、数值孔径、模场直径和截止波长等。这些参数与光纤横截面径向半径有关，与光纤的长度及传输状态无关。

1）几何参数

光纤的几何参数与工程有紧密的联系，为了使光缆线路实现光纤的低损耗连接，光纤制造厂商按照 ITU - T 的建议，对光纤的几何参数进行了严格的控制和筛选。

多模光纤的几何参数包括：纤芯直径、包层直径、纤芯不圆度、包层不圆度、纤芯与包层的同心度等；单模光纤的几何参数包括：模场直径、包层直径、包层不圆度、模场与包层的同心度误差等。

(1) 纤芯直径与外径。

纤芯直径主要是对多模光纤的要求。ITU - T 规定多模光纤的纤芯直径为 50 ± 3 μm。单模光纤的纤芯直径用模场直径来代替。

光纤的外径又称包层直径。无论多模光纤还是单模光纤，ITU - T 规定通用光纤的外径均为 125 ± 3 μm。

(2) 纤芯/包层同心度和不圆度。

同心度(Y_C)是指纤芯或模场直径中心 O_1 和包层中心 O_2 的距离 O_1O_2 与芯径 $2a$ 之比，用式(4.36)表示：

$$Y_C = \frac{O_1O_2}{2a} \tag{4.36}$$

不圆度(N_C)包括芯径的不圆度和包层的不圆度，用式(4.37)表示：

$$N_C = \frac{D_{max} - D_{min}}{D_{co}} \tag{4.37}$$

式中，D_{max} 和 D_{min} 是纤芯/包层的最大和最小直径，D_{co} 是纤芯/包层的标准直径。光纤的不圆度较高时将影响光纤连接时的对准效果，增大接头损耗。因此，ITU - T 规定：光纤同心度误差小于 6%，单模光纤的模场中心和包层中心之间距离误差在 1310 nm，波长不大于 1 μm，纤芯不圆度小于 6%，包层不圆度小于 2%。

2）数值孔径

数值孔径(NA)是多模光纤的重要参数之一，表征了多模光纤接收光的能力、与光源耦合的效率、光纤微弯损耗的敏感性和带宽等特性。NA越大，光纤接收光的能力越强，越容易与光源耦合，微弯损耗的敏感性越小，带宽越窄。阶跃型光纤的NA计算式参看第4.2节的式(4.5)。ITU-T建议光纤的NA为0.18～0.23。

3）模场直径

模场直径(MFD)是单模光纤特有的一个参数。模场是指光纤中基模LP_{01}模的电场强度随光纤截面径向半径r变化的分布，如图4-21所示。模场直径用于描述基模LP_{01}近场光斑的分布大小。设LP_{01}模的电场强度分布$E(r)=E_0\exp(-r^2/W_0{}^2)$，取其最大值的$E_0/e$处所对应光纤$LP_{01}$横截面径向半径$r$上两点之间的宽度为模场直径，用$2W_0$表示。模场直径估算为$2W_0=2\lambda/(\pi n_1\sqrt{\Delta})$。对$\lambda=1.31~\mu m$，$n_1=1.5$，$\Delta=0.36\%$，$2W_0=2\lambda/(\pi n_1\sqrt{\Delta})=2\times1.31/(3.14\times1.5\times\sqrt{0.36\%})=9.27~\mu m$。单模光纤之所以用模场直径的概念，而不用纤芯的几何尺寸作为特征参数，是因为单模光纤中的场并不是完全集中在纤芯中，而是有相当部分的能量在包层中。模场直径描述了单模光纤中光能量的集中程度。从工程上来说，模场直径失配的光纤连接损耗较大。ITU-T建议模场直径为$(9\sim10)\pm1~\mu m$。

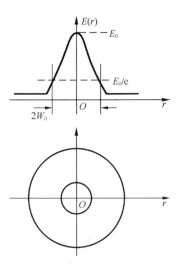

图4-21　基模直径示意图

4）截止波长

单模光纤的截止波长是指二阶模LP_{11}截止时的波长，用λ_{cc}表示。只有当工作波长λ大于单模光纤的截止波长λ_{cc}时，才能保证光纤工作在单模传输状态。阶跃单模光纤的理论截止波长(λ_{cc})为

$$\lambda_{cc}=\frac{2\pi}{V_c}n_1 a\sqrt{2\Delta}=\frac{2\pi}{2.405}n_1 a\sqrt{2\Delta} \qquad (4.38)$$

式中，V_c为LP_{11}模的归一化截止频率，对于阶跃型单模光纤，$V_c=2.405$；n_1为纤芯的折射率；a为光纤半径；Δ为相对折射率差。各种光纤传输性能参数如表4-3所示。

表4-3　各种光纤传输性能的参数

光纤类型	性能参数							
	光波长：模场直径/μm	截止波长/nm	零色散波长/nm	工作波长/nm	损耗系数/(dB/km)		色散系数/[ps/(nm·km)]	
					1310 nm	1550 nm	1310 nm	1550 nm
G.651	纤芯直径：50 ± 3 或 62.5 ± 3	数值孔径：$(0.2\sim0.27)$ ±0.02	—	850	$\leqslant0.8$ $\leqslant1.0$ $\leqslant1.5$	850 nm: $\leqslant3.0$ $\leqslant3.5$ $\leqslant4.0$	$\leqslant6$	850 nm: $\leqslant120$
G.652	1310 nm：9	$\leqslant1260$	1310	$\leqslant1310$	$\leqslant0.36$	$\leqslant0.22$	0	+18
G.653	1310 nm：8.3	$\leqslant1270$	1550	1550	$\leqslant0.45$	$\leqslant0.25$	−18	0
G.654	1550 nm：10.5	$\leqslant1530$	1310	1550	$\leqslant0.45$	$\leqslant0.20$	0	+18

续表

光纤类型	性能参数							
	光波长：模场直径/μm	截止波长/nm	零色散波长/nm	工作波长/nm	损耗系数/(dB/km)		色散系数/[ps/(nm·km)]	
					1310 nm	1550 nm	1310 nm	1550 nm
G.655	1310 nm：(8～11)±0.7	≤1480	非零色散波长1530～1565	1530～1565	1550 nm：≤0.25 1625 nm：≤0.30		1530～1565 nm 0.1≤|D|≤10	
G.656	1550 nm：(7～11)±0.7	≤1450	非零色散波长1530～1565	1530～1565	1530 nm：≤0.35 1625 nm：≤0.40		1530～1565 nm 3≤D≤14	
G.657	1310 nm：(8.6～9.5)±0.4	≤1260	非零色散波长1530～1565	1310～1550	≤0.40	≤0.30	色散斜率：1310～1324 nm 0.092 (ps/nm²·km)	
DFF	1310 nm：8 1550 nm：11	≤1270	1310 和 1550	1310～1550	≤0.25	≤0.30	0	0
DCF	1550 nm：6	≤1260	＞1550	1550	—	≤1.00	—	－80～－150

4.5.2　光缆分类及型号

光纤成缆可进一步提高光纤的环境适应能力，同时，一条光缆中可容纳多根光纤，有利于降低工程成本。光缆和电缆一样由缆芯和护层共同构成。

缆芯一般将带有涂覆层的单根或多根光纤，与不同形式的加强构件和填充物扭绞组合在一起，再套上一层塑料子管形成缆芯的组成。其中，加强构件用于提高光缆施工的抗拉能力。在光缆中，一根或多根加强构件位于光缆中心，称为中心加强；加强构件分散四周或绕包一周，称为铠装式加强。加强构件一般采用镀锌钢丝、多股钢丝绳、纺纶丝和玻璃增强塑料等。填充物是在光缆缆芯的空隙中注满特定物质，如石油膏。石油膏是光纤防淹的最后防线，它可有效地阻止潮气及水的渗入和扩散，以延缓潮气及水对光纤传输性能的影响，同时还能减少光纤间的相互摩擦。

护层用来保护缆芯，使缆芯有效抵御一切外来的机械、物理、化学的作用，并能适应各种敷设方式和应用环境，保证光缆有足够的使用寿命。光缆护层是由内护层和外护层构成的多层组合体。内护层一般采用聚乙烯(PE)和聚氯乙烯(PVC)等；外护层根据敷设而定，可采用铝带和聚乙烯组成的 LAP 外护套，或再加钢圆丝组成铠装等，起增强光缆抗拉、抗压、抗弯曲等力学保护作用。

1. 光缆的分类

1) 室外光缆

常用的室外光缆按其缆芯结构可分为层绞式、骨架式、中心束管式三种，按光纤芯数结构又可分为单/多芯光纤和带状式光纤，而带状式光纤又可以组成层绞式带状、骨架式带状和中心束管式带状光缆，如图 4-22～图 4-25 所示。

(1) 层绞式带状光缆。层绞式带状光缆是在一根松套管内放置多根光纤，多根松套管围绕中心加强件绞合成一体，如图 4-22 所示。层绞式带状光缆中光纤密度较高，制造工艺较简单、成熟，是光缆结构应用的主流。

（2）骨架式带状光缆。骨架式带状光缆是由聚烯烃塑料绕中心加强件以一定的螺旋节距挤制而成的，如图4-23所示。其骨架槽为矩形槽，在槽中放置多根一次涂覆光纤或光纤带，这种结构的缆芯抗侧压力性能好。

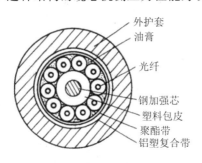

图4-22　层绞式带状光缆

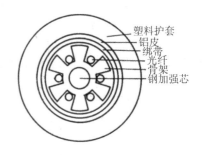

图4-23　骨架式带状光缆

（3）中心束管式带状光缆。中心束管式光缆是把光纤束（多根光纤）置于高密度塑料束管中，外有皱纹钢护套层。外层还有高密度PE聚乙烯（HDPE）外护套，外护套中有两根平行于缆芯的轴对称加强芯，这种结构的光纤受压小，如图4-24所示。

中心束管式带状光缆把多根带状光纤单元（每根光纤带可放4～48根光纤）叠合起来，形成多个短形光纤叠层，放入松套管内，可做成束管式结构，如图4-25所示。带状缆芯可以制成数百上千根光纤的高密度光缆，这种光缆已广泛应用于接入网中。

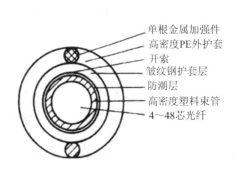

图4-24　中心束管式光缆

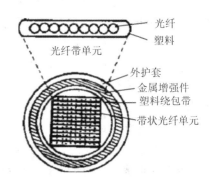

图4-25　中心束管式带状光缆

2）室内光缆

常用的室内光缆都是非金属的，可分为4种类型，即多用途室内光缆、分支光缆、互连光缆和皮线光缆，如图4-26～图4-29所示。

（1）多用途室内光缆。多用途室内光缆是由紧套光纤和非金属加强件构成的，光纤与一根非金属中心加强件绞合形成结实的光缆。图4-26所示为48芯多用途室内光缆的结构。这种光缆的优点是：直径小，重量轻，柔软，易于敷设、维护和管理，可满足各种室内场合的需要。

（2）分支光缆。分支光缆用于光纤的独立布线和分支。图4-27所示为一个8芯分支光缆结构。分支光缆主要用于中、短距离的传输，如大楼内向上的升井里、计算机房的地板下和光纤到桌面等。

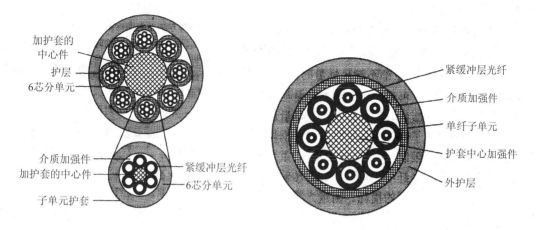

图 4-26 48芯多用途室内光缆结构　　　　图 4-27 8芯分支光缆结构

（3）互连光缆。互连光缆是为计算机、二层交换机（或路由器）和办公室布线系统等进行语言、数据、视频、图像传输设备互连所设计的光缆，通常为单纤或双纤结构。图 4-28 所示为双纤互连光缆的结构。这类光缆里的光纤常为 G.657 光纤，主要优点是连接容易、直径细、弯曲半径小。

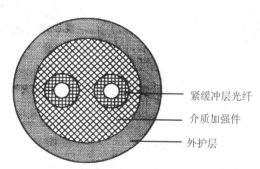

图 4-28 双纤互连光缆结构

（4）皮线光缆。皮线光缆与互连光缆的作用类似，目前主要用于 FTTH 光纤入户段拉到桌面上等。如图 4-29 所示，皮线光缆多为单芯、双芯结构，也可做成四芯结构，横截面呈∞字型。加强件位于两圆中心，可采用金属或非金属结构，光纤位于∞字型的几何中心。皮线光缆内光纤采用 G.657 小弯曲半径光纤，可以以 20 mm 的弯曲半径敷设，适合在楼内以管道方式或布明线方式入户。皮线光缆可直接与输出的尾纤冷接续，能固定或者活动使用。

图 4-29 2芯入户皮线光缆结构

3) 特种光缆

常用的特种光缆主要有电力系统光缆、海底光缆和野战军用光缆等。

(1) 电力系统光缆。电力系统光缆常用的有架空地线光缆（Optical Power Ground Wire，OPGW），其结构如图 4-30 所示。把光纤放置在架空高压输电线的地线中，用以构成输电线路上的光纤通信网，这种结构形式兼具地线与通信双重功能，主要用于提供电力部门传输监控变电站信息，包括内部通信。

(2) 海底光缆。海底光缆的缆芯外护套采用钢丝铠装结构加聚乙烯外护层，并且紧挨着缆芯加密封铝皮封装，以保护光缆中的光纤，其结构如图 4-31 所示。海底光缆的加强构件一般为钢加强芯，以防止海水的高压力与敷设回收时的高张力。

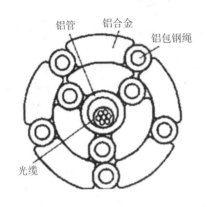

图 4-30 架空地线光缆（OPGW）结构　　图 4-31 海底光缆结构

(3) 野战军用光缆。野战军用光缆是为野战部队的战术通信、雷达车的信息传输、导弹制导、鱼雷制导等应用而设计的光缆，光缆结构形式多样，在此不多述。

总之，光纤的种类决定了光缆的传输性能，光缆的结构类型则决定了光缆的机械性能和使用环境。

2. 光缆的型号及规格

光缆种类较多，具体型号也多，根据 YD/T 908—2000《光缆型号命名方法》的规定，目前光缆型号的命名由光缆型号代码和光纤规格代码两部分组成，如图 4-32 所示。

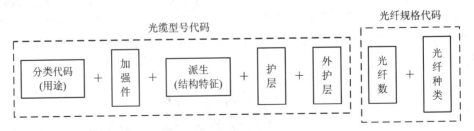

图 4-32 通信光缆型号与规格组成图

1) 光缆型号代码及其意义

光缆型号代码的意义如表 4-4 所示。

表 4 - 4 通信光缆型号代码的意义

分类代码 （用途）	加强件	派生 （结构特征）	护层	外护层
GY(野外光缆) GJ(局内光缆) GS(设备内光缆) GH(海底光缆) GT(特殊光缆) GW(无金属光缆)	无代号(金属加强件) F(非金属加强件) G(金属重型加强件) H(非金属重型加强件)	B(扁平式结构) C(自承式结构) T(填充式层绞结构) D(光纤带状结构) G(骨架槽结构) Z(阻燃结构) X(中心束管式)	Y(聚乙烯护套) V(聚氯乙烯护套) U(聚氨酯护套) A(铝-聚乙烯护套) L(铝护套) G(钢护套) Q(铅护套)	铠装层材料： 3/33(单/双细圆钢丝) 4/44(单/双粗圆钢丝) 5(单钢带皱纹纵包) 外护层材料： 1(纤维外被) 2(聚氯乙烯套) 3(聚乙烯套)

2）光缆中光纤规格代码及其意义

光缆中光纤规格代码由两项组成，即光纤数和光纤种类代码。

光纤数即光纤的数目，是用 1、2、3……表示光缆内同一类别光纤的实际数目。

光纤种类代码是依据国际电工委员会 IEC60793 - 2(2001)等标准，用大写字母 A 代表多模光纤，大写字母 B 代表单模光纤；以数字或小写字母表示不同种类的光纤。如 B1.1 表示 G.652A/B 光纤；B1.3 表示 G.652C/D 光纤；B1.2 表示 G.654 光纤；B2 表示 G.653 光纤；B3 表示色散平坦光纤；B4 表示 G.655 光纤；B5 表示 G.656 光纤；B6 表示 G.657 光纤。

例如 GYFTY - 12 B1.1 的光缆型号与规格的意义是非金属加强件、油膏填充松套层绞式结构、聚乙烯护套的通信室外光缆，内含 12 芯的 G.652A/B 单模光纤的光缆。

4.5.3 光缆线路基本器件及设施

光缆线路基本器件是光纤通信系统的重要组成部分，这里主要从器件结构、工作原理及工作特性等方面介绍光纤光缆线路中常用的一些无源光器件。

1. 光纤连接器

1）光纤连接器的结构与种类

光纤连接器又称光纤活动连接器，是实现光纤与光纤、光纤与光模块或仪表、光纤与其他光无源器件之间可拆卸的连接器件。它的种类有：FC/FC 平面型、FC/PC 球面型、FC/APC 斜八度型、SC/FC 平面型、SC/PC 球面型、SC /APC 斜八度型、ST/PC 球面型和 LC/PC 球面型等，如表 4 - 5 所示。

表 4 - 5 各种光纤连接器

光纤连接器种类	形 状
FC/FC 平面型 FC/PC 球面型 FC/APC 斜八度型	

续表

光纤连接器种类	形　状
SC/FC 平面型 SC /PC 球面型 SC /APC 斜八度型	
ST /PC 球面型	
LC /PC 球面型	

2) 主要性能指标

插入损耗用[L]表示。若光信号通过活动连接器的输入光功率为 P_T，输出光功率为 P_R，如图 4-33(a)所示，则插入损耗定义为

$$[L](\text{dB}) = 10\lg \frac{P_T(\text{mW})}{P_R(\text{mW})} \tag{4.39}$$

理想的光纤连接器是 $P_T = P_R$，[L]=0 dB。影响光纤连接损耗的原因可归为两类：一是相互连接的两光纤结构参数(如数值孔径、模场直径、折射率)的不匹配；二是由于光纤的耦合不完善、有缺陷，如图 4-33(b)、(c)、(d)、(e)所示。

回波(反射)损耗用[R_L]表示。若光信号通过活动连接器的输入光功率为 P_T，后向反射光功率为 P_r，则回波(反射)损耗定义为

$$[R_L](\text{dB}) = 10\lg \frac{P_T(\text{mW})}{P_r(\text{mW})} \tag{4.40}$$

从定义式可知，回波损耗越大越好，以减少反射光对光源和系统的影响。

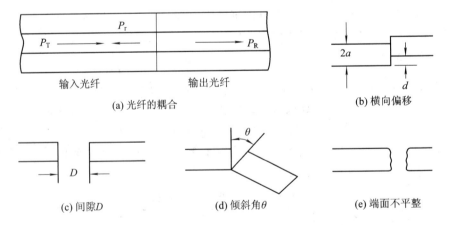

图 4-33　光纤的耦合与耦合缺陷

重复性是指活动连接器多次插拔后插入损耗的变化，单位为 dB。互换性是指光纤连接器互换时插入损耗的变化，单位为 dB。常用光纤连接器的结构特点和性能指标如表 4-6 所示。

表 4-6　光纤连接器的结构特点和性能指标

结构和特性		类　型				
		FC/PC	SC/PC	SC/APC	ST/PC	LC/PC
结构特点	插针套管(包括光纤)端面形状	球面	球面	斜八度	球面	球面
	连接方式	螺纹	轴向插拔	轴向插拔	卡口	轴向插拔
	连接器形状	圆形	矩形	矩形	圆形	矩形
性能指标	平均插入损耗/dB	$\leqslant 0.2$	$\leqslant 0.3$	$\leqslant 0.3$	$\leqslant 0.2$	$\leqslant 0.3$
	最大插入损耗/dB	0.3	0.5	0.5	0.3	0.4
	重复性/dB	$\leqslant \pm 0.1$	$\leqslant \pm 0.1$	$\leqslant \pm 0.1$	$\leqslant \pm 0.1$	$\leqslant \pm 0.1$
	互换性/dB	$\leqslant \pm 0.1$	$\leqslant \pm 0.1$	$\leqslant \pm 0.1$	$\leqslant \pm 0.1$	$\leqslant \pm 0.1$
	回波损耗/dB	$\geqslant 40$	$\geqslant 60$	$\geqslant 40$	$\geqslant 40$	$\geqslant 45$
	插拔次数	$\geqslant 1000$	$\geqslant 1000$	$\geqslant 1000$	$\geqslant 1000$	$\geqslant 1000$
	使用温度范围/℃	$-40 \sim +80$	$-40 \sim +80$	$-40 \sim +80$	$-40 \sim +80$	$-40 \sim +80$

2. 光分路耦合器

光分路耦合器(又称光分路器或光耦合器)的功能是把一个输入的光信号分配给多个输出,或把多个光信号输入组合成一个输出。光分路耦合器与波长无关。

1) 光分路耦合器的种类

光分路耦合器常用的有 X 型耦合器、Y 型耦合器、星形耦合器、树形耦合器等不同类型,各具有不同功能和用途。图 4-34 所示的是 X 型耦合器模型。X 型(2×2)耦合器及 $1 \times N$、$N \times N$ 星形耦合器大多采用熔融双锥的制造方法,即将多根裸光纤绞合熔融在一起而成。图 4-35 所示的是 X 型耦合器的纤耦合机理。树形和星形耦合器的制作都可用 2×2 耦合器拼接而成,如图 4-36 和图 4-37 所示。

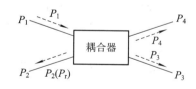

图 4-34　X 型耦合器模型

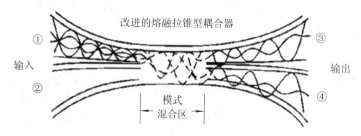

图 4-35　X 型耦合器的耦合机理

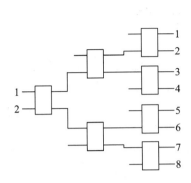

图 4-36　1×8 树形耦合器

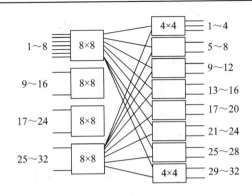

图 4-37　32×32 星形耦合器

2) 光分路耦合器的性能指标

光分路耦合器的性能指标以图 4-34 所示的 X 型耦合器参考模型为例来讨论。

插入损耗[L_i]是指一个指定输入端的光功率 P_1 与一个指定输出端的光功率 P_3（或 P_4）比值的 10 倍常用对数，用 dB 单位表示为

$$[L_i](\text{dB}) = 10\lg \frac{P_1(\text{mW})}{P_3(\text{或 } P_4)(\text{mW})} \qquad (4.41)$$

附加损耗[L]是全部输入端的光功率总和 P_1（或 P_1+P_2）与全部输出端的光功率总和（P_3+P_4）比值的 10 倍常用对数，用 dB 单位表示为

$$[L](\text{dB}) = 10\lg \frac{P_1(\text{mW})}{(P_3+P_4)(\text{mW})} \qquad (4.42)$$

分光比 CR 是指某一输出端口的光功率 P_3（或 P_4）与所有输出端口的光功率（P_3+P_4）比值的百分比，即

$$\text{CR} = \frac{P_3(\text{或 } P_4)}{P_3+P_4} \times 100\% \qquad (4.43)$$

一般情况下，光分路耦合器的分光比为 20%～50%，由需要来决定。

隔离度[DIR]是反映光分路耦合器反射损耗大小的参数，用一个输入端光功率 P_1 与由耦合器反射到其他输入端的光功率 P_2（或 P_r）的比值取对数再乘 10，即

$$[\text{DIR}](\text{dB}) = 10\lg \frac{P_1(\text{mW})}{P_2(\text{或 } P_r)(\text{mW})} \qquad (4.44)$$

3. 光衰减器

光衰减器是在光信息传输线路对光功率进行预定量的光衰减，常用的有固定衰减器和可变衰减器。光衰减器产品实物图如图 4-38 所示。

(a) 吸收膜固定衰减器

(b) 小型可变衰减器

(c) 可变衰减器仪表

图 4-38　光衰减器产品实物图

4. 光缆接头盒

光缆接头盒是将两段光缆连接在一起以保护光缆接头的部件，是光缆线路工程中必不可少的设备之一。光缆接头盒的质量直接影响光缆线路的质量和使用寿命。光缆接头盒的基本结构如图 4－39 所示。从图 4－39 中可以看出，这是一种由金属构件、热可缩管及防水带、黏附聚乙烯带构成的连接护套式光缆接头盒。

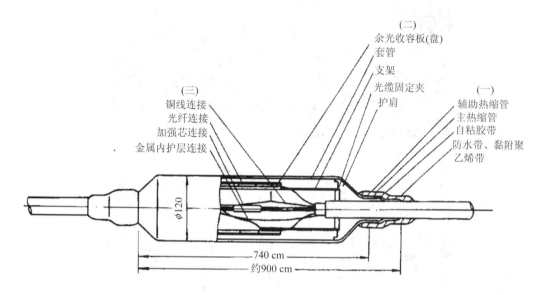

图 4－39　光缆接头盒的结构

光缆接头盒的主要种类有单端进/出光缆结构和多端进/出光缆结构，如图 4－40 所示。光缆接头盒也可以按光缆使用场合分为架空、管道和直埋；按光缆连接方式分为直通接续和分歧接续；按密封方式分为可分为机械密封和热收缩密封。

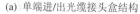

(a) 单端进/出光缆接头盒结构　　　　(b) 多端进/出光缆接头盒结构

图 4－40　光缆接头盒的结构实物图

5. 光纤配线架

光纤配线架(ODF)是光缆和光纤通信设备之间的配线连接设备，应符合 YD/T 778－2006《光纤分配架》的有关规定。光纤配线架的结构和实物如图 4－41 所示。

<table>
<tr><td>(a) 竖立封闭式</td><td>(b) 竖立敞开式</td></tr>
</table>

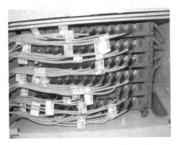

(c) 敞开式　　　　　　　　　　(d) 半封闭式

图 4-41　光纤配线架结构和实物图

6．光缆交接箱和光缆分纤盒

光缆交接箱主要是用于光缆接入网中主干光缆与配线光缆交接处的接口设备，应符合 YD/T 988—2007《通信光缆交接箱》的有关规定。

光缆分纤盒是用于配线光缆与用户引入光缆交接处的接口设备。

1）光缆交接箱和光缆分纤盒的结构

光缆交接箱的结构主要由箱体、内部金属工件、光纤活动连接器及备用附件组成。按照使用场合的不同，光缆交接箱可分为室内型和室外型两种，并可以落地、架空、壁挂安装。

光缆交接箱的实物图如图 4-42 所示。

(a) 交接箱的实物结构　　　　　　　(b) 交接箱的光纤测试

图 4-42　光缆交接箱的实物图

光缆分纤盒主要是用于光缆接入网中配线光缆与光纤到家或大楼交接处的接口设备。光分纤盒的实物图如图4-43所示。

(a) 多口光分纤盒

(b) 多口光分纤盒

图4-43 光缆分纤盒实物图

2) 技术性能指标要求

(1) 活动光纤连接器应满足相关标准中规定的"插入损耗"和"回波损耗"的要求。

(2) 高压防护接地装置与箱体金属工件之间的耐压水平应不小于直流3000 V，1分钟之内不击穿、无飞弧。

(3) 在试验电压为直流500 V条件下，高压防护接地装置与箱体金属工件之间的绝缘电阻应不小于2×10^4 MΩ。

(4) 高压防护接地装置与光缆中金属加强芯、挡潮层及铠装层相连的地线截面应不小于6 mm²。

思考题与习题

1. 光纤的构成及各部分的作用是什么？

2. 为什么纤芯的折射率要大于包层的折射率？

3. 什么是光纤的数值孔径？

4. 用射线理论描述阶跃型光纤的导光原理是什么？画出示意图。

5. 阶跃型光纤场方程的推导思路是什么？

6. 写出导波的径向归一化相位常数U、径向衰减常数W、归一化频率V的表达式，并简述其物理意义。

7. 阶跃型光纤的单模传输条件是什么？

8. 什么是单模光纤的模场直径？请写出表达式。

9. 识别光缆型号GYTA33-12 B1.1和GYFTS-48 B1.3的意义。

10. 光纤损耗和色散产生的原因及其危害是什么？

11. 为什么说光纤的损耗和色散会限制系统的光纤传输距离？

12. 光纤中都有哪几种色散？请解释其含义。

13. 已知均匀光纤纤芯与包层的折射率分别为$n_1 = 1.50$，$n_2 = 1.45$，试计算：

(1) 光纤纤芯与包层的相对折射率差Δ；

(2) 光纤的数值孔径NA；

（3）在 1 km 长的光纤上，由子午线的光程差所引起的最大时延差 $\Delta \tau_{max}$。

14. 已知阶跃光纤，且 $n_1 = 1.50$，$\lambda_0 = 1.3\ \mu m$。

（1）若 $\Delta = 0.25$，为了保证单模传输，其纤芯半径 a 应取多大？

（2）若取 $a = 5\ \mu m$，为保证单模传输，Δ 应取多大？

15. 一阶跃折射率光纤，纤芯半径 $a = 25\ \mu m$，折射率 $n_1 = 1.50$，相对折射率差 $\Delta = 1\%$，长度 $L = 2$ km。求：

（1）光纤的数值孔径；

（2）子午光纤的最大时延差；

（3）将光纤的包层和涂覆层去掉后裸光纤的 NA 和最大时延差。

16. 光纤的芯径和模场直径有什么不同？

17. 简述 G.651、G.652、G.653、G.654、G.655、G.656 和 G.657 的特点。

18. 光纤活动连接器的主要指标有哪些？其中产生插入损耗的原因是什么？减少插入损耗的措施是什么？

19. 光分路耦合器的主要特性指标有哪些？各自的定义如何？

20. 光缆交接箱和光缆分纤盒的主要用途是什么？

第5章　光纤在系统和网络中的应用

自1966年高锟博士提出光纤传输的概念以来，光纤通信的发展远远超出了人们的想象，以其高带宽、低损耗等独特优势掀起了通信领域长时期的革命性变革。近年来，光纤在电信传输系统和网络中的应用空前广泛，几乎所有的信息传输系统和网络都采用了光纤传输实体。光纤传输系统与网络成为现代通信网的主要支柱，并且与人们的日常生活息息相关。不同传输网络的服务范围及业务种类也不同，本章重点介绍在当今应用最多的光纤传输技术所构成的系统与网络，如SDH、DWDM、PTN、XPON等。

5.1　光纤传输系统的构成

5.1.1　光纤传输系统模型

一个完整的点到点光纤传输系统主要由光发射机、光接收机、光中继器、光纤以及光器件等组成，如图5-1所示。对光纤和光器件在第4.5节已经有了一定了解，本节将从一个实际光纤传输系统出发，简要讨论光纤传输系统各部分的工作原理和系统指标等。

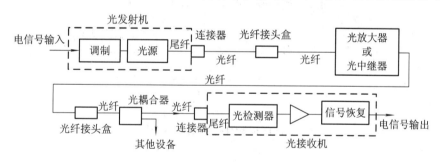

图5-1　光纤传输系统模型

光纤传输系统的通信过程大致可分为两步：第一步是光发射机将来自信源的电信号调制成光信号送至光纤传输，若传输距离较长，则需要加光中继器或光放大器，其作用是补偿光信号长距离传输损耗和畸变或者直接放大微弱光信号；第二步是光接收机将来自光纤的光信号经解调和一系列处理还原成电信号输出。

1. 光发射机

光发射机的核心部件是光调制器，它包含有光源和电路两部分，光调制器根据调制方式不同又分为强度调制(IM)与间接调制两种。

IM数字光发射机可以是半导体激光器(LD)为光源的光发射机，其电路包含线路编码、调制电路、控制电路等部分；也可以是发光二极管(LED)为光源的光发射机，与前者的区别是将复杂的控制电路改为补偿电路等，如图5-2所示。其中，线路编码对输入信号码流进行某种变换，比如，双极性 HDB₃ 码变为单极性 CMI 码再加扰码，可以适应光纤线路传输时在不中断业务情况下检测误码的要求；光源作为电致光器件与光调制电路配合，可将数字电信号变换为数字光信号；控制电路对 LD 光源实施自动温度控制（ATC）、自动功率控制（APC）等，可使输出光功率恒定；补偿电路负责补偿 LED 光源由于环境温度变化和老化效应而引起的输出光功率变化，可保持其输出光功率变化幅度不超过数字光纤通信工程设计的要求范围。

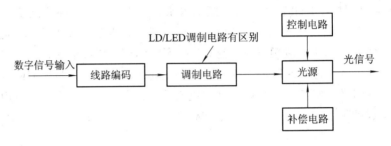

图 5-2　IM 数字光发射机结构图

间接调制数字光发射机的基本组成如图 5-3 所示。其要点是将光调制器放置在 LD 发出光载波的光路上进行调制，调制方式是由数字电信号控制光调制器的"通、断"状态，使 LD 的信号输出随数字电信号而变化，即使得光载波得到间接调制。

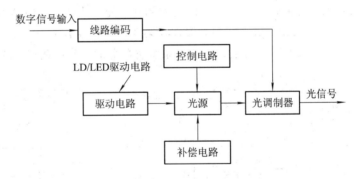

图 5-3　间接调制数字光发射机结构图

2. 光接收机

光接收机的作用是将来自光发射机、经光纤长距离传输后的幅度被衰减、波形产生畸变的微弱光信号转换为原电信号。

在 IM-DD（强度调制-直接检测）数字光纤通信系统中，光接收机的结构框图如图 5-4 所示。光接收机主要由光电检测器（PIN/APD）、前置放大器、主放大器、均衡器、时钟提取电路、定时判决器和自动增益控制（AGC）电路等组成。

首先由光电检测器（PIN/APD）把光信号转换成电信号，偏压控制电路向光电检测器提供反向偏压。APD 管的偏压大约为 −50～−200 V，需用变换器将低压变成高压。若用 PIN 管则偏压约为 −5～−20 V，可只用偏压电路。前置放大器主要完成低噪声放大功能。主放大器除提供足够的增益外，还受 AGC 电路控制，使其输出信号的幅度在一定的范围内不受输入信号幅度的影响。均衡器将信号均衡成升余弦波，消除码间干扰并减小噪声影响以利于判决。定时判决器在定时提取电路提供的与发射端同步的时钟控制下，把均衡后

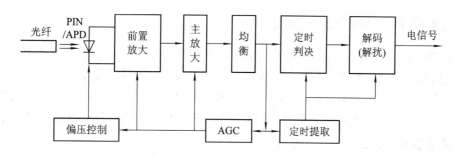

图 5-4　IM-DD 数字光接收机结构框图

的波形判决再生为原来的波形。如果在发射端进行了线路编码(或扰码),那么在接收端需要有解码(或解扰)电路。

3. 光纤、光缆和光器件

光纤、光缆和光器件的结构、分类、参数等参见第 4.5 节。光纤与光缆主要的功能是把来自光发射机的光信号,以尽可能小的畸变(失真)和损耗传输到光接收机。

光纤、光缆线路还有大量无源器件,比如光纤接头盒、光纤连接器、光分路耦合器等。为了方便制造、运输和敷设,光缆厂家生产的光缆长度一般为 1～2 km/盘,因而当光收、发之间的距离超过 2 km 时,每隔 2 km 应接续光缆,光缆接续点将放置于光缆接头盒中,加以保护。光缆接头盒一般置于户外,要注意防潮、防腐等。

4. 光中继器

光发送机输出的光脉冲信号,经过光纤传输后,会因光纤损耗和色散的影响,导致光脉冲信号幅度衰减、波形失真,限制了光脉冲在光纤中的长距离传输,为此必须在传输线路中每隔一定距离设置一个光中继器,以补偿衰减的信号,恢复失真的波形,使光脉冲得到再生。若只考虑光纤对信号的损耗,则可采用掺铒光纤放大器(EDFA),以放大损耗的光信号。这里只介绍光—电—光转换方式的光中继器。

光中继器由光接收和光发送两部分组成,如图 5-5 所示。首先由光电检测器将衰减和失真的光脉冲信号转换成电信号,通过前置放大、主放、均放、判决恢复出原来的数字信号,再对光源进行调制,使已调光信号送入光纤以延长传输距离。

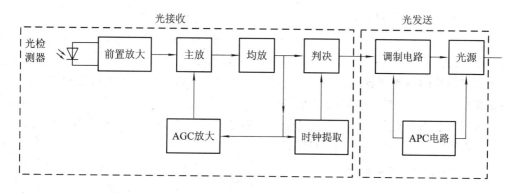

图 5-5　数字光中继器的构成图

5.1.2　光纤传输系统中的光模块

光模块(Optical Module)是光收发设备等的一种高度集成模块,常用的种类包括光接收模块、光发射模块、光收发(一体)模块和光转发模块等。工程中最常见的光模块是光收发模块。光收发模块由光电子器件、功能电路和光接口等组成。光电子器件包括光发射和光接收两部分,功能电路包括调制和解调电路等,光接口包括光纤连接器及耦合器等。

1. 光收发模块的分类及工作原理

光发射模块的主要功能是实现电—光变换。其原理是将输入一定码率的电信号经内部的驱动芯片处理后,驱动 LD 或 LED 发射出相应速率的已调光信号,其内部带有光功率自动控制电路,使输出的光信号功率保持稳定,如图 5-6 所示。

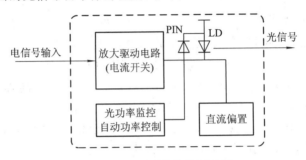

图 5-6　光发射模块的原理图

光接收模块的主要功能是实现光—电变换。其原理是将一定码率的光信号输入模块后由 PIN/APD 转换为电信号,经前置放大器、主放、判决、再生后输出相应码率的电信号,如图 5-7 所示。

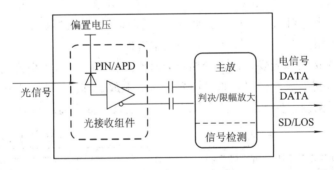

图 5-7　光接收模块的原理图

光收发模块的主要功能是实现光—电和电—光变换,由光发射和光接收两部分组成。它包括光功率控制、调制/解调发送、信号检测、转换以及限幅放大、判决、再生等功能。

光转发模块除了具有光—电变换功能外,还集成了很多的信号处理功能,如光复用/解复用、功率控制、能量采集及监控等功能。

2. 光收发模块型号及参数

常用的光模块或光纤模块都是指光收发模块。常见的光模块型号有 SFP、SFP$^+$、QSFP$^+$、XFP、X2 等。SFP、SFP$^+$、QSFP$^+$、QSFP28 光模块的外部结构如图 5-8 所示。部分光模块型号的参数和用途如表 5-1 所示。

| (a) SFP 光模块 | (b) SFP⁺光模块 | (c) QSFP⁺光模块 | (d) QSFP28 光模块 |

图 5-8 各种光模块的外部结构图

表 5-1 部分光模块(光收发模块)参数

封装类型	可选波长	速率/(Gb/s)	距离
SFP	850 nm，1310 nm，1490 nm，1550 nm，CWDM，DWDM	1.25～10	80 m～40 km
SFP⁺	850 nm，1310 nm，1270 nm，1330 nm，CWDM，DWDM	10～40	0.5 m～20 km
XFP 或 X2 或 XENPAK	850 nm，1310 nm，1270 nm，1330 nm，CWDM，DWDM	10	100 m～20 km
QSFP⁺	1330 nm	40～100	10 m～20 km

注：CWDM 指粗波分复用系统；DWDM 指密集波分复用系统。

光模块属于光设备配件，类似于电子元器件，插在设备内，一般只有在交换机和带光模块插槽的设备中使用。光模块可在交换机与交换机设备之间作为光传输的载体，相比光收/发射机具有更高的效率和安全性。

5.1.3 光纤传输系统的性能指标

1. 光发射机的主要性能指标

1）平均发射光功率 P_s

平均发射光功率是光发射机最重要的性能指标，它实际上是指在"0""1"码等概率调制的情况下，光发射机输出的光功率值，单位为 W、mW、dBm，即

$$[P_s](\text{dBm}) = 10\lg \frac{P_s(\text{mW})}{1(\text{mW})} \tag{5.1}$$

光发射机输出的平均发射光功率大小，直接影响系统传输的中继距离，是光纤通信系统设计时不可缺少的一个重要参数，$[P_s]$ 一般取值为 0 dBm。

2）消光比 EXT

消光比是指 LD 或 LED 发全"0"码时的输出功率 P_0 与发全"1"码时的输出功率 P_1 之比，即

$$\text{EXT} = \frac{P_0}{P_1} \tag{5.2}$$

消光比有两个意义：一是反映光发射机的调制状态，消光比值太大，说明光发射机调制不完善，电—光转换效率低；二是影响光接收机的接收灵敏度。消光比的指标值为 EXT ≤10%。

2. 光接收机的主要性能指标

1) 光接收机的灵敏度 P_r

数字光接收机灵敏度的定义为在保证给定的误码率 BER（如 10^{-9}）或信噪比的条件下，光接收机所需的最小平均光功率值，单位为 W、mW 或 dBm，即

$$[P_r](\text{dBm}) = 10\lg \frac{P_{\min}(\text{mW})}{1(\text{mW})} \tag{5.3}$$

$[P_r]$ 值越小表示灵敏度越高，就意味着数字光接收机接收微弱信号的能力越强。此时当光发射机输出功率一定时，灵敏度越高，光纤通信系统传输距离就越长。

2) 光接收机的动态范围

光接收机的动态范围是衡量光接收机适应性好坏的又一重要指标。在实际的系统中，由于中继距离、光纤损耗、连接器及熔接头损耗的不同，发射光功率 P_s 值随温度和器件老化等因素而变化，接收光功率有一定范围。光接收机的动态范围定义为在保证给定的误码率 BER（如 10^{-9}）或信噪比的条件下，允许的最大接收平均光功率 $[P_{\max}]$（单位为 dBm）与所需的最小平均接收光功率 $[P_r]$（单位为 dBm）之差，用 $D_{\max}$ 表示，其单位为 dB，即

$$D_{\max}(\text{dB}) = [P_{\max}](\text{dBm}) - [P_r](\text{dBm}) \tag{5.4}$$

较宽的动态范围对系统结构来说更方便灵活，实际设备的动态范围应在 20 dB 以上。

3. 系统的性能指标

数字光纤通信系统的主要性能指标有误码性能、抖动/滑动性能和可靠性。

为了有机地分析整个通信网的性能，ITU - T 在 G.801 建议中提出了"系统参考模型"的概念，并规定了系统参考模型的性能参数及指标。

数字系统参考模型有三种假设形式：假设参考数字连接（HRX）的长度为 27 500 km，假设参考数字链路（HRDL）的长度为 2500 km，假设参考数字段（HRDS）的长度为 420 km、280 km 或 50 km。对于 SDH 传输系统，只需把 HRX 改为假设参考数字通道（HRP）即可。

1) 误码性能指标

误码性能是衡量数字通信系统质量优劣的重要指标，它反映了数字传输过程中信号受损的程度。

（1）64 kb/s HRX 的误码性能指标。

在一般的数字通信中，常用平均比特误码率来衡量系统误码性能，误码率大小直接影响系统传输的业务质量。例如，误码率对话音的影响程度如表 5 - 2 所示。

表 5 - 2　误码率对话音的影响程度

误码率	受话者的感觉
10^{-6}	感觉不到干扰
10^{-5}	在低话音电平范围内刚觉察到有干扰
10^{-4}	在低话音电平范围内有个别"喀喀"声干扰
10^{-3}	在各种话音电平范围内都感觉到有干扰
10^{-2}	强烈干扰，听懂程度下降不明显
5×10^{-2}	几乎听不懂

所谓平均误码率,就是在一定的时间内出现错误的码元数与传输码流总码元数之比,其表示式为

$$\text{BER}_{\text{av}} = \frac{\text{错误接收的码元数 } m}{\text{传输的总码元数 } n} = \frac{m}{f_{\text{b}} \times t} \tag{5.5}$$

例 5 - 1 某信息码速率为 8.448 Mb/s 的光纤系统,若 $\text{BER}_{\text{av}} = 10^{-9}$,则 5 min 内允许的误码数是多少?

解 $m = 10^{-9} \times 8.448 \times 10^6 \times 5 \times 60 = 2.5$(码元)

在通信网中除了语音,还有其他业务,为了能综合衡量各业务的传输质量,根据 ITU - T G.821 建议,可将误码性能优劣的指标分为 3 类:①劣化分(DM);②严重误码秒(SES);③误码秒(ES)。其定义和指标如表 5 - 3 所示。

表 5 - 3 误码类别、定义和总指标(64 kb/s)

类别	定 义	HRX 全程全网总指标
DM	在抽样观测时间 $T_0 = 1$ min,若 $\text{BER} > 10^{-6}$,则这 1 min 为一个 DM	$\dfrac{\text{劣化分}}{\text{可用分}} < 10\%$
SES	在抽样观测时间 $T_0 = 1$ s,若 $\text{BER} > 10^{-3}$,则这 1 s 为一个 SES	$\dfrac{\text{严重误码秒}}{\text{可用秒}} < 0.2\%$
ES	在抽样观测时间 $T_0 = 1$ s,误码数至少为 1 个,则这 1 s 为一个 ES	$\dfrac{\text{误码秒}}{\text{可用秒}} < 8\%$

表 5 - 3 中的指标均涉及可用时间和不可用时间。可用时间(有可用分、可用秒)的含义是当数字信号连续 10 秒内每秒系统的误码率均小于 1×10^{-3} 时,这 10 秒的第 1 秒起为可用时间;不可用时间的含义是数字信号连续 10 秒内每秒系统的误码率均大于 1×10^{-3} 时,这 10 秒的第 1 秒起为不可用时间。在实际的工程设计中,必须将 G.821 建议的总指标按照不同等级的网络进行分配,网络等级划分为高级、中级和本地级 3 种,如图 5 - 9 所示。图中 LE 表示国内本地交换局,ISC 表示国际交换中心。

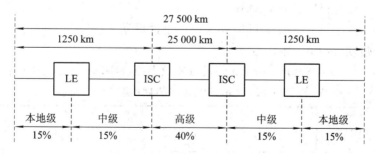

图 5 - 9 HRX 的网络等级划分与误码指标分配

3 种等级网络的误码性能总指标分配如表 5 - 4 所示。该表的依据为 G.821 建议,高级指标按长度分配,即 25 000 km 占总指标的 40%。中级和本地级则按切块分配,即每段各占总指标的 15%。表中对严重误码秒仅取总指标的一半(0.1%)参加分配,另一半留作高、中级网络全年最差月份用。

表 5-4　3 种等级网络误码性能总指标分配

全网误码性能指标	高级网络一段	中级网络二段	本地级网络二段
DM<10%	4%	2×1.5%	2×1.5%
SES<0.1%	0.04%	2×0.015%	2×0.015%
ES<8%	3.2%	2×1.2%	2×1.2%

（2）高比特率数字通道的误码性能指标。

根据 ITU-T G.826 和 G.828 的建议，SDH 传输系统的假设参考数字通道（HRP）的误码性能是以"块"为单位描述的，其规范了误块秒比（ESR）、严重误块秒比（SESR）、背景误块比（BBER）和严重误块期强度（SEPI）4 个性能参数的目标要求。所谓"块"是指一系列与通道有关的连续比特，以"块"为基础进行度量便于在线误码性能监测。

当同一块内的任意比特发生差错时，就称该块为"误块"（EB）。

高比特通道误码性能参数如下：

① 误块秒（ES）和误块秒比（ESR）。当任意 1 秒内发现 1 个或多个误码块时，称该 1 秒为一个误块秒（ES）。在规定测量时间内出现的 ES 数与总的可用秒数之比，称为误块秒比（ESR）。

② 严重误块秒（SES）和严重误块秒比（SESR）。当任意 1 秒内出现不少于 30% 的 EB 或者至少出现一种缺陷时，称该秒为一个严重误块秒（SES）。

在测量时间段内出现的 SES 数与总的可用秒之比，称为严重误块秒比（SESR）。

$$SESR = \frac{规定测量时间的\ SES\ 总数}{总的可用时间(s)} \tag{5.6}$$

SESR 主要反映系统抗干扰能力，它与环境条件、自身抗干扰能力有关，与信息传输速率关系不大。

③ 背景误块（BBE）和背景误块比（BBER）。扣除不可用时间和 SES 期间出现的误块（EB）以后所剩下的误块称为背景误块（BBE）。在规定测试时间内出现 BBE 数与可用时间内的码块数之比称为背景误块比（BBER）。

④ 严重误码期强度（SEPI）。可用时间内严重误码期事件数与总可用时间秒之比，称为严重误码期强度（SEPI），单位为 1/s。

表 5-5 分别列出 420 km、50 km 假设参考数字段（HRDS）满足的误码性能指标。

表 5-5　420 km、50 km HRDS 误码性能指标

HRDS	420 km			50 km		
速率/(Mb/s)	155.520	622.080	2488.320	155.520	622.080	2488.320
ESR	3.696×10^{-3}	9.24×10^{-3}（暂定）	1.85×10^{-2}（暂定）	4.4×10^{-4}	1.1×10^{-3}（暂定）	2.2×10^{-3}（暂定）
SESR	4.62×10^{-5}	4.62×10^{-5}	4.62×10^{-5}	5.5×10^{-6}	5.5×10^{-6}	5.5×10^{-6}
BBER	2.31×10^{6}	2.31×10^{-6}	2.31×10^{-6}	5.5×10^{-7}	2.75×10^{-7}	2.75×10^{-7}
BER_{av}	$\leqslant1\times10^{-11}$			$\leqslant0.3\times10^{-11}$		

2）抖动/滑动性能

抖动是数字信号传输过程中产生的一种瞬时不稳定现象。它是数字信号在短期内的重

要的瞬时变化相对于理想位置发生的偏移。
偏移范围称为抖动幅度，如图 5 - 10 所示。
抖动幅度的单位为 UI，1 UI 等于 1 bit 信息
所占时间，即传输速率 f_b 的倒数。

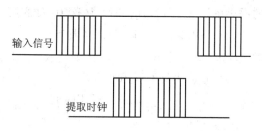

产生抖动的原因有很多，主要与定时提
取电路的质量、输入信号的状态和输入码流
中的连"0"码数有关。抖动严重时，会导致信
号失真、误码率增大以及产生帧失步等。完

图 5 - 10　输入/输出信号/时钟抖动/滑动

全消除抖动是困难的，因此在实际工程中，提出允许最大抖动指标。

滑动（或漂移）是指数字信号在特定时刻（如最佳抽样时刻）相对标准时间位置的长时间
偏差。

ITU - T 建议对 PDH 和 SDH 各次群系统的抖动/滑动性能做出了明确的规定，以保
证系统正常工作。抖动/滑动相关的性能指标有：输入抖动/滑动容限、最大允许输出抖动/
滑动容限和抖动/滑动转移（抖动/滑动增益）特性。

（1）输入抖动/滑动容限。根据 ITU - T
G.823 建议，输入抖动/滑动容限是指在数字段
内，满足误码特性要求时允许的输入信号最大
抖动范围。显然，输入抖动/滑动容限值越大越
好，说明数字设备在数字段（HRDS）适应抖
动/滑动能力强。输入抖动/滑动容限应在如图
5 - 11 所示的曲线之上。

（2）最大允许输出抖动/滑动容限。根据

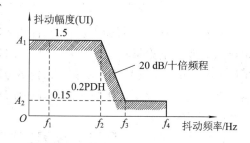

图 5 - 11　输入/输出抖动/滑动容限

ITU - T G.921 建议，输出抖动/滑动容限指的是在系统没有输入抖动/滑动的情况下，系
统输出端的抖动/滑动最大值。该值越小，说明设备在数字段（HRDS）产生抖动/滑动越小。
输出抖动/滑动容限应在如图 5 - 11 所示的曲线之下。

（3）抖动/滑动转移（抖动增益）特性。根据 ITU - T G.921 建议，抖动/滑动转移特性
是在一定频率下，数字设备和数字段输出信号的残余抖动/滑动与输入口的抖动/滑动量的
比值，即

$$[G] = 20\lg \frac{输出抖动 / 滑动幅度}{输入抖动 / 滑动幅度}$$

为了保证数字设备的抖动/滑动指标，对每一个数字段，抖动/滑动转移增益不应超过
1 dB，而数字设备的抖动/滑动转移增益不应超过 0.5 dB。

3）可靠性指标

除上述指标外，可靠性也是衡量通信系统性能优劣的一个重要指标，它直接影响通信
系统的使用、维护和经济效益。对光纤通信系统而言，可靠性包括光端机、中继器、光缆线
路、辅助设备和备用系统的可靠性。

确定可靠性一般采用故障统计分析法，即根据现场实际调查结果，统计足够长时间内
的故障次数，确定每两次故障的时间间隔和每次故障的修复时间。

（1）不可用时间（MTTR）。传输系统任一传输方向的数字信号连续 10 秒期间内每秒

的误码率均大于 1×10^{-3} 时，从这 10 秒的第 1 秒起就认为进入了不可用时间。

（2）可用时间（MTBF）。当数字信号连续 10 秒期间内每秒的误码率均小于 1×10^{-3} 时，从这 10 秒的第 1 秒起就认为进入了可用时间。

（3）可用性及不可用性目标。

$$可用性 = \frac{可用时间}{总工作时间} \times 100\% = \frac{MTBF}{MTBF + MTTR} \times 100\%$$

$$不可用性 = \frac{不可用时间}{总工作时间} \times 100\% = \frac{MTTR}{MTBF + MTTR} \times 100\%$$

各类假设参考数字段的可用性指标如表 5-6 所示。

表 5-6　假设参考数字段的可用性指标

长度/km	可用性	不可用性	不可用时间/年
420	99.977%	2.3×10^{-4}	120 min/年
280	99.985%	1.5×10^{-4}	78 min/年
50	99.99%	1×10^{-4}	52 min/年

根据国家标准的规定，具有主备用系统自动倒换功能的数字光纤通信系统，允许 5000 km 双向全程每年 4 次全阻故障，对应于 420 km 和 280 km 数字段双向全程分别为每 3 年 1 次和每 5 年 1 次全阻故障。市内数字光纤通信系统数字段长为 100 km，允许双向全程每年 4 次全阻故障，对应于 50 km 数字段双向全程每半年 1 次全阻故障。

5.2　SDH/MSTP 光同步网络

数字光纤通信是数字通信与光纤传输系统的优化组合，数字通信目前大多采用时分复用（TDM）技术。TDM 技术先后有"套娃式"与"列车式"两种规格的复用形式，常称为两种数字传输体制，即准同步数字体系（PDH）和同步数字体系（SDH）。

PDH 早在 1976 年就实现了标准化，在国际上有两大体系，即 PCM 基群 24 路 T 系列和 PCM 基群 30/32 路 E 系列。ITU-T 在 G.703 相关建议中，规定了 PDH 速率等级系列，如表 5-7 所示。

表 5-7　PDH 速率等级系列

国家或地区	基群/(Mb/s) 话路/ch	二次群/(Mb/s) 话路/ch	三次群/(Mb/s) 话路/ch	四次群/(Mb/s) 话路/ch	五次群/(Mb/s) 话路/ch	六次群/(Gb/s) 话路/ch
中国或西欧	2.048/30	8.448/120	34.368/480	139.264/1920	564.992/7680	2.4/30720
日本	1.554/24	6.312/96	32.064/480	97.728/1440	397.20/5760	1.5888/23040
北美	1.554/24	6.312/96	44.736/672	—	274.176/4032	2.4/32256

注：ch 表示话路数。

1988 年 ITU-T 经充分讨论协商，在 G.707 建议中对 SDH 速率等级作出了明确规定，如表 5-8 所示。SDH 很快进入实用化阶段，在国际上已得到广泛应用。MSTP 是 SDH 的升级版，在 SDH 原数据输入口增加了不同等级的数据输入接口，应用范围更大。

PDH 和 SDH 不仅适用于光纤传输，也适用于微波和卫星传输，并形成了一套高度标准化的技术规范。

表 5-8　SDH 速率等级系列

SDH 等级	标准速率/(Mb/s)	2 Mb/s 口数量/个	话路容量/路
STM-1	155.520	63(常用)	1890
STM-4	622.080	252	7560
STM-16	2488.320	1008	30240
STM-64	9753.280	4032	120960

5.2.1　SDH 的基本概念和帧结构

1. SDH 的基本概念

SDH 所使用的信息结构等级(即标准的速率等级)为同步传输模块(STM-N，N 为 1、4、16、64，…)。如果 SDH 信号是 STM-1，则其网络节点接口的速率为 155.520 Mb/s，更高等级的 STM-N 速率是 155.520 Mb/s 的 N 倍。目前 SDH 能支持的等级 N 为 1、4、16、64 和 256。

2. SDH 的帧结构

SDH 采用以字节为基础的块状帧结构，STM-N 的帧结构如图 5-12(a)所示。其帧周期为 125 μs，帧频为 8000 帧/s，合计 $9 \times 270 \times N$ 字节，每帧分为 9 行、270N 列个字节。帧结构中字节的传输是从左到右、由上而下，在 125 μs 时间内按顺序一个字节一个字节地传完一帧的全部字节。

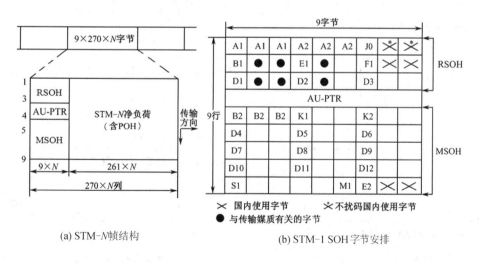

(a) STM-N帧结构　　　　　　　　(b) STM-1 SOH字节安排

图 5-12　STM-N 帧结构及 SOH 字节安排

例如，STM-1 的帧结构：一帧的字节数为 $9 \times 270 = 2430$ B，一帧的比特数为 $2430 \times 8 = 19\ 440$ bit，速率为

$$f_b = \frac{\text{一帧比特数}}{\text{传一帧的时间}} = \frac{9 \times 270 \times 8}{125 \times 10^{-6}} = 155.520 (\text{Mb/s})$$

STM−N 帧结构分为 3 个区域：净负荷、段开销（RSOH 和 MSOH）和管理单元指针（AU−PTR），如图 5−12(a)所示。

净负荷是结构中存放各种信息容量的地方，其中含有少量用于通道监测、管理和控制的通道开销字节（Path OverHead，POH），POH 包含低阶 LPOH（VC−11/VC−12 的 POH）和高阶 HPOH（VC−3/VC−4 的 POH）。段开销（Section OverHead，SOH）如图 5−12(b)所示，是为了保证信息净负荷正常、灵活地传送所必需的附加字节，主要供网络运行、管理和维护使用。SOH 分为两部分，第 1～3 行为再生段开销（RSOH），其作用是监控 STM−N 信号在再生段的传输状态；第 5～9 行为复用段开销（MSOH），其作用是监控 STM−N 信号在复用段的传输状态。管理单元指针（Administration Unit Pointer，AU-PTR）是一种指示符，主要用来指示信息净负荷的第一个字节在 STM−N 帧内的准确位置，以便在接收端根据这个指示符的值（指针值）正确分离信号净负荷。

3. SDH 的段开销字节

段开销字节传送的不是用户的业务信息，而是 SDH 网络中的控制与维护信息。对于 STM−N（N=1, 4, 16, …）的帧结构和段开销，由 STM−1 帧结构和段开销按一定规律经字节间插同步复用而成，因而只要明确了 STM−1 结构，就不难分析 STM−N 结构。

STM−1 段 SOH 各字节的安排及它们的功能和用途如表 5−9 所示。

表 5−9 SOH 各字节的功能

类别	缩写字符	功能
帧定位字节	A1, A1, A1, A2, A2, A2	识别帧的起始位置 A1=11110110 A2=00101000
再生段踪迹字节	J0	重复发送"段接入点识别符"
比特间插奇偶校验码 （BIP−8）	B1	再生段误码监测
公务字节	E1, E2	E1 和 E2 分别用于 RSOH 和 MSOH 的公务通信通路
使用者通路	F1	为使用者（通常指网络提供者）特定维护目的而提供的临时通路连接
数据通信通路（DCC）	D1～D12	SOH 中用来构成 SDH 管理网（SMN）的传送链路
误码监测（BIP−24）	B2	复用段误码监测
自动保护倒换（APS）通路	K1, K2	用作 APS 信令
同步状态字节	S1(b5～b8)	S1 的后 4 bit 表示同步质量等级
空闲字节	M1	未正式定义

4. SDH 的复用映射结构

同步复用映射方法是 SDH 的特色之一，它使数字信号的复用由 PDH 大量僵硬的硬件配置转变为灵活的软件配置。SDH 的复用分为两步：一是将不同制式的 PDH 低速信号通过映射、定位和复用成 STM-1；二是把 STM-1 通过字节间插复用成 STM-N。

ITU-T G.707 建议了 SDH 的基本复用映射结构，如图 5-13 所示。图中 SDH 的基本复用单元包括标准容器(C-n)、虚容器(VC-n)、支路单元(TU-n)、支路单元群(TUG-n)、管理单元(AU-n)和管理单元群(AUG)，其中 n 为单元等级。

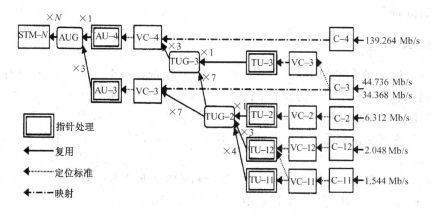

图 5-13　G.707 建议的 SDH 复用映射结构图

复用映射结构中各部分单元功能与作用简介如下。

1）标准容器 C-n

标准容器是一种用来装载各种速率等级的数字业务信号的信息结构，对应 PDH 速率体系有 C-11、C-12、C-2、C-3 和 C-4。例如 2.048 Mb/s 的 PDH 码流装进 C-12 容器里，这些容器主要完成码速调整等适配功能。

2）虚容器 VC-n

虚容器是由标准容器输出的数字流加上通道开销字节(POH)构成的，这个过程称为映射。虚容器 VC-n 根据承载净负荷容量可分为高阶和低阶虚容器，VC-11、VC-12 和 VC-2 为低阶虚容器，VC-3 和 VC-4 为高阶虚容器。

3）支路单元 TU-n 和支路单元群 TUG

TU-n 由一个相应的低阶 VC-n 和一个相应的支路单元指针 TU-n PTR 组成，即

$$TU-n = VC-n + TU-n\ PTR$$

TU-n PTR 又称为一级定位指针，它指示低阶 VC-n 净负荷起点在高阶 VC 帧内的位置。

TUG 把一些不同规模的 TU-n 组合成一个 TUG 的信息净负荷，可增加传送网络的灵活性。例如 1 个 TUG-2 由 1 个 TU-2 或 3 个 TU-12 或 4 个 TU-11 按字节间插复用而成。

4）管理单元 AU-n 和管理单元群 AUG

AU-n 由一个相应的高阶 VC-n 和一个相应的管理单元指针 AU-n PTR 组成，即

$$AU-n = 高阶\ VC-n + AU-n\ PTR$$

AU-n PTR 又称为二级定位指针，它指示高阶 VC-n 净负荷起点在 STM-N 帧内的准确位置。AU 指针相对于 STM-N 帧的位置总是固定的。

AUG 由在 STM-N 的净负荷中固定占有的 1 个 AU 或多个 AU 集合构成。例如 1 个

AUG 由 1 个 AU - 4 或 3 个 AU - 3 按字节间插复用而成，在 AUG 中加入段开销后便可进入 STM - N。

　　5）指针

指针除了可用来指定信息净负荷的起点位置，在 SDH 中还可用来调整频率或相位，以便实现码流同步。

5.2.2　SDH 传送网

传送网与传输网是电信网中的两个常用概念。传送网是一个强调逻辑功能的网络，定义为在不同地点之间传递用户信息的全部功能的集合，它与传输网的概念存在着一定的区别。传输网是一个强调物理实体的网络，它是由具体设备集合组成的。在某种意义下，传送网或传输网都可泛指全部实体和逻辑网。本节将从逻辑的角度简单描述有关传送网的定义和规范。

传送网是一个复杂、庞大的网络，为了设计和管理方便，传送网也采用垂直方向分层（Layering）的概念。SDH 传送网分层模型如图 5 - 14 所示。

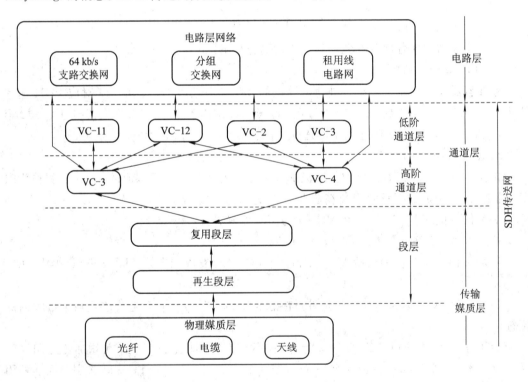

图 5 - 14　SDH 传送网分层模型

1. 电路层

电路层（对应 OSI 的链路层和网络层）主要为用户提供各种交换数字业务信号，它包括电路交换网提供的语音信号、分组交换网提供的数据信号，以及宽带交换信号（如异步转移模式 ATM 信号），还有 LAN（局域网）、MAN（城域网）的计算机网信号和图像信号等。

2. 通道层

通道层(对应 OSI 的物理层)主要实现使不同类型电路层信号通过接口进入 SDH 终端的功能。其步骤是首先通过适配进入虚容器(如 VC - 12),处理后在高阶复用汇合,并提供通道连接和通道监视等功能。

3. 传输介质层

传输介质层(仍对应 OSI 物理层)又分为段层和物理介质层。

(1) 段层可分为复用段层和再生段层。复用段层为通道层提供同步和复用功能,完成复用段开销 MSOH 的处理、监视和传递等功能;再生段层完成再生段开销 RSOH 的处理、监视和传递等功能。

(2) 物理介质层可分为光纤、电缆、微波和卫星传输介质。光纤是最适合于传送 SDH 信号的传输介质,因此称用光纤线路传输 SDH 信号的传输网为"光同步传输网"。

5.2.3 SDH 的基本网元及组网保护

1. SDH 的基本网元

从 SDH 的基本概念和帧结构可知,SDH 技术本身只是对各种速率信息进行电域的时分复用处理,而 SDH 的网络单元设备却是在完成电域的时分复用处理基础上再加光收发模块,从而实现各种速率信息在光域介质中的传输。因此,SDH 设备是根据 SDH 帧结构、复用方式和光收发模块集成而设计的。SDH 基本网络单元包含终端复用器(TM)、分插复用器(ADM)、再生中继器(REG)和数字交叉连接器(DXC)等,下面进行简单介绍。

1) 终端复用器(TM)和分插复用器(ADM)

SDH 的基本网元中最重要的两个网元是 TM 和 ADM,以 STM - 1 等级为例,其各自的功能如图 5 - 15 和图 5 - 16 所示。

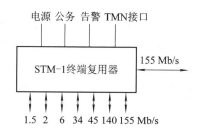

图 5 - 15 STM - 1 终端复用器 TM

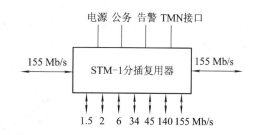

图 5 - 16 STM - 1 分插复用器 ADM

TM 设备的主要任务是将 PDH 各低速支路信号纳入 STM - 1 帧结构,并经电—光转换为 STM - 1 光线路信号,其逆过程正好相反。

ADM 设备可以替代 TM 作为终端复用器,其内部结构如图 5 - 17 所示。它可以在系统中间站方便地将支路信号从主信号码流中提取出来,也可将支路信号方便地插入到主信号码流中,还可以将西向线路的 STM - 1 光信号穿到东向线路上,从而方便地实现网络中信号码流的分配、交叉与组合。另外,ADM 也具有电—光转换、光—电转换功能。

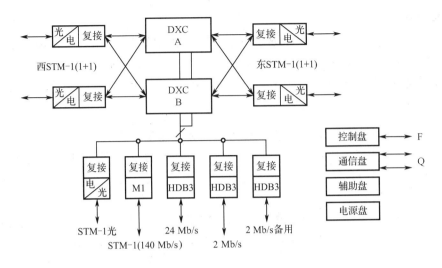

图 5-17　ADM 内部结构图

2) 再生中继器(REG)

REG 设备如图 5-18 所示，其原理和作用与第 5.1.1 节中的光中继器类似，此处不再赘述。

图 5-18　再生中继器图

3) 数字交叉连接器(DXC)

DXC 设备是 SDH 网络的重要网元。在 SDH 中，DXC 实现交叉连接可以是多等级速率支路或线路信号。比如支路或线路可以是各同步传递模块 STM-N(N=1, 4, 16, 64)，也可以是更低等级的信号。通常用 DXCm/n 表示一个 DXC 类型，其中 $m \geqslant n$，m 表示接入速率最高等级，n 表示参与交叉连接的最低速率等级。DXC 的交叉结构如图 5-19 所示。

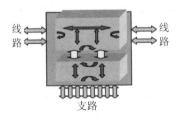

图 5-19　DXC 的交叉结构

2. SDH 的网络结构

SDH 网络拓扑的选择应综合考虑网络的生存性，网络配置的难易以及网络结构是否适合新业务的引入等多种因素。SDH 网络由 SDH 网元设备通过光缆互连而成，其基本网络的物理形状(拓扑结构)主要有 5 种类型如图 5-20 所示。

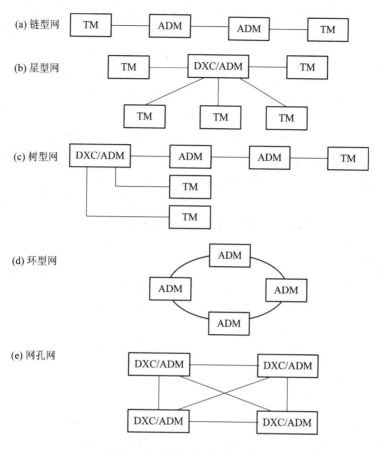

图 5-20　SDH 基本拓扑的结构

1）链型网

将通信网中的所有节点串联起来，首末两端开放配置 TM，中间各节点配置 ADM 或 REG，构成比较经济的线型（链型）拓扑网。

2）星型网和树型网

网中有一个特殊点以辐射的形式与其余所有点直接相连，而其余点之间互相不能直接相连，便构成了星型拓扑。当末端点连接到几个特殊点时就形成了树型拓扑。星型网和树型网都适合于广播式业务，而不适合提供双向通信业务。

3）环型网

将链型网首末两开放点相连接便形成了环型网。环型网的最大优点是具有很高的网络生存性，因而在 SDH 网中受到特别的重视，在中继网和接入网中也得到广泛的应用。

4）网孔网

当涉及通信的许多点直接相连时就形成了网孔网拓扑。网孔网拓扑不受节点瓶颈问题的影响，两点间有多种路由可选，网络可靠性高，适合于业务量很大的干线网。

我国的 SDH 网络结构一般都采用有自愈功能的环型网结构。

3. SDH 自愈环网原理

SDH 传输网中所采用的网络结构有多种，其中环型结构才具有真正意义上自愈功能，故称为自愈环，即网络在无需人为干预的情况下，就能在极短时间内(ITU-T 建议小于 50 ms)从失效状态自动恢复所携带的业务，使用户感觉不到网络已出现了故障。

SDH 环型网络保护原理有 1+1 保护方式和 1:1 或 1:n 保护方式。1+1 保护方式是指发端在工作/保护两根光纤上发送同样的信息(并发)，收端在正常情况下选收工作光纤上的业务，在工作光纤损坏时，选收保护光纤的备用业务，即"双发选收"，也称为热备份。1:1 保护方式是将每一根光纤信道一分为二，一半为工作信道，一半为保护信道。在正常时，发端在工作信道上发主用业务，在保护信道上发额外业务(低级别业务)，收端从工作信道收主用业务，从保护信道收额外业务。当工作信道损坏时，发端将主用业务转发到另一根光纤的保护信道上，收端将切换到从保护信道"选收"主用业务，此时额外业务被终结，也称为冷备份。1:n 保护方式是指一条保护信道保护 n 条工作信道，这时信道利用率更高，但一条保护信道只能同时保护一条工作信道，所以系统可靠性降低了。

1) 二纤单向通道保护环

二纤单向通道保护环的结构如图 5-21(a)所示，它采用 1+1 保护方式。若环型网中网元 A 与 C 互通业务，网元 A 和 C 都将业务"并发"到工作光纤 S1 和保护光纤 P1 上，S1 和 P1 上所传业务相同且流向相反。在网络正常时，信息由网元 A 插入，一路由 S1 携带，经 B 网元到达 C 网元，另一路由 P1 携带，经 D 到达 C 网元，网元 C 自动"选收"工作光纤 S1 上 A 到 C 的业务，完成网元 A 到网元 C 的业务传输。同理，C→A 方向传送业务的过程与 A→C 类似，不再赘述。

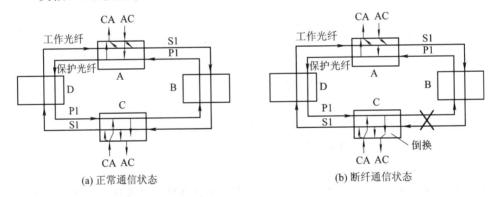

(a) 正常通信状态   (b) 断纤通信状态

图 5-21   二纤单向通道保护环

当 B、C 间出现断纤故障时，如图 5-21(b)所示，这时网元 A 与 C 之间的业务是如何被保护的呢？网元 A、C 在环上业务的"并发"功能没有改变，由于 B 与 C 间光纤断开，所以 S1 环上的业务无法传到网元 C，此时网元 C 立即切换选收保护光纤 P1 环上的 A 经 D 到 C 的业务。于是 A 到 C 的业务得以恢复，完成环上业务通道保护功能。

同样网元 C 到网元 A 的业务，由于 B 与 C 间光纤断开，因此 P1 环上的 C 到 A 业务无法传到网元 A，而 S1 环上的 C 到 A 业务经网元 D 传到 A 并未断纤，再加上网元 A 本身设置为默认选收 S1 上的业务，这时网元 C 到网元 A 的业务并未中断，网元 A 不做保护倒换。

2) 二纤双向复用段保护(倒换)环

二纤双向复用段保护(倒换)环的结构如图 5-22(a)所示，它采用 1:1 保护方式。从图 5-22(a)可见，S1 和 P2、S2 和 P1 的传输方向相同，由此人们设想采用时隙分割技术，将每一根光纤上的总时隙数信道一分为二，如 STM-1～STM-N/2 和 STM-(N/2)+1～

$STM-N$，前半时隙组 $STM-1$～$STM-N/2$ 分为工作信道 S1，用于传送主用业务，后半时隙组 $STM-(N/2)+1$～$STM-N$ 分为保护信道 P2，用于传送额外业务，这样可将 S1 和 P2 的信号置于一根光纤（即 S1/P2 光纤）上，同样 S2 和 P1 信号也可同时置于另一根光纤（即 S2/P1 光纤）上。下面以网元 A 与 C 间的信息传递为例，说明其工作原理。

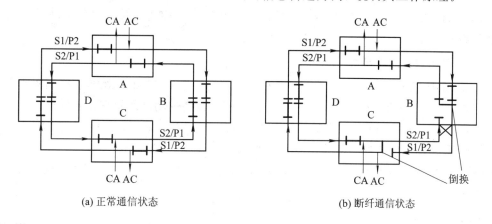

图 5-22　二纤双向复用段保护（倒换）环

在网络正常时，信息由网元 A 插入，首先是由 S1/P2 光纤的前半时隙组（例如 STM-16 系统中前 1～8 个 STM-1）所携带，经网元 B 到 C 网元，完成由网元 A 到 C 间的信息传送，而当信息由网元 C 插入时，则是由 S2/P1 光纤的前半时隙组来携带，经网元 B 到达 A 网元，从而完成由网元 C 到 A 的信息传递。

当网元 B、C 间出现断纤故障时，如图 5-22(b)所示，信息由网元 A 插入，首先由 S1/P2 光纤的前半时隙组携带，到达网元 B。通过环回功能，将 S1/P2 光纤前半时隙组所携带的信息桥接装入 S2/P1 光纤的后半时隙组信道，此时 S2/P1 光纤 P1 时隙组信道上的额外信息被冲掉了，然后经网元 A、D 传输到达 C，在 C 处利用其环回功能，又将 S2/P1 光纤中后半时隙组所携带的信息置于 S1/P2 光纤的前半时隙组中，从而实现由网元 A 到 C 的信息传递。由 C 插入的信息则首先被送到 S2/P1 光纤的前半时隙组中，经网元 C 的环回功能转入 S1/P2 光纤的后半时隙组信道，沿线经网元 D、A 到达 B，又由网元 B 的环回功能处理，将 S1/P2 光纤后半时隙组中携带的信息转入 S2/P1 光纤的前半时隙组信道传输，最后到达网元 A，以此完成由网元 C 到 A 的信息传递。

5.2.4　基于 SDH 的 MSTP 组网应用

1. MSTP 的基本概念

多业务传送平台（MSTP）是基于 SDH 发展演变而来的。MSTP 采用 SDH 平台，可实现 TDM、ATM 及以太网业务的接入、处理和传送，并提供统一网管的多业务节点接口。

MSTP 可以将传统 SDH 的 TM、DXC、网络二层交换机和 IP 边缘路由器等多个独立的设备集成为一个传输或网络设备的处理单元，优化了数据业务对 SDH 虚容器的映射，从而提高了带宽利用率，降低了组网成本。

MSTP 除了具有标准 SDH 传送节点所具有的功能外，在原 SDH 上还增加了多业务处理功能，主要如下：

（1）支持多种业务接口：MSTP 支持话音、数据、视频等多种业务，提供了丰富的业务（TDM、ATM、和以太网业务等）接口。

（2）带宽利用率高：MSTP 具有以太网和 ATM 业务的点到点透明传输和二层交换能力，支持宽带统计复用，传输链路的带宽利用率高。

（3）组网能力：MSTP 支持链、环（相交环、相切环）、甚至无线网络的组网方式，具有极强的组网能力。

2. MSTP 的功能块模型

基于 SDH 的 MSTP 设备，应具有 SDH 处理功能、ATM 业务处理功能和以太网/IP 业务处理功能。YD/T 1238－2002 中规定了 MSTP 设备的功能块模型技术要求。

如图 5－23 所示，MSTP 设备是由多业务处理模块（含 ATM 处理模块、以太网处理模块等）和 SDH 设备构成的。多业务处理模块端口分为用户端口和系统端口。用户端口与 PDH 接口、STM－N 接口、ATM 接口、以太网接口连接，系统端口与 SDH 设备的内部电接口连接。

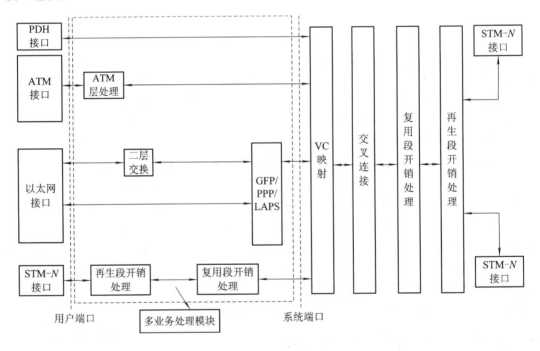

图 5－23　MSTP 的基本功能块模型

3. MSTP 组网应用

MSTP 除了可用于城域网外，还可提供高质量的二层以太网业务，以及为大客户提供高质量的数据专线和透明 LAN 业务，并以较小颗粒实现动态可调，具有可靠的 QoS 保证。下面介绍一种常用的 MSTP 在大客户专线组网中的应用。

大客户专线组网一般用于企业总部与分部之间互相通信的场合。在 IT 业发达地区，电信运营商有近 80％的收入来自企业，国内外新兴电信运营商都将目标瞄向了大客户企业带宽增长需求，重视对大客户专线组网的支持。MSTP 专线组网示例如图 5－24 所示。

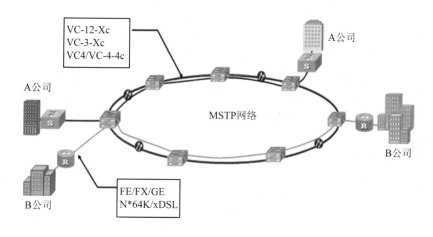

图 5 - 24　MSTP 专线组网示例

5.3　DWDM/OTN 光网络

光波分复用是在光纤通信中引入的一种新的扩容方式。它将多个不同光波长的光纤通信系统信号复用在一根光纤内进行传输,这些不同波长的光信号所承载的可以是不同速率、不同数据格式或不同种类的信号,从而大大提高了信息传输容量。目前国际上已有 4×2.5 Gb/s、8×2.5 Gb/s、6×2.5 Gb/s、40×2.5 Gb/s、32×10 Gb/s 和 80×10 Gb/s 商用化密集型波分复用(DWDM)系统。实验室已实现了 82×40 Gb/s 的速率,传输距离可达 300 km。本节首先介绍光波分复用和光传送网(OTN)的概念,然后着重对 DWDM 系统结构,以及基于 DWDM 的 OTN 分层、帧结构、复用映射、新增基本网元和组网保护等进行讨论。

5.3.1　DWDM 的基本概念

1. 光波分复用的定义

把不同波长的光信号复用到一根光纤中进行传输(每个光波长承载一个 TDM 电信号或模拟电信号等)的方式统称为光波分复用。光波分复用可分为波分复用(WDM)、粗波分复用(CWDM)和密集波分复用(DWDM)。WDM 是指在不同低损耗窗口(如 1310 nm 和 1550 nm 波长)对光波进行复用;CWDM 是指对相邻波长间隔为 20 nm 的多个波长的光波进行复用;DWDM 是指在 1550 nm 波长的同一低损耗窗口对相邻波长间隔较小(0.8～1.6 nm 量级)的多个光波进行复用,如图 5 - 25 所示。

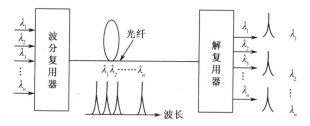

图 5 - 25　DWDM 原理的示意图

WDM 和 DWDM 的主要区别在于复用时的波长间隔 $\Delta\lambda$ 不同。WDM 在 1310 nm 和 1550 nm 两个窗口上实现复用，其复用时的波长间隔 $\Delta\lambda$ 在 $200\sim250$ nm 之间；DWDM 复用的波长间隔 $\Delta\lambda$ 可取为 1.6 nm(频率间隔约 200 GHz)、0.8 nm(频率间隔约 100 GHz)、0.4 nm(频率间隔约 50 GHz)、0.2 nm(频率间隔约 25 GHz)。因 DWDM 传输的波长数量较多，故总传输容量也较高。由于复用的波长间隔小，因此 DWDM 要求光源的波长精确、稳定且谱宽较窄，这样导致设备价格昂贵、控制技术复杂。因而 DWDM 较适用于长途干线传输系统。

　　近年来，宽带城域网正成为电信网络建设的热点，由于城域网传输距离短，业务接口复杂多样，如果应用长途干线传输的 DWDM 技术，就会造成成本的大幅度提高。CWDM 技术在系统成本、性能及可维护性等方面与 DWDM 相比具有明显的优势，逐渐成为日益增长的城域网主流技术。CWDM 复用波长间隔 $\Delta\lambda < 10\sim20$ nm。ITU 针对 CWDM 的工作波长通过了 G.694.2 建议，其工作波长为 $1270\sim1610$ nm，共设有 18 个通道。

2. DWDM 系统模型

　　二纤单向 DWDM 系统模型将所有波长的光通路同时在一根光纤上沿同一方向传输，其原理如图 5-26 所示。发射端将载有各种信息、具有不同波长的已调光信号 $\lambda_1,\lambda_2,\cdots,\lambda_n$，通过光复用器组合在一起，并在一根光纤中单向传输，由于各种信号是通过不同光波长携带的，因而彼此之间不会混淆。接收端通过光解复用器将不同波长的光信号分开，完成多路光信号的传输任务，反方向传输则通过另一根光纤进行，其原理相同。

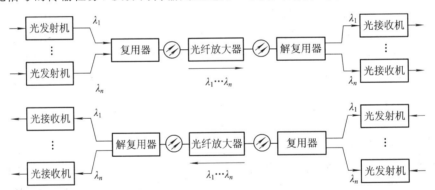

图 5-26　二纤单向 DWDM 系统模型

　　单纤双向 DWDM 系统模型将光通路在一根光纤上同时实现两个不同方向的传输，其原理如图 5-27 所示。该模型所用波长相互分开，以实现双向全双工的通信。

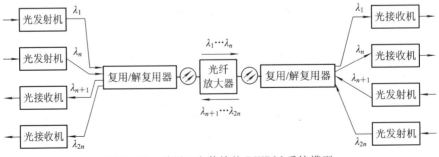

图 5-27　单纤双向传输的 DWDM 系统模型

实用点到点 DWDM 系统模型主要由 5 部分组成：光发射机、光线路放大器、光接收机、光监控信道接收/发送器和网络管理系统，如图 5 - 28 所示，下面分别对各部分做简介。

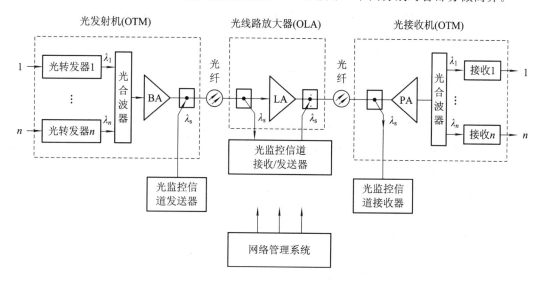

图 5 - 28　实用点到点 DWDM 系统模型的基本结构

1）光发射/接收机（OTM）

光发射/接收机（光终端复用器 OTM）的主要功能是完成 DWDM 系统的光信号的发送与接收。

光发射机（OTM）位于 DWDM 系统的发送端。首先把 $1\sim n$ 个来自终端设备（如标准的 SDH 信号、ATM 信号、Ethernet 信号等）的光信号送到 DWDM 系统光发射机的前端口，利用光转发器 OTU 把符合 ITU - T G.957 建议的非特定波长的光信号转换成符合 ITU - T G.692 建议的特定波长光信号，再通过光合波器复用成为多路光信号，并通过光功率放大器（BA）放大后与插入的光监控信号再次复用，最后送入光纤信道进行传送。

光接收机（OTM）位于 DWDM 系统的接收端。首先将光监控信号与业务信号分离，然后把经长途损耗了的主业务弱光信号（$1530\sim1556$ nm）送入前置放大器（PA）进行放大，由分波器从业务信道中分出各种波长的光信号后送入接收机。接收机不仅要满足灵敏度、过载功率等参数的要求，还要能接收有一定光噪声的信号，且有足够 O/E 的电带宽特性。

2）光线路放大器（OLA）

信号传输一定距离后，需要用掺铒光纤放大器（EDFA）对多波长的光信号进行线路放大。在应用时可根据具体情况，将 EDFA 用作"线放"（LA 或 OLA）、"功放"（BA 或 OBA）和"前放"（PA 或 OPA）。

3）光监控信道接收/发送器（OSC）

由 OSC 实现的光监控信道主要用于监控系统内各信道的监控信息传输。在光发射机端，插入本节点产生的光监控信号波长为 λ_s（1310 nm 或 1480 nm 或 1510 nm＋10 nm）、码型为 CMI、速率为 2 Mb/s 的光监控信号，与业务信道的光信号合并输出；在光接收机端，将接收到的监控光信号分离，分别输出 λ_s 波长的光监控信号和业务信道光信号。光监控信号在整个传输中没有参与放大，但在每个站点都被接收、再生和重新发送。光波分复用的帧同步字节、公务字节和网管所用的开销字节等都是通过光监控信道来传送的。

4）网络管理系统

网络管理系统通过光监控信道物理层传送开销字节到其他节点或接收来自其他节点的开销字节对 WDM 系统进行管理，实现配置管理、故障管理、性能管理和安全管理等功能，并与上层电信管理系统（如 TMN）相连。

5.3.2　DWDM 的基本网元及组网保护

1. DWDM 的基本网元设备

DWDM 的基本网元设备一般按用途可分为：光发射/接收机或光终端复用器（OTM），光线路放大器（OLA）、光分插复用器（OADM）和光交叉连接器（OXC）等。

1）光终端复用器（OTM）

OTM 是 DWDM 系统模型中将光发射/接收机集合而成的网元，功能与光发射/接收机一致，其功能示意图如图 5-29 所示。

2）光线路放大器（OLA）

OLA 安装在中继站上，用于放大双向传输的光信号、延伸无电中继的传输距离。OLA 的功能主要是对多个光载波进行放大，其功能示意图如图 5-30 所示。

图 5-29　OTM 功能示意图　　　　　　　图 5-30　OLA 基本功能示意图

3）光分插复用器（OADM）

在 DWDM 环型网中，OADM 是不可缺少的基本网元，主要用于本地业务通道的分插、其他业务通道的直通，其功能示意图如图 5-31 示。

OADM 设备是将光复用、解复用、直通、发/收端波长转换器、光预/光前置放大器等功能综合于一体的设备，具有灵活的上下波长功能（可将各波长信号插入到主信号码流中，也可将各波长信号从主信号码流中提取出来），广泛用在网络设计上，如图 5-32 所示。

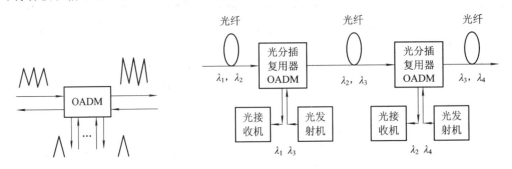

图 5-31　OADM 功能示意图　　　　　　图 5-32　OADM 在网络中的应用

4）光交叉连接器（OXC）

OXC 与 DXC 在网络中的作用相同，但功能实现方法有所不同，OXC 是对光信号交叉连接，并可以对不同传输代码格式和不同速率等级（如 PDH、SDH 和 ATM 等各种速率和格式)的光信号进行交叉连接,实现光波分复用网的自动配置、保护/恢复和重构。

光交叉连接器通常分为两类,即光纤交叉连接器和波长交叉连接器,这里仅对前一类的结构和工作原理进行介绍。光纤交叉连接器连接多路输入、输出光纤,如图 5-33 所示,每根光纤上所有的光波长信号一起参与交叉连接。这种交叉连接器只有利用空分交换开关才能实现,交换的基本单位是一根光纤上所有的光波长,而不是一个波长,不能实现波长选路。

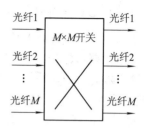

图 5-33　光纤交叉连接器

2. DWDM 的网络结构

DWDM 系统的应用及 OADM、OTM、OXC 和光交换设备的出现,使得各系统可连接成全光网。其连接方式与一般网络拓扑类型类似,可分为链型、星型、环型、树型、网孔型等。其中 DWDM 最基本的组网方式为点到点链型网方式和环型网方式以及由这两种方式组合的其他复杂的网络形式。

1) 链型网

链型 DWDM 网络组成实例如图 5-34 所示,它由 OTM、OADM、STM-16 支路信号设备组成。

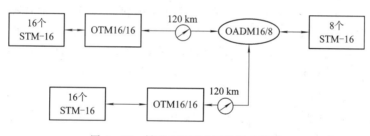

图 5-34　链型 DWDM 网络组成实例

2) 环型网

环型 DWDM 网络示意图如图 5-35 所示。

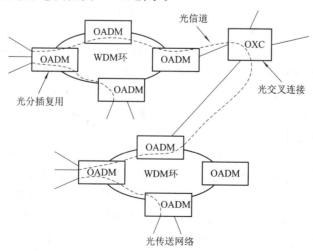

图 5-35　环型 DWDM 网络示意图

3. DWDM 自愈环网原理

DWDM 网络保护与恢复的方法较多，主要表现在光线路故障的保护与恢复和光通道（光电器件）故障的保护与恢复，具体分析与 SDH 网络类似。此网络保持了较高的生存性，具有自愈功能，可分为单纤环、二纤环等。以下主要介绍二纤单向通道保护环和二纤双向共享保护环。

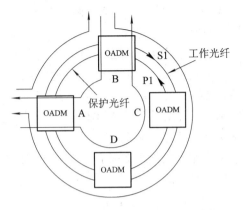

图 5 - 36　二纤单向通道保护环的结构

1）二纤单向通道保护环

二纤单向通道保护环是当前研究最多、也是比较成熟的一种环型网物理结构，它采用1＋1保护方式。二纤单向通道保护环的结构如图5 - 36 所示。若环网中 A、B 业务互通，在网络正常工作时，网元 A 将业务"并发"到工作光纤 S1 和保护光纤 P1，所传业务相同且流向相反。即信息由网元 A 插入，经 S1 直达 B 网元。同时另一路信息由网元 A 插入，由 P1 经 D、C 网元到达 B 网元，在网元 B 自动"选收"工作光纤 S1 上 A 到 B 的业务，完成 A 到 B 网元的业务传输。同样，信息由网元 B 插入后，分别由 S1 和 P1 携带，前者经网元 C、D 到达网元 A，后者由 P1 直达网元 A，在网元 A 仍然"选收"S1 上 B 到 A 的业务，完成 B 到 A 网元的业务传输。当 A、B 网元间出现断纤故障时，A 到 B 的业务实际传输是经 P1 到 D、C 网元再到达 B 网元，而 B 到 A 的业务实际传输的路由不变，仍经 S1 到 C、D 网元最终到达 A 网元，这里由接收端从 P1 光纤中选择光信号实现业务传输的恢复。此保护方式使用"源端并发，宿端选优"的配置方式，不需要协议就可以完成通道恢复。

2）二纤双向共享环

二纤双向共享环类似于 SDH 的复用段保护环，它采用 1∶1 保护方式，将每一根光纤上的波长信道一分为二（平分），即 $\lambda_1 \sim \lambda_{N/2}$ 和 $\lambda_{N/2+1} \sim \lambda_N$。如图 5 - 37(a)所示，S1/P2 的含义是在光纤 1 上把前半段波长信道组 $\lambda_1 \sim \lambda_{N/2}$ 分为工作信道 S1，后半段波长信道组 $\lambda_{N/2+1} \sim \lambda_N$ 分为光纤 2 的保护信道 P2（或光纤 1 的额外信道）。同样，S2/P1 的含义是在光纤 2 上把前半段波长信道组的 $\lambda_1 \sim \lambda_{N/2}$ 作为工作信道 S2，后半段波长组 $\lambda_{N/2+1} \sim \lambda_N$ 也作为光纤 1 的保护信道 P1（或光纤 2 的额外信道）。

以网元 A、C 间的信息传递为例，在正常工作时，如图 5 - 37(a)所示，当信息由 A 网元插入时，首先是由光纤 1 的 S1 前半段波长信道组 $\lambda_1 \sim \lambda_{N/2}$ 携带信息，经 B 到 C 网元，信息从 C 网元提取，完成 A 到 C 的信息传送；而当信息由 C 网元插入时，则是由光纤 2 的 S2 前半段波长信道组 $\lambda_1 \sim \lambda_{N/2}$ 携带对应信息，经 B 到达 A 网元，信息从 A 网元提取，完成 C 到 A 网元的信息传递。

当 A、B 网元间出现断纤故障时，如图 5 - 37(b)所示，由于断纤故障点相连的网元 A，B 具有环回功能，这样当信息由网元 A 插入时，首先由光纤 1 的 S1 前半段 $\lambda_1 \sim \lambda_{N/2}$ 携带，经网元 A 波长转换器将前半段所携带信息转换到光纤 2 的 P1 后半段 $\lambda_{N/2+1} \sim \lambda_N$ 保护信道中，此时光纤 2 的后半段额外信息被中断，然后经过 D、C 到达 B 网元，B 再通过波长转换器又将光纤 2 的 P1 后半段波长组 $\lambda_{N/21} \sim \lambda_N$ 所携带信息置于光纤 1 的 S1 前的半段 $\lambda_1 \sim \lambda_{N/2}$ 工作信道中，最后到达 C 下业务，从而完成了 A 到 C 节点的信息传递。而由 C 网元插入的

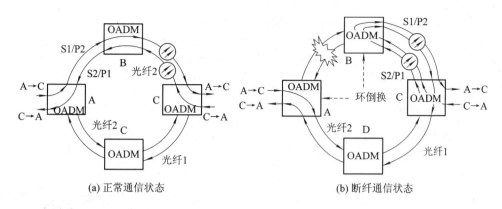

图 5 - 37　二纤双向共享环

信息则先由光纤 2 的 S2 前半段 $\lambda_1 \sim \lambda_{N/2}$ 携带，经 B 网元的波长转换器转换到光纤 1 的 P2 后半段 $\lambda_{N/2+1} \sim \lambda_N$ 保护信道中，沿线经 C、D 到达 A 网元，又由 A 网元再通过波长转换器转入到光纤 2 的 S2 前半段 $\lambda_1 \sim \lambda_{N/2}$ 工作信道中，最后从 A 网元提取出信息，以此完成由 C 到 A 的信息传递。

5.3.3　光传送网(OTN)

光传送网(OTN)是以波分复用(WDM/DWDM)技术为平台，充分吸收 SDH/MSPT 的网络组网保护能力和 OAM 的运行维护管理能力，是 SDH 和 WDM 技术优势的综合体现。OTN 技术能以大颗粒、大容量的 IP 化业务在城域骨干传送网及更高层次的网络结构里，提供电信级的网络保护恢复功能，从而大大提高了单根光纤的资源利用率。

1. OTN 的基本概念与分层结构

OTN 技术是以 WDM 技术为基础演进而来的，初期在 WDM 设备上增加了 OTN 接口，并引入了可重构的光分插复用器(ROADM)，实现了波长级别调度，起到光配线架的作用。

1999 年，ITU - T 正式提出光传送网(OTN)的概念，继而在 1999—2009 年期间，OTN 成为由 G.872、G.709、G.798 等一系列 ITU - T 建议所规范的新一代光传送技术体制。通过 ROADM 技术、OTH 技术、G.709 封装和控制平面的引入，有效解决了传统 WDM 网络子波长业务调度能力、组网能力、保护能力弱等问题。OTN 在光域内可以实现业务信号的传递、复用、路由选择、监控，并保证其性能要求和生存性。OTN 的主要特点是引入了"光层"概念，如图 5 - 38 所示为 SDH 传送网和 OTN 分层结构的对应关系，OTN 可以看成是 SDH 传送网的再生段层厚度被挤压后插入了光层。插入的光层又可分为若干子层，即光通道层(OCH)、光复用段层(OMS)和光传输段层(OTS)。这种子层的划分方案既是多协议业务适配到光网络传输的需要，也是网络管理和维护的需要。下面重点介绍光层功能。

(1) 光通道层(OCH)。OCH 负责为来自电域段层(如再生段)不同格式的客户信息(如 PDH、SDH、ATM 信元等)选择路由、分配波长和灵活地安排光通道连接、开销处理和监控等功能，从而提供端到端透明传输的光通道互联互通联网功能。

OCH 层所接收的信号来自电域段层，它是 OTN 的主要功能载体。根据 G.709 建议，

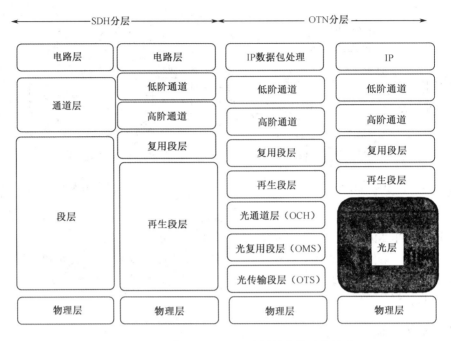

图 5 - 38　SDH 传送网和 OTN 分层结构的对应关系

OCH 层又可以进一步分为 4 层：光通道净荷单元层（OPU）、数据单元层（ODU）、传输单元层（OTU）3 个电域子层和 1 个光域的光通道 OCh 子层。

（2）光复用段层（OMS）。OMS 为相邻两个波分复用传输设备间多波长信号的完整传输提供网络功能。例如：为灵活的多波长网络选路，重新安排光复用段连接；为保证多波长光复用段适配信息的完整性而处理光复用段开销；为网络的运行（如复用段的生存性和管理）提供光复用段监控功能。

（3）光传输段层（OTS）。OTS 为光复用段信号在不同类型的光传输介质（如 G.652、G.653、G.655 光纤）上提供传输功能，并提供对光放大器的监控功能。

上述的 OCH（含 OCh）、OMS 和 OTS 所传输的信号均为光信号，故称为光层。

如图 5 - 39 所示的是单独列出的 OTN 光层的分层结构，该光层的用户信号有 IP/MPLS、ATM、Ethernet、STM - N、GbE 等，通过 OCH 边界点接入，自 OMS、OTS 完成复用和映射，最终送入光纤传输。

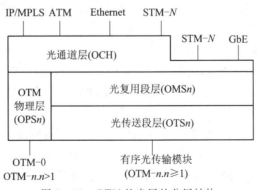

图 5 - 39　OTN 的光层的分层结构

2. OTN 的帧结构与开销

OTN 的帧结构实际上是描述 OTN 的光终端复用器 OTM 或光传送模块的实现过程。OTM 是 OTN 的关键节点设备，其功能模型如图 5-40 所示。

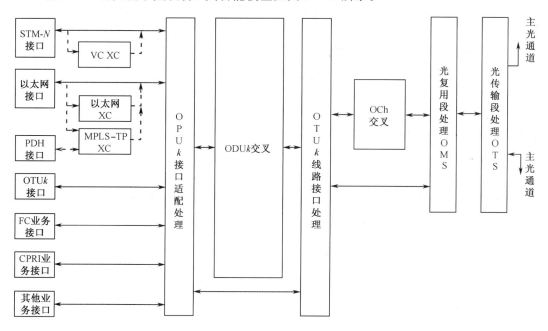

图 5-40　OTN 的 OTM 设备功能模型

OTN 技术和 SDH 技术在功能上类似，但 OTN 所规范的速率和格式有自己的标准，能提供客户层信息的传送、复用、选路、管理、监控和生存性功能。OTM 设备还包括电层域内的业务映射封装、复用和交叉，光层域的传送和交叉。OTN 组网灵活，可以组成点到点、环型和网状网拓扑。

OTM 是支持 OTN 各种接口的信息结构，它有两种结构定义，即全功能 OTM（OTM-$n.m$）和简化 OTM（OTM-$0.m$、OTM-$nr.m$），如图 5-41 所示。

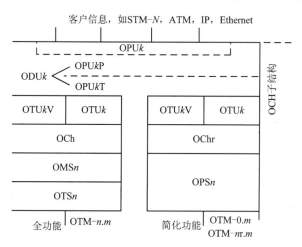

图 5-41　OTN 的全功能 OTM 和简化 OTM 的光层次结构

OTN 的帧格式与 SDH 的帧格式类似，通过引入大量的开销字节来实现基于波长的端到端业务调度管理和维护功能。用户业务信号经过 OPU、ODU、OTU 的 3 层封装最终形成 OTUk 单元，因此，OTUk 的帧结构实质就是 OTN 的电层域帧结构。在 OTN 系统中，以 OTUk 为颗粒在 OCh(光通道子层)、OMS(光复用段)、OTS(光传输段)中传送，而在进行 OTN 的 O/E/O 交叉时，则以 ODUk 为单位进行波长级调度。OTN 的 G.709 帧结构比 SDH 的 G.707 帧结构更为简单，开销更少。

　　1) OPUk 的帧结构

　　OPUk 用来承载实际要传输的用户净荷信息开销。开销主要用来配合净荷信息在 OTN 帧中的传输，即 OPUk 层的主要功能是将用户净荷信息适配到 OPUk 的速率上，从而完成用户信息到 OPUk 帧的映射过程。OPUk 开销结构规定了客户信号映射相关的信息，包括净荷类型标示、净荷映射过程中调整开销的信息。

　　OPUk 的帧结构是以字节为单位的长度固定的块状帧结构。OPUk 的帧由两部分组成，即 OPUk 开销和 OPUk 净荷。最前面的两列为 OPUk 开销(第 15、16 列)，共 8 个字节，第 17～3824 列为 OPUk 净荷，OPUk 帧结构共计 4 行 3810 列，如图 5-42 所示。

图 5-42　OPUk 的帧结构

　　2) ODUk 的帧结构

　　ODUk 的帧结构由两部分组成，分别为 ODUk 开销和 ODUk 净荷(等于 OPUk 帧)，如图 5-43 所示。ODUk(k =1，2，3)帧结构基于字节块，共计 4 行 3824 列。

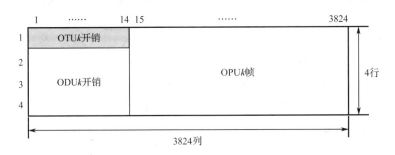

图 5-43　ODUk 的帧结构

　　ODUk 的开销占用第 2、3、4 行的前 14 列。第 1 行的前 14 列被 OTUk 开销占用。ODUk 净荷主要由 OPUk 帧组成。ODUk 的开销主要由 3 部分组成，分别为路径监控字节 PM、串接监控字节 TCM 和其他开销。

　　3) OTUk 的帧结构

　　G.709 OTUk 的帧结构如图 5-44 所示。OTUk(k=1、2、3)帧由 ODUk 帧和 OTUk

附加的前向纠错（FEC）字节两部分组成。ODUk 帧包含定帧字节、OTUk 开销字节、ODUk 开销字节、OPUk 开销字节和 OPUk 净荷字节。OTUk 帧共 4 行 4080 列，以字节为单位，总共有 $4 \times 4080 = 16\ 320$ 字节。完整的 OTUk 帧由定帧字节（FAS）、OTUk 开销字节、ODUk 开销字节、OPUk 开销字节、客户信号映射 OPUk 净荷字节和 OTUk 的用作前向纠错（FEC）的开销字节组成。OTUk 帧在发送时按照先从左到右、再从上到下的顺序逐个字节发送，不随客户信号速率而变化。

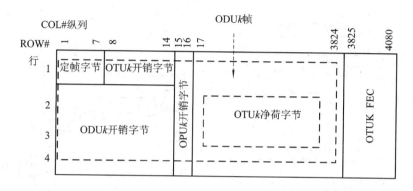

图 5-44　G.709 OTUk 的帧结构

OTUk 的帧结构与 SDH 相同，也采用了固定长度的帧结构，对于不同速率的客户信号，如 OTU1（对应 STM-16 加 OTN 开销后的帧结构和速率）、OTU2（对应 STM-64 加 OTN 开销后的帧结构和速率）、OTU3（对应 STM-256 加 OTN 开销后的帧结构和速率）等，均具有相同的信息结构，即 $4 \times 4080 = 16\ 320$ 字节，但每帧的周期也不同，帧的发送速率也不同。当客户信号速率较高时，帧周期相对缩短，帧频率加快，而每帧承载的数据信号没有增加。这与 SDH STM-N 帧不同，STM-N 帧的周期均为 $125\ \mu s$，不同速率的信号其帧的大小也不同。OTN 不需要全网同步，接收端只要根据定帧位开销（FAS）来确定每帧的起始位置即可。

OTUk 开销部分第 1 行的 $1 \sim 6$ 列为定帧字节（FAS）、第 7 列为复帧标识字节（MFAS）、第 $8 \sim 10$ 列为段层监控字节（SM）、第 $11 \sim 12$ 列为两个 OTUk 终端之间进行通信而保留的通用通信通道字节（GCC0）、第 $13 \sim 14$ 列为保留字节（RES）。GCC0 这两个字节构成了两个 OTUk 终端之间进行通信的净通道，可用来传输任何用户的自定义信息，G.709 标准中对这两个字节的格式不作定义。

OTUk 的 FEC 位置为 OTUk 信号帧的 3825 列到最后一列 4080，共 4 行。其功能增加了最大单跨距离或跨距的数目，因而可以延长信号的总传输距离。FEC 的出现降低了对器件指标和系统配置的要求。

3. OTN 的复用映射结构

OTN 的 OTM-n 用户信号的复用和映射结构如图 5-45 所示。图中基本复用和映射单元包括光通道的净荷单元 OPUk、数据单元 ODUk、光通道数据支路单元群 OD TUGk、光通道载波 OCC、OCC 群 OCG-$n.m$ 和光通道子层 OCh/OChr。

列举一条复用映射途径，如图 5-45 上的用户信号可以分别映射到 OPU1、ODU1，ODU1×4 复用到 OD TUG2。OD TUG2 作为大数据信号与另外用户信号复用到 OPU2，

OPU2 映射到 ODU2，ODU2×4 和 ODU1×16 复用到 OD TUG3。OD TUG3 信号与另外用户信号依次映射到 OPU3，OPU3 与另外的用户信号合并映射到 ODU3 和 OTU3[V]。OTU3[V] 信号可以直接映射到简化功能的光通道子层信号 OChr、光通道载波 OCCr 中。OCCr 信号波分复用到一个光通道载波群 OCG - n.m。OCG - n.m 依次映射到 OMSn、OTSn 和 OTM - n.m。

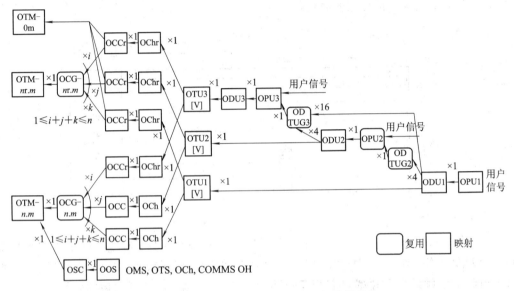

图 5-45　OTM - n 用户信号的复用和映射结构

图 5-46 更详细地描述了用户信号到 OTM 的适配过程。用户信号首先被映射到

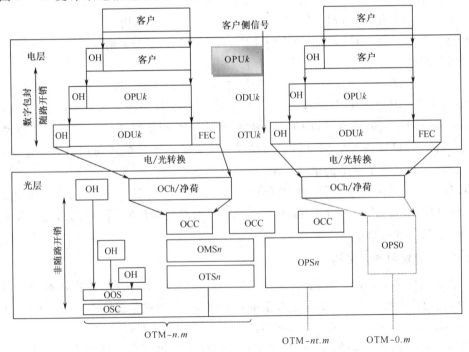

图 5-46　用户信号到 OTM 的适配过程

OPUk 的净负荷区，加上 OPUk 开销后便构成 OPUk，然后 OPUk 被映射到 ODUk，再到功能标准化 OTUk[V]。OTUk[V]信号可以直接映射到光通道子层信号（OCh 或 OChr）中。OCh 或 OChr 再被调制到光通道载波 OCC 或 OCCr，然后光通道载波信号 OCC 或 OCCr 波分复用到一个光通道载波群 OCG $- n.m$，最后 OCG $- n.m$ 依次映射到 OMSn、OTSn 和 OTM$- n.m$ 信号。

5.3.4 OTN 的基本网元及组网保护

OTN 的基本网元设备一般按用途可分为：光终端复用设备（OTM）、光线路放大设备（OLA）、光分插复用设备（OADM）、可重构光分插复用器（ROADM）、电层交叉连接器（OTH）和光电混合交叉型（OTH＋ROADM）6 种类型。本节只简单介绍 OTN 不同于 DWDM 基本网元的功能。

1. OTN 新增网元设备

1）ROADM

ROADM 是 OTN 采用的一种较为成熟的光交叉技术。相对于固定配置 OADM，ROADM 采用的是可配置光器件，可实现 OTN 节点中任意波长的上下和直通配置。

ROADM 作为 OTN 的一个关键节点设备，它可以将任意数量、任意波长的交叉调度到任意的上下路端口和任意的输出方向（即实现交叉的波长无关性和方向无关性），以灵活进行波长调度、动态重构、分叉复用和交叉连接。ROADM 的结构可以归为两大类：波长阻塞型（WB）和波长选择型（WS）。

（1）波长阻塞型 ROADM。图 5 - 47 所示是二方向的波长阻塞型 ROADM 结构示意图。每个方向的输入信号经过光前置放大器（PA）后，采用光纤耦合器（Coupler）进行分路，分别送到下路解复用器（DMUX）和波长阻塞器（WB）。波长阻塞器阻断下路波长，让直通

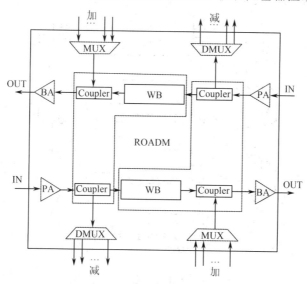

图 5 - 47 波长阻塞型 ROADM 结构

的波长与上路波长合在一起，经光功率放大器(BA)后输出。这种结构实现了波长资源的重构和多方向的波长重构，上下路较为灵活，成本较低。该结构采用了光纤耦合器进行分路，可以支持波长广播/组播功能，适应 IPTV 类业务发展的需求。

（2）波长选择型 ROADM。基于波长选择型的单方向 ROADM 结构如图 5-48 所示。由于波长选择开关(WSS)可以将输入的多波长信号中任意波长和任意数目的波长组合输出到任意输出端口上，因此，这种结构具有很强的端口和波长的重构特性，支持任意波长从任意端口上下，即具有端口的波长无关性；支持群路上下，一个光端口同时上下多个波长，并可任意选择某端口的上下路波长及波长数目；通过图 5-48 中的交叉输入/输出端口很容易扩展为多方向 ROADM，并实现不同方向波长的交叉连接，实现方向无关性。

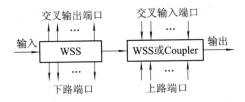

图 5-48　波长选择型的 ROADM 结构

2）OTH

电交叉设备(OTH)是指具备波长级电交叉能力的 OTN 设备，主要完成电层的波长交叉和调度，以及由电交叉连接矩阵实现 OXC 的波长交叉。交叉的业务颗粒为 $ODUk$，速率可以是 ODU1(2.5 Gb/s)、ODU2(10 Gb/s)和 ODU3(40 Gb/s)。OTH 的主要优点是适用于大颗粒和小颗粒业务，支持子波长一级的交叉，采用 O/E/O 技术使得传输距离不受色散等特性限制，其 $ODUk$ 的帧结构比 SDH 更简单，在交叉技术方面具有低成本的优势。

OTH 设备功能示意图如图 5-49 所示，图中 E-XC 为电交叉连接矩阵，通过接收机和发射机完成 O/E 和 E/O 变换。

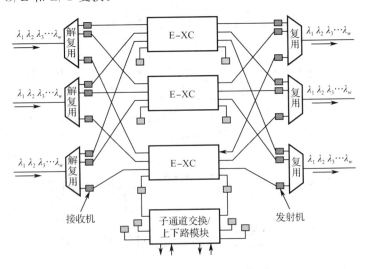

图 5-49　OTH 设备功能示意图

3）OTH＋ROADM

光电混合交叉型 OTH＋ROADM 将两个设备相结合，同时提供 $ODUk$ 电层和 OCh 光子层调度功能。波长级别的业务可直接通过 OCh 交叉，其他需要调度的子波长业务经过 ODUk 交叉，两者配合可优势互补，同时又规避了各自的劣势。OTH＋ROADM 设备不但支持电层和光层的终端复用功能，而且支持电层以 ODUk 为交叉颗粒和光层以波长为交叉颗粒的交叉连接和业务分插复用功能，并集成了 OTH 设备和 ROADM 设备的功能。

ROADM＋OTH 设备结构示意图如图 5－50 所示。

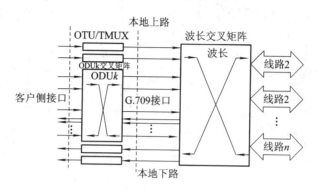

图 5－50　光电混合交叉型设备结构

2. OTN 组网保护

OTN 目前可提供如下几种保护方式：

（1）光复用段 1＋1 波长保护，如图 5－51 所示。

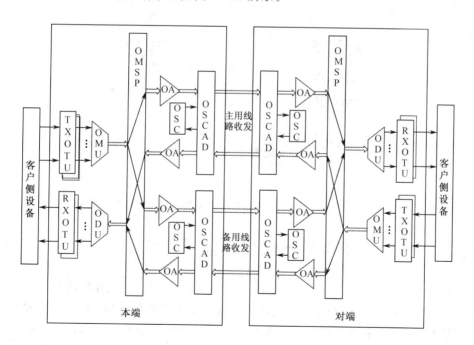

图 5－51　光复用段 1＋1 波长保护

（2）光通道 1＋1 路由保护，如图 5－52 所示。

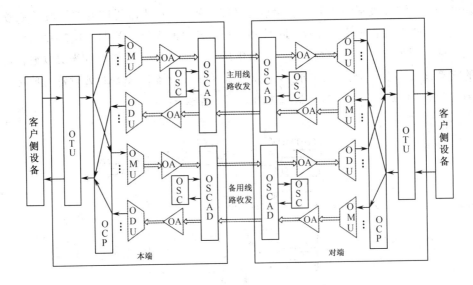

图 5-52   光通道 1+1 路由保护

5.3.5   DWDM/OTN 光网络在长途干线中的应用

DWDM/OTN 光网络在长途干线中的应用非常广泛，较多采用点到点链型网结构，例如某省干线 DWDM 传输网实验局示意图（见图 5-53），其他组网实例不再多述。

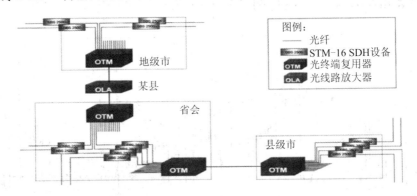

图 5-53   某省干线 DWDM 传输网实验局示意图

5.4   分组传送网络(PTN)

随着 SDH/MSTP/WDM 技术的发展，传送网的容量问题、生存性问题、QoS 保障问题已基本得到解决。为了能够灵活、高效和低成本地承载各种业务，尤其是数据业务，分组传送网络(PTN)技术应运而生。PTN 采用面向连接的分组交换技术，引起业界众多的关注，它已成为扁平化、移动化、全 IP 化的宽带网络核心技术之一，也成为了数据网和传送网融合发展的重要方向之一。PTN 大多应用于移动通信基站 NodeB 到基站控制器 RNC 之间或无线接入网 eNode 到核心网 CN 之间这一段网络的信息传输被业界称为回传。

5.4.1 PTN 的基本概念

1. PTN 的概念

PTN 是一种面向连接，以分组交换为内核，承载电信级以太业务为主，兼容传统 TDM、ATM 等业务的综合传送技术。它是针对分组业务流的突发性和统计复用传送的要求而设计的，目前主要在移动通信 3G、4G 基站回传网的 IP 化和宽带化接入传送中得到广泛应用。PTN 已形成传送多协议标签交换网络(T-MPLS)和面向连接以太网传送(PBB-TE)两大类主流实用技术，前者是传输技术与 MPLS 技术结合的产物，后者是基于电信级以太网技术。

2. PTN 的特点

PTN 网络是 IP/MPLS、以太网和传送网(如 OTN、STM-N、xDSL 等)三种技术相结合的产物，适用于承载电信运营商的无线回传网络、以太网专线、L2 VPN 以及 IPTV (Internet Protocol TeleVision)等高品质的多媒体数据业务。PTN 具有如下技术特点：

（1）基于全 IP 分组内核，具有分层的网络体系架构。秉承 SDH 端到端连接、高性能、高可靠、易部署和维护的传送理念，保持传统的网络管理能力，提供时钟同步。

（2）继承了 MPLS 的转发机制和多业务承载能力。PTN 采用 PWE3/CES(端到端伪线仿真/电路仿真业务)技术，对包括 TDM/ATM/Ethernet/IP 在内的各种业务提供端到端的、专线级别的传输管道。

（3）提供完善的 QoS 保障能力，将 SDH、ATM 和 IP 技术中的带宽保证、优先级划分、同步等技术结合起来，实现 IP 之上 QoS 敏感业务的有效传送。

总之，PTN 是具有分组和传送双重属性的综合传送技术，不仅能够实现分组交换、高可靠性、多业务、高 QoS 功能，而且还能提供端到端的通道管理、端到端的 OAM 操作维护、传输线路的保护倒换、网络平台的同步定时功能，同时所需传输成本最低。

3. PTN 的标准

PTN 有两类主流实现技术，即 T-MPLS 和 PBT(或 PBB-TE)。这两类技术具有类似的功能，都满足面向连接、可控可管的互联网传送要求，但具体细节上又有一定差别，在标签转发和多业务承载方面的主要区别如下：

（1）两者采用的标签和转发机制不同。T-MPLS 采用 MPLS 的标签交换路径(LSP)，LSP 为局部标签，在 PTN 网络的核心节点进行 LSP 标签交换；PBB-TE 采用运营商的 MAC 地址＋VLAN 标签(全局标签)，在中间节点不进行标签交换，标签处理上相对简单一些。

（2）多业务承载能力不同。T-MPLS 采用伪线仿真(PWE3)技术来适配不同类型的客户业务，包括以太网、TDM 和 ATM 等；PBB-TE 目前主要支持以太网专线业务。

5.4.2 PTN 的体系结构

1. PTN 的分层结构

按照下一代网络的体系构架，PTN(只讨论 T-MPLS)的分层结构如图 5-54 所示，其中包括：用户/客户业务层、PTN 通道层和 PTN 通路层、PTN 段层(可选)及物理介质层 4 层结构。

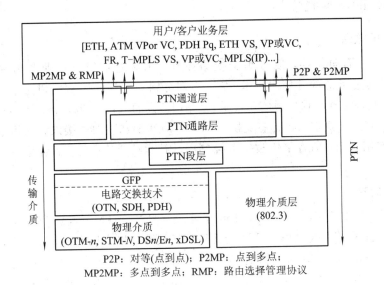

图 5-54   PTN 的分层结构

（1）用户/客户业务层：可表达任意客户信号，如以太网、IP/MPLS、TDM、ATM、FR 等。

（2）PTN 通道层和 PTN 通路层：PTN 通道层表示客户业务信息的特性，等效于 PWE3 的伪线层（或虚通道层）。该层将客户业务封装进虚通道（VC），实现客户信号点到点、点到多点、多点到多点的传送网络业务，并提供 OAM、性能监控和子网连接（SNC）保护。

PTN 通路层由封装和复用的虚通道（VC）进入虚通路（VP），并传送和交换虚通路（VP），通过配置点到点和点到多点虚通路（VP）链路来支持 VC 层网络。T-MPSL 的 VP 层即隧道层。

（3）PTN 段层：如 SDH、OTN、以太网或波长通道，主要用来提供虚拟段（VS）信号的 OAM 功能。

（4）物理介质层：所使用的传输介质，如光纤、铜缆、微波等。

2. PTN 的功能平面

PTN 按网络体系构架可垂直分为 4 层结构，按网络功能可水平分为 3 层平面，即传送平面、控制平面和管理平面，如图 5-55 所示。

1）传送平面

传送平面用于传送两点之间的用户分组信息，以及控制和管理网络信息。

需要说明的是，传送平面上的数据转发是基于标签进行的。由于 T-MPLS 与 PBT 的实现技术不同，因而各自所采用的标签也不同。

2）控制平面

控制平面是由信令网络支撑的，其中包括能够提供路由、信令、资源管理等特定功能的一系列控制元件。控制平面通过信令来支持建立、拆除和维护端到端连接的能力。

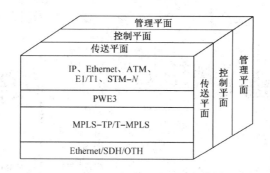

图 5-55 PTN 的功能平面

3）管理平面

管理平面用于实现网元级和子网级的拓扑管理、配置管理、故障管理、性能管理、计费管理和安全管理等功能。

5.4.3 PTN 的基本网元及组网保护

1. PTN 的基本网元及工作过程

1）PTN 的基本网元

根据网元在一个网络中所处的不同位置，PTN 网元可分为 PTN 网络边缘网元（PE）和 PTN 网络核心网元（P）两类。PE 是与客户网边缘设备（CE）直接相连的网元，常被称为网络边缘路由器；而在 PTN 中进行 VP 隧道转发或交换的网元则被称为核心网元（P）。PTN 网元在网络中所处的位置如图 5-56 所示。

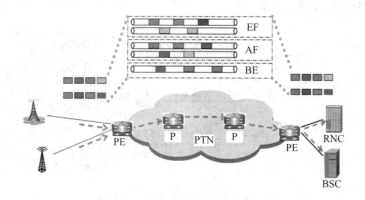

图 5-56 PTN 网元在网络中所处位置

网络入口（PE）用于识别用户业务，进行接入控制，将业务的优先级映射到隧道的优先级；转发网元（P）根据隧道优先级进行调度；网络出口（PE）用于弹出隧道层标签，以及还原业务自身携带的 QoS 信息。图 5-56 所示为 PTN 提供端到端的区域服务。

2）PTN 基本网元的工作过程

PTN 强调分组传送，实施面向连接的多业务全 IP 化统一传送过程，如图 5-57 所示。

PTN 支持 TDM、ATM、STM-N、FE、GE、10GE 等多种接口，接入链路（AC）定义为 CE 到 PE 之间的虚链路。

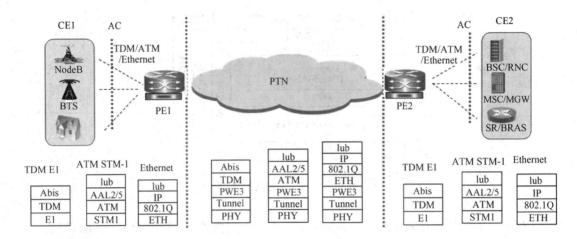

图 5-57　PTN 多业务全 IP 化统一传送原理图

通过一种端到端的业务伪线仿真技术（PWE3），可实现 TDM E1、ATM STM-1、Ethernet（ETH）业务的统一承载（传送）。PWE3 用于在 IP 或 MPLS 包交换网络（PSN）中模拟（仿真）以太网、ATM、TDM 等电信业务的属性，并对要传输的原始业务进行封装。在封装时尽可能真实地模拟业务的行为和特征，管理时延和顺序，并在 MPLS 网络中构建起标签交换路径（LSP）隧道，以透明传输客户边缘设备的各种二层业务。PWE3 可实现 TDM/ATM/ ETH 的协议处理、业务感知和按需配置。接收端对接收到的业务进行解封装、帧校验、重新排序等处理后可还原成原始业务。

在 PTN 网络中，客户数据被分配两类标签，即业务类别的伪线（PW）标签和交换路径隧道（Tunnel）标签，如图 5-58 所示。

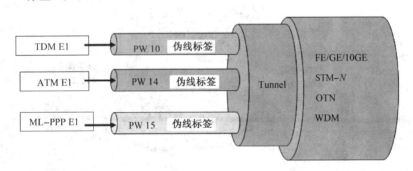

图 5-58　PTN 的两类标签示例

T-MPLS 用户数据转发过程如图 5-59 所示。用户数据转发过程分为三步：① 用户数据进入 PTN 网络的 PE 网元时，被封装进伪线 PW 报文，并加上业务类别的 PW 标签号（PW_L）和交换路径的隧道标签号（tunnel_Lx）；② 在 MPLS 中 PW 报文每经过 P 网元时，保留 PW 标签号（PW_L）转发隧道标签号（tunnel_Ly）；③ 当 PW 报文要离开 PTN 网络的 PE 网元时，剥离标签还原成用户数据。

2. PTN 的网络保护机制

PTN 的网络结构及保护机制与 SDH 网络相似。这里只对 PTN 链型网络、环型网络和网络边缘保护机制作简单介绍。

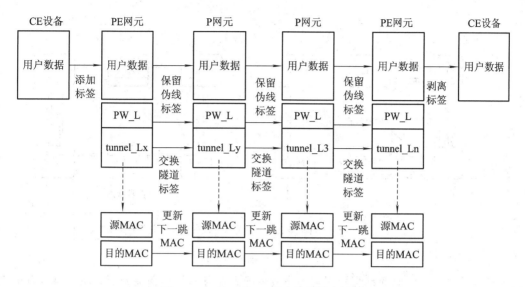

图 5-59 T-MPLS 用户数据转发过程

1）链型网络保护倒换

PTN 链型网络保护倒换分为单向 1＋1 T-MPLS 路径保护和双向 1：1 T-MPLS 路径保护两种。该模式可应用于如基站回传以及大客户专线等重大业务中，以保障端到端的质量。

在单向 1＋1 T-MPLS 路径保护倒换中，通常情况下，发送端业务同时输入到 S1 工作纤和 P1 保护纤传送实体中，同时传输到接收端，接收端接收 S1 工作纤传送的业务信号。当 S1 工作纤发生重大故障后，接收端接收 P1 保护纤传送的业务信号，即"双发选收"，如图 5-60 所示。

在双向 1：1 T-MPLS 路径保护倒换中，P1 保护纤专门保护 S1 工作纤业务信号。正常情况下，S1 工作纤传送业务信号，P1 保护纤传送无业务信号。当 S1 工作纤发生重大故障后，业务信号利用 P1 保护纤传送，接收端选择 P1 纤接收业务信号，如图 5-61 所示。

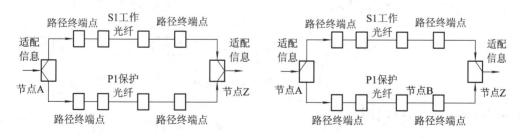

图 5-60 单向 1＋1 T-MPLS 路径保护倒换   图 5-61 双向 1：1 T-MPLS 路径保护倒换

2）环型网络保护倒换

PTN 环型网络保护倒换分为环回和转向两种。

环回保护工作原理与 SDH 复用段保护很相似，当检测到网络故障导致业务信号传送失效时，故障两侧节点发出倒换请求，业务信号将利用倒换开关重构的路径继续传送；当网络故障清除时，业务信号依据 APS 协议返回原工作路径传送，如图 5-62 所示。

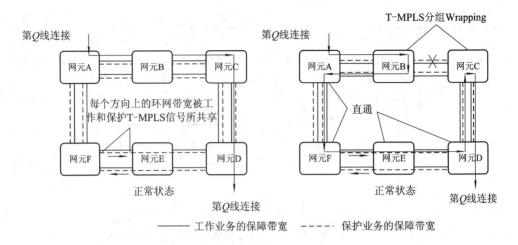

图 5-62　环型保护倒换

转向保护的工作原理是当检测到网络故障导致业务信号传送失效时，环型网所有节点发生倒换，业务信号利用倒换重构的与原路径完全相反的路径传送信号，当网络故障清除后，业务信号依据 APS 协议重返原工作路径传送。

3）网络边缘保护机制

网络边缘保护机制即双归属保护机制，其工作原理是当 PTN 接入环与汇聚环相连时，如果接入环挂在两个汇聚节点下就叫作归属。PTN 在与 RNC 连接过程中采用双归属保护，这样当主用链路失效时，可将业务切换到备用链路进行传送（类似"选发选收"），在此过程中保证业务不中断。其组网模型如图 5-63 所示。

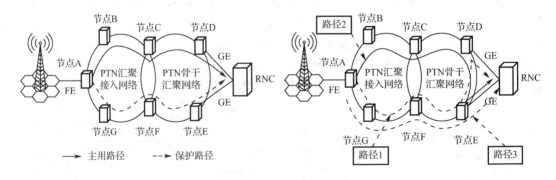

图 5-63　双归属保护倒换

5.4.4　PTN 的组网应用

基于 PTN 网元设备的组网策略已成为各移动运营商关注的焦点。一个完整的全程全网大概分为接入网（接入层）、城域网（核心层/汇聚层）、骨干网。骨干网的干线传输一般采用 SDH、OTN 或 DWDM 设备。PTN 的优势非常适合于城域网的核心层/汇聚层、接入网的接入层 IP 化大业务量、突发性强的特点，如图 5-64 所示。目前正在研究新型 PTN 技术在省内核心层组网的使用方案，如图 5-65 所示。

根据 PTN 现有网元设备，PTN 的应用主要定位于移动通信基站回传信号的组网应

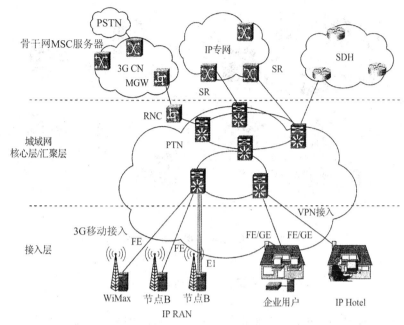

图 5-64　PTN 在网络中的应用定位

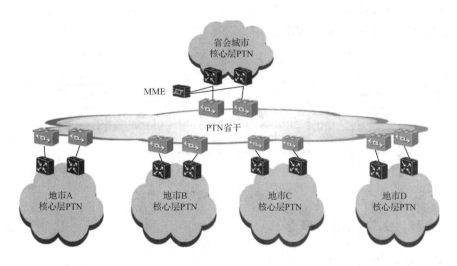

图 5-65　新型 PTN 核心层组网方案

用，如图 5-66 所示。结合 5G 回传网络的特征，我国三大运营商都已明确前期的 5G 回传网络技术路线选择，中国移动的 5G 新建传输网络将采用切片分组传送（SPN）技术方案；中国电信和中国联通在城域主要采用现网 IPRAN 扩容或新建 IPRAN 增强 SR（Segment Routing，段路由）和 EVPN（Ethernet Virtual Private Network，以太网 VPN）技术方案，在省内干线主要采用 IP 承载网 over WDM/OTN 的联合组网方案。

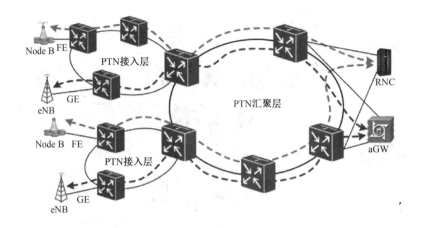

图 5 - 66　3G 网络后期应用 PTN 组网

5.5　光 纤 接 入 网

　　接入网(Access Network，AN)是把用户接入到核心网的网络，它处于整个通信网的边缘，是用户各种业务接入核心网的边缘交换机的"最后一段路程"或"最后一千米"的传输网络。在 ITU - T G.902 关于接入网的框架建议中对接入网定义为：接入网由用户网络接口(User - to - Network Interface，UNI)和业务节点接口(SNI)之间的一系列传输实体(例如线路设施和传输设备)组成，如图 5 - 67 所示。

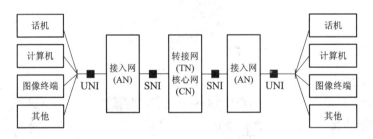

图 5 - 67　接入网在通信网中的位置

5.5.1　光纤接入网的基本概念

1. 光纤接入网的基本概念

　　光纤接入网(Optical Access Network，OAN)由 UNI 和 SNI 之间一系列光的传输实体(例如光纤线路、光器件和光传输设备)组成，其接口及参考配置应符合 ITU - T G.982 建议，如图 5 - 68 所示，其中，OLT 是光线路终端，ODN 是用光无源器件和光纤构成的光配线网，ONU 是光网络单元，AF 是适配设施，OAM 是系统管理单元。

　　图 5 - 68 的上、下两部分分别代表不同的光纤接入网，图的上部分为无源光网络(PON)功能参考配置，图的下部分为有源光网络(AON)功能参考配置，PON 和 AON 的区别在于 AON 中用电的复用器(ODT)来完成分路，而 PON 中用无源光分配网(ODN)来完成分路。本节重点介绍 PON 接入技术。

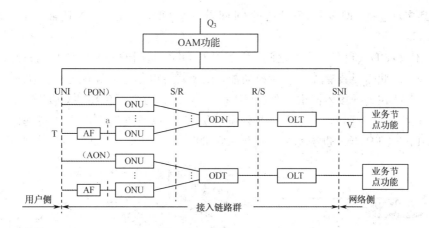

图 5-68　OAN 的功能参考配置

与其他接入技术相比，光纤接入网具有如下优点：

(1) 支持更高速率的宽带业务。除了打电话、看电视以外，人们还希望有高速计算机通信、家庭购物、家庭银行、远程教学、视频点播(VOD)以及高清晰度电视(HDTV)等业务。光纤有效解决了接入网要求高速率、高带宽、低时延等"瓶颈"问题，使信息高速公路畅通无阻。

(2) 光纤损耗低、几何尺寸小、无辐射，用光缆代替电缆，可以解决城市地下通信管道拥挤的问题。

(3) 光纤接入网的性能不断提高，价格不断下降，而铜缆的价格在不断上涨。

2. 光纤接入网的基本网元及网络结构

OAN 基本网元设备按用途可分为：光线路终端设备(OLT)、光配线网(ODN)和光网络单元/光网络终端(ONU/ONT)。

1) OLT

OLT 为光纤接入网提供网络侧与光配线网(ODN)之间的光接口，并经一个或多个ODN 与用户侧的 ONU 进行不同业务的通信。OLT 与 ONU 在功能上是主从通信关系。OLT 可以位于本地交换机的接口处，也可以安装在远端。OLT 的主要功能有：多业务端口功能、二层交换或路由器功能、传输复用功能、光—电转换功能、操作管理与维护功能等。

2) ODN

光配线网(ODN)位于 ONU 和 OLT 之间，为 ONU 和 OLT 提供光纤物理连接，它包括光分路器(Splitter)、光纤接头、光纤和光纤连接器件等，如图 5-69 所示。ODN 的结构

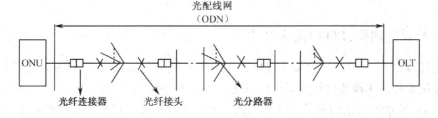

图 5-69　ODN 的组成

一般为点到多点连接，即多个 ONU 通过 ODN 与一个 OLT 相连。ODN 通常采用树型结构。

3) ONU

ONU 位于 ODN 和用户终端之间，它提供与 ODN 之间的光接口和与用户终端之间的业务电接口，因此需要具有光—电转换功能，以及对各电信号的处理与维护功能。

根据 ONU 在光纤接入网中所处的不同位置，可分为光纤到路边(FTTC)、光纤到楼(FTTB)、光纤到家(FTTH)、光纤到办公室(FTTO)，以及近期提出光纤到基站(FTTA)、光纤到 WiFi(FTTR)等，也统称为光纤到 x(FTTx)，如图 5-70 和图 5-71 所示。

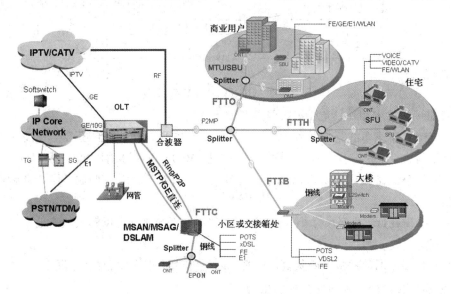

图 5-70　光纤接入网模型

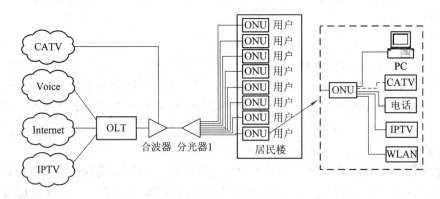

图 5-71　FTTH 的应用

5.5.2　无源光网络(PON)接入技术

在光纤接入网中，如果 ONU 和 OLT 之间的光配线网(ODN)全部由光分路器、光纤和光纤连接器件等无源器件组成，则称该接入网为无源光网络(PON)。

基于 PON 技术实现的宽带光纤接入网，主要包括基于 ATM 的无源光网络(APON)、基于 Ethernet(以太网)的无源光网络(EPON)、基于 GFP(通用成帧规程)的吉比特无源光网络(GPON)等。它们的主要差异在于采用了不同的二层交换技术，APON 二层交换采用的是 ATM 技术，最高速率为 622 Mb/s；EPON 二层交换采用的是 Ethernet 技术，可以支持 1.25 Gb/s 的速率，将来速率还能升级到 10 Gb/s；GPON 二层交换则采用 GFP(通用成帧规程)对 Ethernet、TDM 和 ATM 等多种业务进行封装映射的技术。下面将对它们分别加以介绍。

1. APON 技术

APON，即基于 ATM 的 PON 接入网，是 20 世纪 90 年代中期由 FSAN(全业务接入网联程)开发完成的，并提交给 ITU-T，形成了 G.983.x 标准系列。

APON 网络结构中，从 OLT 向 ONU 传送下行信号时采用 TDM 技术，从 ONU 向 OLT 传送上行信号采用时分多址接入(TDMA)技术。由于 ATM 协议复杂，因此应用较少。

2. EPON 技术

EPON，即基于 Ethernet 的 PON 接入网，在 2004 年的 IEEE 802.3ah 标准中正式进行规范，它在 PON 层上以 Ethernet 为载体，上行以突发的 Ethernet 包方式发送数据流。EPON 可提供上/下行对称的 1.25 Gb/s 传输速率，下行的传输速率可达到 10 Gb/s。

3. GPON 技术

GPON，即基于 Gigabit 的 PON 接入网。2003 年 1 月 ITU-T 提出了 GPON 新标准 G.984，其原因是网络 IP 化进程的加速和 ATM 技术的逐步萎缩。GPON 为用户提供了 622.080 Mb/s~2.4 Gb/s 的可升级框架结构，且支持上/下行不对称速率，支持多业务，具有电信级的网络监测和业务管理能力，提供明确的服务质量保证和服务级别。

APON、GPON、EPON 在分层上的区别如图 5-72 所示，它们的标准及主要参数比较如表 5-10 所示。从图 5-72 可以看出三种 PON 由于第 2 层的不同，导致数据封装帧存在差别，它们支持的协议标准也就不同。在基于 PON 的技术中，EPON 以其技术和价格方面

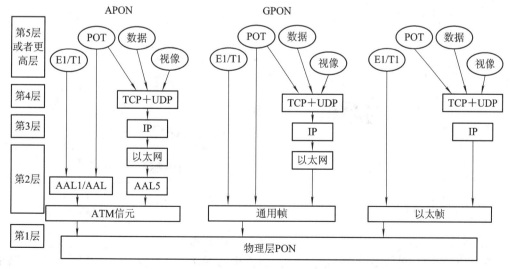

图 5-72　APON、GPON、EPON 在分层上的区别

的优势已成为最受欢迎的 FTTH 技术；由于采用 Ethernet 封装方式，因而非常适合于承载 IP 业务，符合 IP 网络发展的趋势。下面重点对 EPON 网络结构、工作原理和关键技术等进行介绍。

表 5－10 APON、GPON、EPON 的标准及主要参数比较

技　　术		APON	EPON	GPON
相关标准组织		TIU－T G.983	IEEE802.3ah	TIU－TG.984
支持速率等级	下行	622 Mb/s 或 155 Mb/s	1.25 Gb/s	1.25 Gb/s 或 2.5 Gb/s
	上行	155 Mb/s	1.25 Gb/s	155 Mb/s、622 Mb/s、1.25 Gb/s 或 2.5 Gb/s
最大传输距离		10～20 km	10～20 km	10～60 km
协议及封装格式		ATM 封装	以太网封装	ATM 或 GFP
分路比		1∶32～1∶64	1∶16～1∶32	1∶64～1∶128
业务能力		TDM、ATM	Etherne、TDM	Ethernet、ATM、TDM
技术标准化程度		非常完善	完善	一般
OAM 能力		具备	具备	具备
市场推广		没有得到市场认可	市场上迅速应用	支持厂家极少

5.5.3 EPON 的网络结构及原理

1. EPON 网络结构

EPON 是一种采用点到多点(P2MP)结构的单纤双向光纤接入网络，其拓扑结构为树型。EPON 网络由网络侧的 OLT、用户侧的 ONU/ONT 和 ODN 组成，其结构如图 5－73 所示。

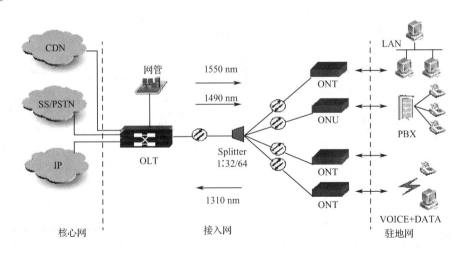

图 5－73 EPON 网络结构

在 EPON 中，OLT 位于网络侧，放在交换中心局端，它既是一个二层交换机或路由器，又是一个多业务提供平台(MSPP)，可提供网络集中和接入，能完成光—电转换、带宽分配和控制各信道的连接，并具有实时监控、管理及维护功能。根据以太网向城域网和广域网发展的趋势，OLT 将提供多个 1 Gb/s 和 10 Gb/s 的以太接口，支持 WDM 传输。若需要支持传统的 TDM 话音、普通电话线（POTS）和其他类型的 TDM 通信（T1/E1），则 OLT 可以连接到 PSTN。OLT 根据需要可以配置多块光线路板，通过光分路耦合器（分路比为 1∶32 或 1∶64）与多个 ONU 或 OUT 连接。OLT 到 ONU 的距离最大可达 20 km，若使用光纤放大器，传输距离还可以扩展。ONU 位于用户侧，采用以太网协议，可实现低成本的以太网第 2 层第 3 层交换功能。

EPON 采用 WDM 技术实现单纤双向传输。上/下行分别采用 TDMA 和 TDM 技术，使用一根光纤就可以实现双向的接入，明显节省了光纤的用量和管理上的费用。它是上行数据信号波长为 1310 nm、下行数据信号波长为 1490 nm、上/下行速率为 1.25 Gb/s 的双向 PON。这种机制实现了在一根光纤上同时传输上/下行数据流而相互不影响，可便捷地为用户提供分配数据、话音和 IP 交换式数字视频（SDV）等业务。如果增加 1550 nm 的波长，EPON 就可以用来传输电视信号，从而为用户提供话音、视频和数据等多业务的一线接入，如图 5-74 所示。

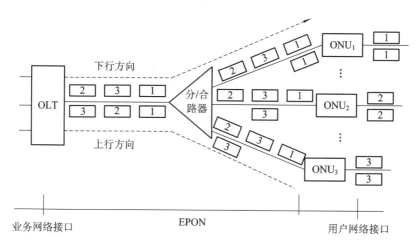

图 5-74　EPON 上/下行信息流的分发

2. EPON 网络的工作原理

在 EPON 中，OLT 传送下行数据到多个 ONU，完全不同于从多个 ONU 上行传送数据到 OLT。下行采用 TDM 传输方式，上行采用 TDMA 传输方式。EPON 在单根光纤上采用 WDM 技术进行全双工双向通信，实现下行数据信号 1490 nm 波长和上行数据信号 1310 nm 波长的组合传输。

（1）上行方向（ONU 至 OLT）是点到点通信方式，即 ONU 发送的信号只会到达 OLT，而不会到达其他 ONU。在上行方向，各自 ONU 收集来自用户的信息，按照 OLT 的授权和分配的资源，采用突发模式来发送数据。OLT 的授权是指上行方向采用 TDMA 按照严格的时间顺序，把时隙分配给相应 ONU。每个 ONU 的上行信息填充在指定的时隙里，只有时隙是同步的，才能保证各个 ONU 的上行信息不会发生重叠或碰撞，以此保证在 OLT 中正确接收，最终成为一个 TDM 信息流传送到 OLT。如图 5-74 所示，ONU₃ 在第 1 时隙发送包 3，ONU₂ 在第 2 时隙发送包 2，ONU₁ 在第 3 时隙发送包 1。

（2）下行方向（OLT 至 ONU）将数据以可变长度数据包通过广播传输给所有在 ODN 上的各个 ONU。每个包携带一个具有传输到目的地 ONU 标识的信头。当数据到达 ONU 时，由 ONU 的 MAC 层进行地址解析，提取出属于自己的数据包，丢弃其他数据包，再传送给用户终端，如图 5-74 所示。

EPON 系统采用全双工方式，上/下行信息通过波分复用（WDM）在同一根光纤上传输。EPON 可以支持 1.25 Gb/s 对称速率，将来速率还能升级到 10 Gb/s。

5.5.4　EPON 的基本网元及组网应用

1. EPON 基本网元设备

EPON 基本网元设备有 OLT 设备、ONU 设备、光纤无源器件（包括光分路耦合器等）及光纤光缆等。在此重点介绍 OLT 设备和 ONU 设备的基本构成及原理。

1）OLT 硬件结构及功能

OLT 设备硬件主要由交换控制板、以太网接口板、窄带业务接口板、EPON 接口板、环境监控板、IP 总线、TDM 总线、控制总线和电源线等组成，其结构如图 5-75 所示。

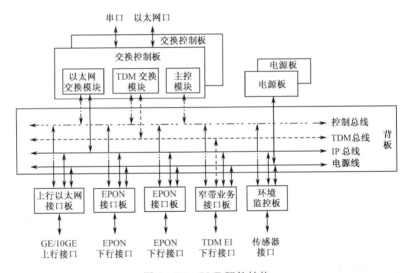

图 5-75　OLT 硬件结构

OLT 的工作原理可根据信息流程进行描述。当上行数据从 ONU 经过 PON 接口进入 EPON 接口，经过该板进行 EPON 协议处理后，将 EPON 数据流恢复成以太网数据流，再经过 IP 总线传到以太网交换模块，最后传到上行以太网接口，完成上行数据业务的处理。

下行数据由上行以太网接口板进入 OLT 系统，传到以太网交换模块后，根据目的 MAC 地址确定相应的输出端口，并将数据转发至对应的 EPON 下行接口板上，再由 EPON 接口板经过 EPON 协议处理后向 ONU 转发。

EPON 接口板（即 EPON 业务板）由 EPON 系列单板和光接口单板组成，提供 P2P FE 光接口和 EPON 业务。

2）ONU 硬件结构及原理

ONU 硬件设备通常由主控模块、交换模块、总线、上行 EPON 接口模块、各种下行业务接口模块以及电源模块构成，各种模块通过背板总线进行互连，如图 5-76 所示。

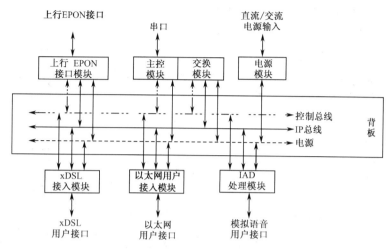

图 5 - 76　ONU 硬件结构

ONU 的工作原理可根据信息流程进行描述。上行 EPON 接口模块采用一个千兆位口作为 EPON 的接收端口,用于接收 OLT 广播发送的数据分组;另一个千兆位口作为 EPON 的发送端口,用于向 OLT 发送数据,该端口发射的是特殊波长的光,通过特殊的交换机制来实现 ONU 与 OLT 的连接。

2. EPON 的组网应用

EPON 具有成本低、维护简单、容易扩展、易于升级、服务范围大、带宽高且分配灵活等优势,而且组网方式灵活,因而在许多场合得到了广泛应用。下面介绍 2 个 EPON 单独组网的应用实例。

1) FTTB

家庭客户采用 FTTB 方式的 EPON 接入 IP 网的组网示意图如图 5 - 77 所示。这种方式的 ONU 可以选用 MDU - D(多用户终端)设备,放置在高层设备间。根据住宅楼内部布

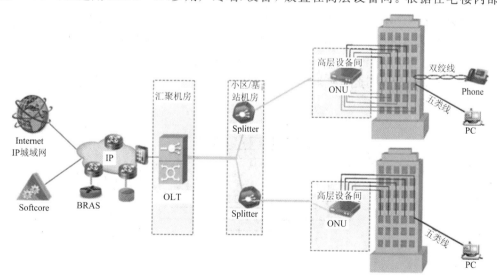

图 5 - 77　家庭客户 FTTB 接入 IP 网

线情况，用户与 ONU 之间可以灵活选用双绞线等不同接入方式。

2）FTTH/FTTO

FTTH/FTTO 方式适合于有潜在高带宽需求的用户。采用 FTTH/FTTO 方式的 EPON 接入示意图如图 5-78 所示。这种方式下，局端部署 OLT，每个家庭/办公室内部署一个内置 IAD（综合接入设备）功能的 ONU，可为单个用户提供数据、语音和视频等业务。

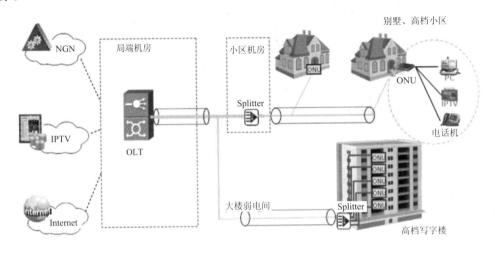

图 5-78　采用 FTTH/FTTO 方式的 EPON 接入

思考题与习题

1. 简述光纤传输系统的组成及各部分的主要功能。

2. 简述光接收机灵敏度高、动态范围大的物理意义。

3. SDH、DWDM、OTN、PTN 网络的基本网元有哪些？请解释其主要功能。

4. 二纤单向通道保护自愈环和二纤双向复用段保护自愈环如图 5-79 所示。A、B、C、D 均为 ADM 光节点，假设 C、D 两点之间光纤断裂，试分别写出两种自愈环在 A 与 C 两点之间的业务流向并说明此自愈环的保护原理。

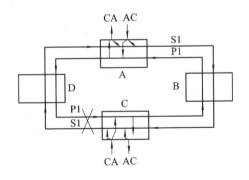

图 5-79　STM-4 二纤自愈环

5. 简述 MSTP 的功能块模型的主要功能及其优势。

6. 现有 32 波的 DWDM 的二纤双向共享自愈环,如图 5-80 所示。假设 B 与 C 两点之间断纤,请指出 A 与 C 两点之间的业务流向。

7. 将 DWDM 的网络基本单元填入图 5-81 所示的网络 A～J 结构中。

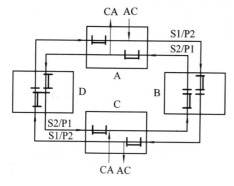

图 5-80　32 波 DWDM 二纤双向共享自愈环

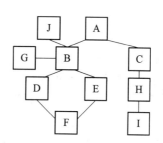

图 5-81　DWDM 传输网络

8. OTN 与 SDH 分层的主要区别是什么? OTN 的主要技术优势有哪些?

9. 比较 WDM、DWDM、CWDM 在定义上的差别。

10. 画出实用 DWDM 系统基本结构图,并解释每一部分的功能。

11. OTN 的交叉连接设备有哪几种类型? 请简述其作用。

12. PTN 的特点有哪些? 其主流技术有哪些? 它们各自的特点是什么?

13. PTN 按功能分层可分为几层? 各层作用是什么?

14. 简述 PTN 网络实现 LTE 网络承载的实现方案。

15. 简述光纤接入网中 OLT、ODN 和 ONU 各部分的作用。

16. 简述光纤接入网的组成部分及各部分的功能。

第6章　光缆通信线路工程

　　本章从电信传输原理出发，对相应的电信传输系统与网络的新技术及应用做了适度讨论，然后将所探讨的理论和技术与通信线路工程实践相结合，力图将学习到的电信传输理论转变为现实可用的工程设计和实现技能。

　　有线通信线路工程分为两种：电缆通信线路工程与光缆通信线路工程。本章以光缆通信线路工程为代表讨论有线通信线路工程。

　　一般而言，光缆通信线路工程包括两部分：一是光纤通信系统工程，二是光缆线路工程。光纤通信系统工程主要是对光纤系统的构成、体制、速率等级、光纤光缆型号做选择设计，对传输中继段距离做估算设计。光缆线路工程主要是利用光纤光缆线路实现电信传输系统或传输网，包括规划、决策、施工图设计、工程概预算、施工与验收测试等。

6.1　光缆通信线路工程建设的程序

　　光缆通信线路工程建设以传输网发展需要、技术水平和经济实力为依据，依照技术标准、规范、规程，对工程项目进行勘察和技术分析，并编制作为工程建设依据的设计文件。设计文件应准确反映近五年来的综合技术的先进性、可行性、经济性和社会效益。

　　建设程序（或建设流程）作为工程项目建设流程中必须遵循的顺序，是在总结工程建设的实践经验基础上制定的，反映了项目建设的客观内在规律，也是企业对投资建设项目进行管理的工作程序。

　　我国的基本建设工作程序把建设流程分为若干个阶段，以文件和行政法规的形式规定了每个阶段的工作内容、原则、审批程序等，工程建设项目须依照工作程序的先后次序和步骤开展，不能任意颠倒。

　　在我国，大中型和限额以上的建设项目从建设前期工作到建设、投产要经过中长期规划、企业业务发展需要、项目建议书、可行性研究、可行性评估、设计招投标、初步设计、年度计划安排、施工准备、施工图设计、施工监理招投标、开工报告、施工阶段、初步验收、试运行、竣工验收、投产使用共计17个环节。通信行业建设过程中的主要程序也基本相同。

　　原邮电部基本建设司1990年107号文《邮电基本建设程序规定》对通信行业的工程项目建设程序做了详细的规定，将一般大中型光缆通信线路工程的建设程序划分为工程立项阶段、实施阶段和验收投产阶段，如图6-1所示。

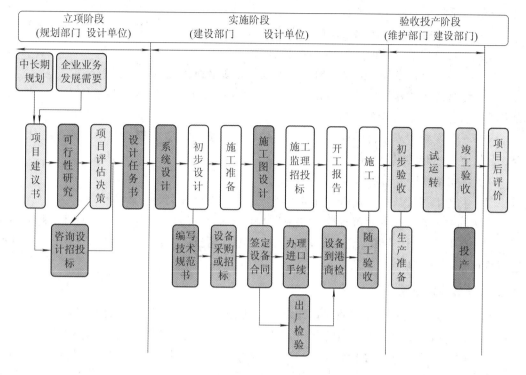

图 6-1　光缆通信线路工程建设程序

6.1.1　立项阶段

立项阶段是光缆通信线路工程建设的第一阶段，它以中长期行业规划和企业发展需求为依据，经过调查、预测、项目分析后，拟定项目建议书，接下来开展可行性研究和项目评估决策(在此过程中进行必要的咨询和设计招投标)，最后拟定设计任务书。

1. 项目建议书

项目建议书的提出是工程建设程序中最初阶段的工作，用于在投资决策前拟定该项目的轮廓，主要包括如下内容：

（1）项目提出的背景，建设的必要性和主要依据。对于引进国外的光缆通信线路工程设备，应介绍国内外主要产品的对比情况和引进的理由，以及几个国家同类产品的技术、经济分析比较。

（2）建设规模、地点等初步设想。

（3）工程投资估算和资金来源，工程进度和经济、社会效益估计。

拟定的项目建议书报经有审批权限的部门批准后，可以进行可行性研究工作，但并不表明项目非上不可，项目建议书不是项目的最终决策。

2. 可行性研究

项目建议书经审批后，可根据审批结果进行可行性研究和组织专家对项目进行评估。可行性研究是对建设项目在技术、经济上是否可行的分析论证，在此基础上编制可行性研究报告。可行性研究报告内容按《邮电通信建设项目可行性研究编制内容试行草案》的规定，一般包括以下几项主要内容：

（1）需求预测和建设规模，投资的必要性和意义；

（2）建设与技术方案论证，可行性研究的依据和范围；

（3）建设可行性条件，拟建规模和发展规模，新增通信能力等的预测；

（4）配套及协调建设项目的建议，实施方案的比较论证，包括通路组织方案、光缆和设备选型方案以及配套设施方案；

（5）项目实施进度安排的建议，实施条件，对于试点性质工程或首次应用新技术的工程，尤其应阐述其实施的理由；

（6）维护组织、劳动定员与人员培训；

（7）主要工程量与投资估算，资金筹措，经济及社会效果评价。

国家和各部委、地方对可行性研究都有具体要求和规定，凡是大中型项目、利用外资项目、技术引进项目、主要设备引进项目、国际出口局新建项目、重大技术改造项目，都要进行可行性研究。

3. 项目评估决策

专家评估是由项目主要负责部门组织部分理论扎实、有实际经验的专家，对可行性研究的内容进行技术、经济等方面的评估，并提出具体的意见和建议。这种评估论证是站在客观的角度，对项目进行分析评价，决定项目可行性研究报告提出的方案是否可行和科学，客观、公正地提出项目可行性研究报告的评价意见，为决策部门对项目的审批决策提供依据。

4. 设计任务书

在开展通信线路工程设计之前，应先由建设单位根据电信发展的长远计划，结合技术和经济等方面的要求，编制出经一定程序认定的设计任务书。

设计任务书应指出设计中必须考虑的原则，工程的规模、内容、性质和意义，对设计的特殊要求，建设投资及时间，工程"利旧"的可能性等。

设计任务书是确定项目建设方案的基本文件，是编制设计文件的主要依据，应根据可行性研究报告推荐的最佳方案进行编写，然后视项目规模报请相关部门批准生效后，由建设单位委托具备相应资质的勘察设计单位进行初步设计。

设计任务书的主要内容包括：

（1）建设目的、依据、建设规模以及本项目与全网的关系。

（2）预期增加的通信能力，包括线路和设备的传输容量。

（3）光缆线路的走向，终端局、各中间站配置及其配套情况。

（4）经济效益预测、投资回收年限估计以及引进项目的用汇额。

（5）财政部门对资金来源等的审查意见。

6.1.2　实施阶段

根据前述的建设程序图可知，实施阶段包括系统设计、初步设计、施工准备、施工图设计、施工监理招投标、开工报告以及施工等。

设计过程的划分是根据项目的规模、性质等不同情况而定的。对于比较成熟的本地网,光缆线路工程设计可以采用一阶段设计(或初步设计)。一般大中型项目采用二阶段设计,即初步设计和施工图设计。大型、特殊工程项目或对于技术上比较复杂而缺乏设计经验的项目,也可实行三阶段设计,即初步设计、施工图设计和技术设计。对一些规模不大、技术成熟的设计,可以套用相关标准设计。

1. 系统设计

有关系统设计,应根据不同网络范围做不同的系统设计,比如核心网要做核心网的光纤通信系统设计,见第 6.2 节;而接入网要做接入网的光纤通信系统设计,见第 6.4 节。

2. 初步设计

初步设计的目的是按照已批准的设计任务书或审批后的建设方案报告,通过深入的现场勘查、勘测和调查,进一步确定工程建设方案,并对方案的政治性原则和经济性指标进行论证,做出线路敷设施工图、系统设计图,编制工程概算,提出该工程所需投资额,为组织工程所需的设备生产和器材供应、制订工程建设进度计划提供依据,并对新设备、新技术的采用提出具体方案。初步设计文件应当满足编制施工招标文件、主要设备材料订货和编制施工图设计文件的需要,也是工程实施的依据。

3. 施工准备

施工准备主要是制订年度建设计划。年度计划包括基本建设拨款计划、设备和主材采购与储备计划、贷款计划、工期组织配合计划等。经批准的年度建设计划是进行基本建设拨款或贷款的主要依据。

工程建设准备是指完成开工前的各项主要准备工作,如勘察工作中水文、地质、气象、环境等资料的收集;路由障碍物的迁移、办理交越处理措施手续;主要材料、设备的预订货以及施工队伍的招选、组织等。

根据已经批准的初步设计的总概算编制年度计划,确定工程计划安排,对资金、材料、设备进行合理安排,要求工程建设保持连续性、可行性,以确保工程项目建设的顺利完成。

施工准备是基本建设程序中的重要环节,是衔接基本建设和生产的桥梁。建设单位应根据建设项目或单项工程的技术特点,适时组成机构,做好四项工作:一是制定建设工程管理制度,落实管理人员;二是汇总拟采购设备、主材的技术资料;三是落实施工和生产物资的供货来源;四是落实施工环境的准备工作,如征地、拆迁、"三通一平"(水、电、路通和平整土地)等。

4. 施工图设计

施工图设计(线路敷设施工图设计)的主要工作是根据批准的初步设计和主要设备订货合同,定点定线测量,绘制出正确、完整和尽可能详细标注准确位置的施工图纸。具体包括:标明房屋、建筑物、设备的结构尺寸,安装设备的配置关系和布线,明确施工工艺,提供设备、材料明细表,编制施工图预算,以便施工人员可以按图施工。施工图设计主要工作如图 6-2 所示。

施工图设计完成后,必须委托施工图设计审查单位进行审查并加盖审查专用章后方可使用。审查单位必须是取得审查资格且符合审查权限要求的设计咨询单位。

5. 施工监理招投标

施工监理招标是建设单位将建设工程发包,鼓励施工企业投标竞争,从中评定出技

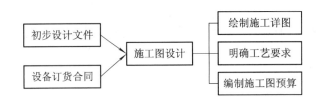

图 6-2　施工图设计主要工作

术、管理水平高、信誉可靠且报价合理的中标企业的过程。推行施工监理招标对于择优选择施工企业、确保工程质量和工期具有重要意义。

建设单位组织编制标书，公开向社会招标，应明确拟建工程的技术、质量和工期、建设单位与施工企业或监理企业各自应承担的责任和义务，依法签订合同，组成合作关系。施工招标依照《中华人民共和国招标投标法》规定，可采用公开招标和邀请招标两种形式。

施工投标是指经过特定审查而获得投标资格的建设项目承包单位按照招标文件的要求，在规定的时间内向招标单位填报投标书，并争取中标的法律行为。

投标单位（建设项目承包单位）应当按照招标文件的规定编制投标文件。投标文件应当载明下列事项：投标函；投标人资格、资信证明文件；投标项目方案及说明；投标价格；投标保证金或者其他形式的担保；招标文件要求具备的其他内容。

6. 开工报告

通过施工招标，签订承包合同后，建设单位落实年度资金拨款、设备和主材的供货及工程管理组织，于开工前一个月会同施工单位向主管部门提出开工报告。在项目开工报批前，应由审计部门对项目的有关费用计取标准及资金渠道进行审计，审计通过后方可正式开工。

7. 施工

通信建设项目的施工应由持有相关资质证书的单位承担。施工单位应按已批准的施工图进行施工。工程施工是施工相关组织按照设计文件、合同和验收规范、技术规程的规定，通过生产诸要素的优化配置和动态管理，组织通信建设工程项目实施的一系列生产活动过程。施工监理代表建设单位对施工过程中的工程质量、进度、资金使用进行全过程管理控制。在施工过程中，对于隐蔽工程，需在每一道工序完成后，由建设单位委派的工地代表随工验收，验收合格后才能进行下一道工序。

6.1.3　验收投产阶段

为了充分保证光缆通信线路的施工质量，工程结束后，必须经过验收才能投产使用。这个阶段的主要工作包括初步验收、生产准备、工程移交和试运行以及竣工验收三个步骤。

1. 初步验收

光缆通信线路工程项目按批准的设计文件全部建成后，应由主管部门组织建设单位、档案管理单位、投资建设单位以及设计、施工、维护等单位进行初步验收，并向有关部门递交初步验收报告，初步验收合格后的工程项目即可进行工程移交，开始试运行。

2. 生产准备、工程移交和试运行

生产准备是指工程交付使用前必须进行生产、技术和生活等方面的必要准备,主要内容如下:

(1) 培训生产人员。工程建设使用单位一般应在施工前配齐相关生产人员,并按相应标准对其开展必要培训,使其可直接参加工程施工、验收等工作。

(2) 按设计文件配置好工具、器材及备用维护材料。

(3) 组织好管理机构,制定相应规章制度以及配备好办公、生活等设施。

工程移交是在线路初步验收合格、施工正式结束后,将工程技术资料、借用器具、工余料以及遗留问题的处理等及时移交给维护部门。

试运行是指工程初步验收后到正式验收和移交之前的工程运行。一般试运行期为 3 个月,大型或引进的重点工程项目试运行期可适当延长。试运行期间由维护部门代维。

3. 竣工验收

竣工验收是在系统试运行结束后,并具备了验收交付使用的条件下,由相关部门组织,对工程进行的系统验收。竣工验收是对整个光缆通信系统进行全面检查和指标抽测,对于中小型工程项目,可视情况适当地简化验收程序,将工程初验与竣工验收合并进行。

6.2　核心网光缆通信线路工程设计

从传统的通信网络角度而言,通信网可以划分成核心网和接入网,如图 6 - 3 所示。

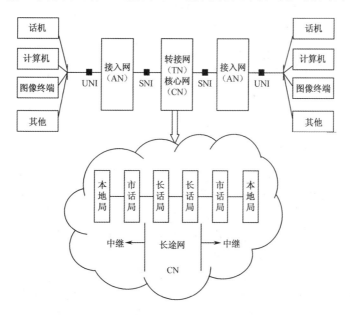

图 6 - 3　通信网的核心网和接入网划分示意图

核心网中的光缆线路包括省际之间、省市之间、城域和本地各种 SNI 之间的光缆中继线路,它们一般是以业务节点((SNI)为边界的。核心网的光纤通信系统的常用技术有光 SDH、DWDM(OTN)、PTN 等。

接入网由 UNI 和 SNI 之间的一系列传输线路和实体组成，其常用的传输技术有电缆接入、光纤接入、无线接入等。本节介绍核心网的光纤缆通信线路工程设计。

6.2.1　核心网光纤通信系统的设计

核心网的光纤通信系统设计，除了应符合国标、行业标准和技术规范的要求外，还应尽量满足 ITU - T 的相关建议。在设计时应采用先进、成熟的技术，综合考虑地区发展规划、人口因素、现有资源、系统经济成本，合理地选用系统的传输体制、光缆型号和光电设备型号等，以满足对系统性能的总体要求。

核心网的光纤通信系统通常要求传输容量大，传输距离长、传输业务多等，因此，在设计时，选择适当的传输系统的制式（如 PDH、SDH、PTN、DWDM 等），准确核算传输中继段的长度和容量等级，都是需要充分重视的问题。

1. 系统设计

1）光纤通信系统设计

在系统组网设计时，根据需求首先确定系统的传输制式和传输速率等级。在工程中，常用的数字光纤传输体制主要有 PDH 和 SDH 两种。20 世纪 90 年代末期，SDH 和 DWDM 系统设备日趋成熟，已在核心网中大量使用，所以，新建设的长途中继干线和城市的中继通信线路一般都选用 SDH 和 DWDM 设备。

一般而言，大中城市的市内中继系统选用 STM - 64，小城市及农话中继系统选用 STM - 4/ STM - 16；长途干线光纤通信系统选用 DWDM 的 40 波、80 波的波分复用，即 $n \times 2.5$ Gb/s 和 $n \times 10$ Gb/s。图 6 - 4 是某城市两地 SDH 光纤通信系统配置示意图，根据所需容量要求，此系统由 STM - 64 速率等级传输设备和 G.652A 光纤光缆构成。

图 6 - 4　某市两地 SDH 光纤通信系统组网示意图

2）光纤通信的传输窗口及光纤选型

基于 ITU - T 对光纤的规范建议，系统设计者应根据系统的具体情况和需要，选择适当的光纤类型和工作波长。目前可选用的光纤类型从 G.651 到 G.657，工作波长窗口分别为 850 nm、1310 nm 和 1550 nm，各光纤特性及适用范围可参看第 4.5.1 小节相关内容，在系统集成时，依据系统性能指标要求选择与其适配的光纤。如图 6 - 4 所示，由于该系统容量要求在 10 Gb/s 内，故选用 G.652A 光纤。

通常用 DWDM 技术实现的光纤骨干网的光纤类型应关注 G.655 和 G.656 光纤；采用 SDH 制式实现的本地（城域）中继网的光纤类型应关注 G.652 光纤。

2. 系统中继段间距离的估算设计

光纤通信系统收发之间最长中继段距离是由光纤损耗和色散等因素决定的。图 6 - 5 是光纤通信系统中继段距离示意图。图中 S 点与 R 点之间的长度表示此光纤通信系统的中继段距离。在实际的工程应用中，设计方式分为两种情况：第一种情况是损耗受限系统，即中继段距离长度根据 S 和 R 点之间的光通道损耗决定；第二种情况是色散受限系统，即中继段距离长度根据 S 和 R 点之间的光纤色散决定。

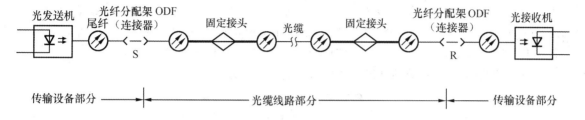

图 6 - 5　光纤通信系统中继段距离示意图

1) SDH 传输系统中继段距离的估算

(1) SDH 系统损耗受限中继段距离估算。

损耗限制中继段距离可用式(6.1)估算：

$$L = \frac{P_S - P_R - P_P - M_e - \sum A_C}{A_f + A_s + M_c} \tag{6.1}$$

式中，L 表示损耗限制中继段长度(km)；P_S 为 S 点发送光功率(dBm)；P_R 为 R 点接收灵敏度(dBm)；P_P 为光通道功率代价(dB)；$\sum A_C$ 表示 S 和 R 点之间所有光纤活动连接器损耗之和(dB)；A_f 为光纤损耗系数(dB/km)；A_s 为每千米光缆固定接头平均损耗(dB/km)；M_c 为光缆富余度(dB/km)。

信号在光通道传输时，因反射、码间干扰、模分配噪声和激光器啁啾而产生的总退化称为光通道功率代价 P_P，一般不超过 2 dB。

在一个中继段内，由于相关设备老化，会对信号传输造成一定的影响，为了描述这种影响，设置了设备富余度 M_e，在一个中继段内，M_e 通常取 3 dB。

在光纤传输线路中存在一些活动连接器，A_C 表示每个活动连接器的损耗(dB/个)。比如，ODF 架上的跳线光纤连接设备中的连接器，FC 型连接器的损耗平均为 0.8 dB/个，PC 型连接器的损耗平均为 0.5 dB/个。

如前所述，为了制造和运输方便，光缆是按一定长度成盘的，所以在构成长距离光缆线路时需要进行熔接，形成一定的损耗，称为固定接头损耗。A_s 值为线路中光缆平均每千米固定接头损耗，设计中 A_s 一般在 0.05～0.08 dB/km 范围内取值。

光缆富余度 M_c 是指光缆线路运行中的某些变动(如维护时附加接头，或光缆性能劣化等)对信号传输的影响。

(2) SDH 系统色散受限中继段距离估算。

根据 ITU - T 建议，色散受限中继段距离可用式(6.2)估算：

$$L = \frac{\varepsilon \times 10^6}{D \times \Delta\lambda \times B} \tag{6.2}$$

式中，L 为色散限制中继段长度(km)；ε 为激光器光谱参数，当光源为多纵模激光器时取 0.115，为单纵模激光器时取 0.306；B 为线路信号传输的速率(Mb/s)；$\Delta\lambda$ 为光源的谱宽(nm)；D 为光纤色散系数(ps/(nm · km))。

例 6 - 1　设计一个 STM - 4 长途光纤通信系统，使用 G.652 光纤，工作波长选定

1310 nm，相关系统参数为：平均发送光功率 $P_S = -3$ dBm，接收灵敏度 $P_R = -28$ dBm，活动连接器总损耗 $\sum A_c = 2 \times 0.8$ dB，光通道功率代价 $P_P = 0.5$ dB，光纤损耗系数 $A_f = 0.4$ dB/km，光纤色散系数 $D = 3.5$ ps/(nm·km)，光缆固定接头平均每千米损耗 $A_S = 0.06$ dB/km，光缆富余度 $M_c = 0.04$ dB/km，设备富余度 $M_e = 2$ dB，系统采用单纵模光激光器，其谱宽 $\Delta\lambda = 4$ nm。试估计出该系统的最长中继段距离的值。

解 按式(6.1)可计算估计出该系统的中继段距离为

$$L = \frac{P_S - P_R - P_P - M_e - \sum A_c}{A_f + A_S + M_c}$$

$$= \frac{-3 - (-28) - 0.5 - 2 - 2 \times 0.8}{0.4 + 0.06 + 0.04} = 41.8 \text{ km}$$

按式(6.2)可计算估计出该系统的中继段距离为

$$L = \frac{\varepsilon \times 10^6}{D \times \Delta\lambda \times B} = \frac{0.306 \times 10^6}{3.5 \times 4 \times 622.080} \approx 35.1 \text{ km}$$

即实际最大中继段距离为 35.1 km。

2) DWDM 系统中继段距离的估算

DWDM 系统最大中继距离，也是按照损耗受限和色散受限的两个条件来估算的。DWDM 系统的传输线路设计时主要估算的有：光放大器 OLA 之间对应的光放段 L_A、中继段 S 至 R，如图 6-6 所示。亦即 DWDM 通信系统中继距离的设计，主要根据光放大器的增益、色散的计算结果，来确定光放大器的类型和中继段内允许的光放段数量。

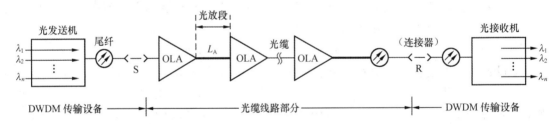

图 6-6　DWDM 传输系统示意图

(1) DWDM 系统损耗受限中继段距离的估算。

如图 6-6 所示，一个中继段(S 至 R 之间)由多个光放段级联而成，这里首先讨论 DWDM 系统的光放段距离 L_A 估算。

DWDM 通信系统的光放段一般按等增益传输进行设计，即以中继段为单元，中继段内各个光放大器均设计为等增益工作状态，各放大器的输出光功率均相同，其接收灵敏度也相同，如光放段的光缆损耗小于放大器的增益，则采用光衰减器进行调节。

OLA 的增益一般有 22 dB、30 dB、33 dB 三种类型，根据光放大器的增益类型，通过光放段的光功率计算，按一个中继段内设置最多的光放段个数来选择。

光放段的长度一般按式(6.3)计算：

$$L_A = \frac{G - \sum A_c}{A_f + M_c + A_S} \tag{6.3}$$

式中，L_A 为光放段长度(km)；G 为光放大器增益(dB)；$\sum A_c$ 为光放段间光纤连接器损耗之和(dB)；A_f 为光纤损耗系数(dB/km)；M_c 为光缆富余度(dB/km)；A_S 为每千米光纤固定接头平均损耗(dB/km)。

例 6-2　如要将某 G.652 单模光纤系统扩容改造为 DWDM 系统，其工作波长采用 1550 nm，实测光纤双向平均损耗系数 $A_S + A_f = 0.25$ dB/km(含光纤固定接头损耗)，光缆富余度 $M_c = 0.04$ dB/km，光纤连接器总损耗 $\sum A_C = 2 \times 0.5$ dB。试计算出光放大器的增益与所对应的光放段长度。

解　当光放大器增益 G 分别为 22 dB、30 dB 和 33 dB 时，将题设已知参数代入式 (6.3)可计算得到相应光放段估值，如表 6-1 所示。

表 6-1　光放大器的增益与所对应光放段的距离估算

光放大器的增益 G/dB	22	30	33
光放段距离估算 L_A/km	72	100	110

光放段的设置段数需按系统发 S、收 R 间的中继段距离进行权衡，总的来说，如果中继段距离增长，光放段的段数增多。光放段的段数还与单波道信噪比有关，一般光放段的段数小于 8 个。

DWDM 系统损耗受限中继段距离 L 的估算可按式(6.4)进行：

$$L = \sum_{i=1}^{n} L_{Ai} = \sum_{i=1}^{n} \frac{G_i - \sum A_{Ci}}{A_{fi} + M_{ci} + A_{Si}} \qquad (6.4)$$

其中，n 为 DWDM 系统光放段数量；L_{Ai}(km)为第 i 光放段的长度、G_i(dB)为光放大器增益、$\sum A_{Ci}$(dB)为光纤连接器损耗之和、A_{fi}(dB/km)为光纤损耗系数、M_{ci}(dB/km)为光缆富余度、A_{Si}(dB/km)为每千米光纤固定接头平均损耗。

(2) DWDM 系统色散受限中继段距离的估算。

该方式的设计原则是中继段的距离和允许的光放段数量需符合光通道色散和信噪比的要求。一个中继段光通道允许的色散即为一个中继段总的最大色散，多数厂商的 DWDM 系统总的允许的最大色散值设为 6400 ps/nm 和 12 800 ps/nm 两挡。如果已知光纤的色散系数，允许的中继段距离 L 可按式(6.5)计算，由此可容易算出 G.652 和 G.655 两种光纤所允许的中继段距离，如表 6-2 所示。

$$L = \frac{D_{max}}{D} \qquad (6.5)$$

式中，L 为色散受限系统中继段距离(km)；D_{max} 为 S 和 R 点之间允许的最大色散值 (ps/nm)；D 为光纤色散系数(ps/(nm·km))。

表 6-2　色散系数与对应的中继段距离估算值(设工作波长在 1550 nm 窗口)

光纤类型	G.652		G.655	
光纤色散系数 D/(ps/(nm·km))	20		6	
光通道允许的最大色散值 D_{max}/(ps/nm)	6400	12 800	6400	12 800
中继段距离 L/km	320	640	1060	2133

6.2.2　核心网光缆线路工程的设计

一般的光缆线路工程构成如图 6-5 所示，设计的重要工作包括：光缆线路路由的选择、线路局/中继站选址及其建筑要求、光缆类型及敷设方式的选择、光缆的接续和预留及保护要求、光缆线路传输性能指标的设计、光缆线路施工注意事项等。

1. 光缆线路工程设计

根据光缆线路工程的规模，可将光缆线路工程设计划分为一、二、三个阶段的设计。对于大型、特殊工程项目或技术上比较复杂的项目，实行三个阶段设计，即初步设计、施工图设计和技术设计；中型项目可采用两个阶段设计，即初步设计和施工图设计；技术成熟的小型工程通常只采用一个阶段设计(或称初步设计)。下面简要讨论这三个阶段设计的主要工作及要求。

1) 初步设计

初步设计的目的是根据批准的可行性研究报告、设计任务书或审批后的方案报告，通过进一步的现场勘测和调查，确定工程建设方案。初步设计文件一般是分册编制，包括：① 概述、选定路由方案的论述、设计标准及措施；② 概算说明、概算总表；③ 施工图纸。初步设计的相关细节如表 6-3 所示。

表 6-3　光缆线路工程初步设计的内容及要求

内　　容	主　要　要　求
概述	① 工程概况；② 设计依据；③ 设计内容与范围，工程建设分期安排；④ 工程主要工作量；⑤ 线路技术与经济指标；⑥ 维护体制及人员数、车辆的配备原则
选定路由方案的论述	① 光缆线路具体路由的确定；② 干线路由方案及选定的理由
设计标准及措施	① 光缆结构、型号和光电参数；② 单盘光缆的光、电主要参数；③ 光缆连接和接头保护；④ 光缆的敷设方式及要求；⑤ 光缆的防护要求；⑥ 光中继站的建筑方式及要求
概算说明	① 概算依据；② 有关费率及费用的取定
概算总表	① 概算总表；② 建筑安装工程费用概算表；③ 建筑机械和仪表使用费用概算表；④ 国内器材概算表；⑤ 工程建设其他费用概算表
施工图纸	① 光缆线路工程路由图；② 系统配置图；③ 线路进局管道路由图；④ 光缆截面图

2) 技术设计

技术设计是根据已批准的初步设计进行的，它偏重于详细论述工程建设中各系统技术措施的选择，修正总概算，编制施工图设计文件。技术设计内容及要求如表 6-4 所示。

表 6 - 4　光缆线路工程技术设计的内容及要求

内　容	主　要　要　求
概述	① 工程概况；② 设计依据；③ 设计内容与范围；④ 主要设计方案变更论述；⑤ 工程量表；⑥ 线路技术经济指标；⑦ 维护体制及人员数、车辆的配备原则
选定路由方案的论述	① 沿线自然条件简述；② 各线路路由方案论述及选定的理由
主要设计标准和措施	① 光纤光缆主要技术要求和指标；② 光缆结构及应用场合；③ 光缆的敷设和连接要求；④ 光缆系统配置及防护；⑤ 无人地下中继建筑标准；⑥ 其他特殊地段的技术保护措施
其他说明	① 实与有关部门的协议；② 仪表的配置原则说明；③ 光缆数量调整及其他说明
修正概算	修正概算表格对应初步设计光缆线路部分概算表
施工图纸	① 光缆线路路由图；② 光缆通信系统配置图；③ 光缆线路进局管道路由图

3）施工图设计

施工图设计的目标是在初步设计的基础上，为线路工程建设和组织施工提供依据。一方面建设单位要根据施工图文件，控制建设安装工程造价，办理工程造价款结算和考核工程成本；另一方面施工单位施工人员需"按图施工"。施工图设计内容和要求如表 6 - 5 所示。

表 6 - 5　光缆线路工程施工图设计的内容及要求

内　容	主　要　要　求
概述	① 设计依据；② 设计内容与范围和工程建设分期安排；③ 本设计变更初步设计的主要内容；④ 主要工程量表
选定路由方案的概述	① 光缆线路路由；② 沿线自然和交通情况；③ 市区及管道路由
敷设安装标准、技术措施和施工要求	① 光缆结构及应用场合；② 单盘光缆的技术要求；③ 光缆的敷设与安装要求；④ 光缆的防护要求和措施；⑤ 光中继站的建筑方式；⑥ 光缆的防护要求和措施；⑦ 特殊地段和地点的技术保护措施；⑧ 光缆进局的安装要求；⑨ 维护机构、人员和车辆的配置
设备、器材表	① 主要材料表；② 中继站土建主要材料表；③ 线路维护队（班）用房器材表；④ 水泥盖板、标石材料表；⑤ 维护仪表、机具工具表；⑥ 次要材料表；⑦ 线路安装、接头工具表
施工图纸	①（中继）光缆线路路由图；② 传输系统配置图；③ 光缆线路施工图；④ 光缆排流线布放图；⑤ 管道光缆路由图；⑥ 光缆接头及保护图；⑦ 直埋光缆埋设及接头安装图；⑧ 进局光缆安装方式图；⑨ 光缆进局封堵和保护；⑩ 监测标石加工图
其他说明	① 施工注意事项和有关施工的建议；② 对外联系工作

2. 光缆线路工程设计中的相关选择

1）光缆线路路由的选择

长途干线光缆线路路由的选择，必须以工程设计合同或工程设计委托设计书和光缆通信网络规划为依据，遵循"路由稳定可靠、走向经济合理、便于施工维护及抢修"的原则。选择路由时，尽量兼顾国家、军队、地方和个人的利益，多勘察、多调查、综合考虑，进行多方案比较，使其投资少、见效快。

（1）选择光缆线路路由时，应以现有的地形、地物、建筑设施和既定的建设规划书为主要依据，并远离干线铁路、高速公路、水利、长途输送管道等重要设施和重大军事目标，选择路由长度最短、弯曲较少的路由。

（2）光缆线路路由应选择在地质稳固、地势平坦的地段，不宜强求长距离的大直线，需考虑当地的水利和平整土地规划的影响。

（3）光缆线路应尽量少翻越山岭，宜选择在地势变化不剧烈、土石方工作量较少的地方，避开陡峭、沟壑、滑坡、泥石流以及洪水危害、水土流失的地方。

（4）市区内的光缆线路路由应与当地城建、电信等有关部门协商确定。

　　2）敷设方式与光缆的选择

一般而言，光缆敷设方式的选择依据所建设线路是长途线路还是市区内线路而有所不同。光缆线路进入市区、城镇部分的，应以管道敷设方式为主，非市区地段的长途光缆干线多采用直埋敷设方式，若长途光缆线路遇到下列情况，则可以采用架空敷设方式：

（1）穿越河沟、峡谷等地段，施工特别困难或赔偿费用过高的地段。

（2）已有杆路并可以利用架挂的地段，市区暂时无条件建设管道的地段。

注意：在最低气温低于−30°的地区、经常遭受强风暴或沙暴袭击的地段，光缆不宜架空敷设。

光缆选型主要考虑以下几个因素：

（1）一般而言，光缆使用寿命通常按20年考虑，由此来考虑光缆纤芯数的选择。

（2）常见的光缆缆芯结构有层绞式、骨架式、中心束管式三种。在工程设计中，应该根据光缆的敷设方式、环境、工程的需要和光缆的价格等因素来确定缆芯结构的选择。

　　① 直埋光缆：通常要求光缆有 PE 内护层＋防潮铠装层＋PE 外护层或防潮层＋PE 内护层＋铠装层＋PE 外护层，宜选用 GYTA53、GYTA33、GYTS 和 GYTY53 等结构。

　　② 管道或采用塑料管道保护的光缆：应有防潮层＋PE 外护层，宜选用 GYTA、GYTS、GYTY53 和 GYFTY 等结构。

　　③ 架空光缆：需有防潮层＋PE 外护层，宜选用 GYTA、GYTS、GYTY53、GYFTY、ADSS 和 OPGW 等结构。

　　④ 水底光缆：需有防潮层＋PE 内护层＋钢丝铠装层＋PE 外护层，宜选用 GYTA33、GYTS333 和 GYTS43 等结构。

　　⑤ 局内光缆：应具有阻燃材料外护层。

　　⑥ 防蚁光缆：应具有直埋光缆结构＋防蚁外护层（聚酰胺或聚烯烃共聚物）。

　　3）光缆接续与光缆预留的选择

工程设计中，应根据勘测路由的长度来计算出光缆敷设的总长度，并进行光缆配盘。光缆应尽量做到整盘敷设，以减少中间接头。配盘后，管道光缆接头应避开交通要道口，架空光缆接头应落在杆上或杆旁 1 m 左右。在光缆的接头处，光缆与光纤均应有一定的预留长度，以备日后维修或二次接续用。常见的陆地光缆布放预留长度如表 6-6 所示。

表 6-6 陆地光缆布放预留长度

敷 设 方 式	直 埋	管 道	架 空	爬坡(埋)
自然弯曲增加长度/(m/km)	6~8	10	7~10	10
人孔内弯曲增加长度/(m/每孔)		0.5~1		
杆上伸缩弯长度/m			0.2	
接头每侧预留长度/m	5~10			
局内预留长度/m	10~20			

光缆的接续一般采用可开启式密封型光缆接头盒，应选用密封防水性能好、防腐蚀并且具有一定的抗压力、张力和冲击力的光缆接头盒。光缆接头处必须采用加强件固定牢靠，以确保光缆接头不致因外力而损坏，光缆金属加强芯可不进行电气连通。在中负荷区、重负荷区和超重负荷区要求在每根杆上作预留，轻负荷区每 3~5 杆档作一处预留。

3. 光缆线路的防护措施

光缆线路的防护措施主要有下述几种：

（1）光缆线路的防雷措施。光缆的金属护套连同吊线一起每隔 2000 m 做一次防雷保护接地，光缆的所有金属构件在接头处不进行电气连通，局、中继站内的光缆金属构件全部连接到保护地。架空光缆还可选用光缆吊线，每隔一定距离（如 10~15 根杆距）应装避雷针或接地。

（2）光缆线路防强电措施。光缆线路应尽量与高压输电线或电气化铁路馈电线保持足够的距离，通常相距 200 m 以上，当需要穿越时应尽量使它们之间保持 50 m 以上垂直距离。

（3）直埋光缆防机械损伤措施。光缆线路过铁路或公路时，应采用垂直顶钢管穿越，钢管应伸出路基两侧的排水沟外 1 m 以上，距排水沟底不应小于 0.8 m；光缆穿越沟渠、水塘等，应在光缆上方盖水泥盖板或加塑料管等进行保护。

（4）其他防护措施。PE 塑料具有良好的防腐蚀性能，常用作光缆的防蚀、防潮外套。白蚁、鼠类对光缆的危害现象多发生在管道和直埋敷设中，对于管道光缆，可将管子端头处封堵来预防鼠害；对于直埋敷设光缆，防治鼠害的措施包括：一是光缆深埋必须达标，二是回填土必须夯实。

6.3 核心网光缆通信线路工程设计文件的编制

光缆通信线路设计的主要任务就是编制设计文件，使设计任务具体化。编制设计文件是勘测、测量收集所获得资料的有机集合，也是有关设计规范、标准和技术的综合运用，它应充分反映设计者的指导思想和设计意图，并为工程的施工、安装建设提供准确可靠的依据。因此，编制设计文件是工程设计中一个十分重要的环节。

6.3.1 设计文件的编制内容

设计文件由文件封面、文件扉页和文件内容组成。

文件封面包括：工程名称、工程编号或项目编号、建设单位、设计单位和证书编号，最后在设计单位上加盖公章。

　　文件扉页包括：工程名称、院长（设计单位负责人）姓名、院（设计单位）总工程师姓名、设计总负责人姓名、设计人姓名、预算审核人姓名、编制人的姓名及证号。

　　文件内容除了文件目录外，还应包含设计说明，概、预算编制说明，概、预算编制依据及预算表格和设计施工图纸等。

1. 设计（或工程）说明

　　设计说明应完全反映工程的总体概况，如设计依据、工程建设规模、系统设计、工程设计、对光缆的主要技术要求、光缆的敷设及预留、局内光缆的敷设、光缆的防护、光缆的测试、主要工作量及其他说明等，说明要求文字简练、准确。

2. 概、预算编制说明

　　概、预算编制说明主要包括工程概况、规模及概预算总价值、采用的定额取费标准、特殊工程项目概算指标、施工定额的编制、计算方法的说明、投资及工程技术经济指标分析合理性说明以及其他需要说明的问题。

3. 概、预算编制依据及预算表格

　　概、预算编制的依据为中华人民共和国工信部通信［2016］451号文件所发布的《（信息）通信建设工程概算、预算编制办法》及新修订的通信建设工程概、预算定额配套文件。描述国内通信设备安装工程的概、预算的表格主要有五种，可参看第6.3.4节相关内容。

4. 设计施工图纸

　　光缆线路施工图纸是线路工程设计的重要组成部分，是指导施工的主要依据。施工图纸包含了诸如系统路由信息、技术数据、主要说明等内容，不同的工程项目，其图纸的内容及数量各不相同，施工图纸设计应在仔细勘察和认真搜集资料的基础上准确绘制而成。

6.3.2　设计文件的编制举例

　　本小节给出了一个"某高校教学楼至实验楼光缆通信线路工程一阶段设计"的设计文件编制实例。

1. 文件封面的内容

　　文件封面的内容如下：

　　　　　某高校教学楼至实验楼光缆通信线路工程一阶段设计

　　　　　　设计编号：2011 - CQLT0031 - S(006V0)

　　　　　　建设单位：××学校

　　　　　　设计单位：××设计院

　　　　　　设计证号：A150002926

最后盖上设计单位公章。

2. 文件扉页的内容

　　文件扉页的内容如下：

　　　　　某高校教学楼至实验楼光缆通信线路工程一阶段设计

　　　　　　主管：张××

　　　　　　总工程师：赵××

设计总负责人：王××

单项设计负责人：黄××

设计人：黄××

审核人：许××

证号：通信（概）字 221537

预算编制：赵××

证号：通信（概）字 220737

3. 文件目录内容

文件目录主要包括设计说明，工程概、预算，设计施工图纸等。

（1）设计说明：一是完全反映工程的总体概述，包括工程概况、设计依据、设计范围、工程建设规模、主要工程量；二是工程建设方案，包括建设方案、系统或组网方案、系统设备部署及原测数据、系统主要设备及材料性能参数等；三是对线路光缆施工的主要说明，包括光缆的主要技术要求、光缆的敷设及预留、局内光缆的敷设、光缆的防护、光缆的测试等，以及其他说明，如设备安装、防雷接地、节能环保、施工注意事项等。

（2）工程概、预算：包括概、预算说明、费用取定、预算总额等。概、预算编制的依据以及相应的概、预算表格的填写方法将在第 6.3.4 节介绍。

（3）设计施工图纸：包括教学楼至实验楼光缆线路敷设施工图、教学楼端局至实验楼端局光纤连接路由图、实验楼端局楼道光缆走线图、实验楼端局地线房至二楼传输室光缆平面图等。

4. 正文内容

1）设计说明

（1）工程概况。本工程为 2011 年某高校教学楼至实验楼光缆通信线路工程一阶段设计。根据某高校网络发展需要安排建设。

（2）设计依据。设计依据包括××学校工程建设部所发的设计委托书、××学校科技开发处所发的《××学校通信主网互联互通技术方案》、××学校与××分公司签订的《关于××学校租用××局通信管道及光纤的协议》。设计所需相关技术资料，经现场勘察核实编制形成。

（3）设计范围。设计范围包括光纤通信系统设计、光缆线路路由设计、光缆配置设计、编制工程预算表。

（4）工程建设规模。本工程为"×教学楼—行政楼—图书馆—实验楼光缆工程"的一部分，主要完成教学楼至实验楼机房的光纤的连通工作，需新设 18 芯光缆及线路沿途各端局（教学楼、行政楼、图书馆、实验楼）光纤的跳接工作。

（5）主要工程量。本工程新敷设 18 芯光缆，由教学楼内起至实验楼机房止，共计 920 米。其中敷设 18 芯管道光缆 533 米/条，敷设 18 芯直埋光缆 254 米/条，敷设 18 芯室内光缆 133 米/条，敷设光纤跳线（18×2）条、尾纤 36 条，安装 FC 适配器 36 个。

（6）系统组网及设备配置方案。以×教学楼内起至实验楼机房止的 SDH 光纤通信系统设计模型为例来配置，其设备配置为 SDH155/622，速率等级为 STM-1/STM-4，如图 6-7 所示。

（7）系统传输距离的估算。系统收、发之间距离估算参考第 6.2.1 节相关内容，在此

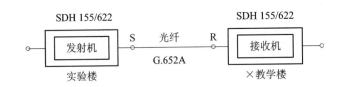

图 6－7　×教学楼－实验楼机房 SDH 光纤通信系统组网配置图

不赘述。

（8）对光缆的主要技术要求。光缆中的光纤应为符合 ITU－T 建议 G.652 所述的单模光纤，光缆的缆芯采用松套结构，中心为金属加强芯，有良好的防潮层；外护套厚度为 1.8 mm，光缆外径不小于 17 mm；光缆允许张力长期不小于 600 N，光缆允许侧压力长期不小于 300 N/10 cm；光缆允许的弯曲半径（施工动态弯曲）为光缆外径的 20 倍，不受力时（静态弯曲）为光缆外径的 15 倍。

（9）管道光缆的敷设、预留及光缆型号选择。光缆一次牵引长度一般不大于 1000 m，超长时应采取盘∞字分段牵引或中间辅助牵引。光缆的弯曲半径（施工，固定）应符合（前文所述）要求，光缆的各种需要余长或预留如表 6－7 所示。

表 6－7　光缆的各种需要余长或预留

标 定 预 留	自然弯曲增加长度	局 内 预 留	人孔内弯曲增加长度
15 m/km	5 m/km	20 m	1 m/人孔

用于管道内敷设的光缆可选 GYTA、GYTS、GYTY53 和 GYFTY 等结构光缆型号，本次线路敷设光缆选择光缆型号为 GYTA－18B1.1。

（10）局内光缆的敷设。光缆在进线室内应选择安全的位置，尽量布放在电缆托板的最上层，避免与其他电缆交叉和处于易受外界损伤的位置，本次工程进线室内不再设置光缆接头。

光缆进入电缆进线室后，经由电缆走线架等至传输室的 ODF，其间对光缆要进行加固等防护措施，避免日后在进行其他施工或维护操作过程中损伤光缆。

在各端局电缆室内，要求预留 20 m 光缆，并盘绕整齐，曲率半径应符合验收规范要求。

端局内光缆与光纤尾纤相接采用固定接续方式。

（11）光缆的防护。光缆在管道内敷设应穿放在（内径 ϕ2.8 cm）塑料子管内，然后将管孔两端用软物堵塞。光缆在人孔内预留或裸露的部分及电缆室光缆易受外界损伤的部分应采用塑料蛇形软管保护，以防踩踏，并固定在托板上。

（12）光缆的测试。光缆测试主要是指对光缆中光纤中继段的损耗进行测试，可用 1310 nm 和 1550 nm 的稳定光源、光功率计或光时域反射计（OTDR）进行光纤中继段测试，光纤损耗测量值应取双向测试损耗的平均值。

2）工程概、预算概貌

（1）预算说明中明确本工程为二类工程，按一级施工企业施工计取相关费率及日工资，施工队伍及施工机械调遣费按 26 km 以内计算，材料运距光缆按 100 km 计算。

（2）预算总额。×教学楼至实验楼机房光缆通信线路工程一阶段设计预算总投资为 650 570 元，技工工日为 125.52 个工日，普工工日为 75.97 个工日；本工程敷设光缆 18

芯公里，每芯公里投资为 80 570 元/18 芯公里＝4476.1 元/芯公里；勘察设计费按一定比例进行计算。

由于概、预算更加细节的内容比较复杂，篇幅偏多，故在此省略。工程概、预算的编制方法以及概、预算表的填写将在随后的两节中讨论。

3）设计图纸

设计图纸主要有：×教学楼端局至实验楼端局光缆敷设施工图，如图 6-8 所示；×教学楼端局至实验楼端局光纤连接示意图，如图 6-9 所示；实验楼端局地线房至二楼传输室光缆走线图，如图 6-10 所示；实验楼端局地线房至二楼传输室光缆平面图，如图 6-11 所示。通过本例说明在工程上要根据具体工程项目的实际情况，准确绘制相应的设计图纸。

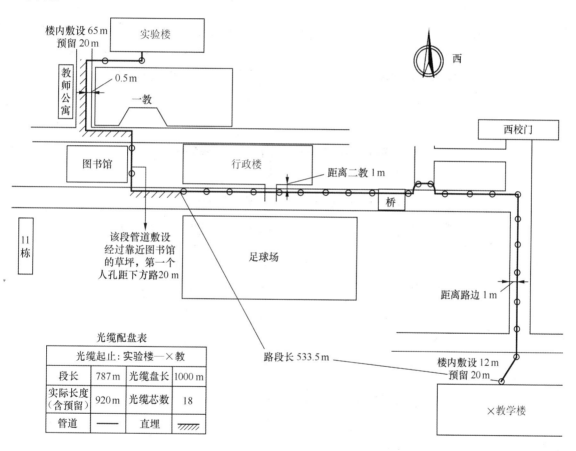

图 6-8 ×教学楼端局至实验楼端局光缆敷设施工图

图 6-9 ×教学楼端局至实验楼端局光纤连接示意图

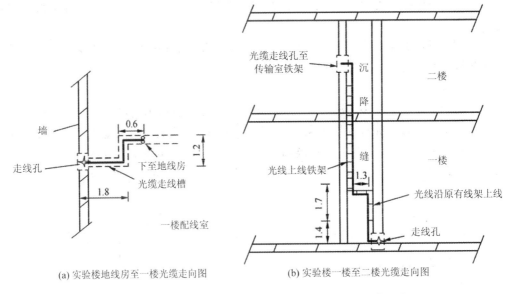

(a) 实验楼地线房至一楼光缆走向图   (b) 实验楼一楼至二楼光缆走向图

图 6 - 10   实验楼端局地线房至二楼传输室光缆走线图

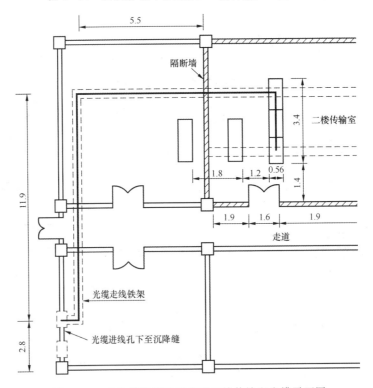

图 6 - 11   实验楼端局地线房至二楼传输室光缆平面图

6.3.3   工程设计概、预算的编制

1. 概、预算编制的相关概念

1）概、预算编制的基本概念

工程设计中需要编制其概、预算，就一般概念来说"概算"与"预算"是有区别的，在工

程应用中无论编制的是概算还是预算，都统称为概、预算。下面先讨论几个与概、预算编制相关的概念。

概算，是指在初步设计阶段按照概算定额、概算指标或预算定额编制工程造价。概算是用货币形式综合反映和确定建设项目从筹建至竣工验收的全部过程中所需的建设费用的。

预算，是根据施工图算出的工作量，套用现行预算定额和费用定额规定的费率标准的计算方法计算得到的工程预计需要的建设费用，预算一般包括工程费和工程建设其他费。

修正概算，是对初步设计确定的概算进行某些修正调整，比概算更接近项目实际价格。

工程造价，是指建设一项工程预期开支或实际开支的全部固定资产投资费用。

投资估算，是指在项目建议书或调研阶段对拟建项目通过编制估算文件确定的总投资额。

合同价，是指在工程招投标阶段通过签订总承包合同、建筑安装承包合同、设备采购合同、技术和咨询服务等合同所确定的工程价格。合同价属于市场价格的性质，它是由承发包双方根据市场行情共同议定和认可的成交价格。

结算价，是指在工程结算时，根据不同合同方式采用相应的调价方法，对实际发生的工程量增减、设备和材料价差等进行调整后计算和确定的工程价格。结算价是该结算工程的实际价格。

2）建设工程定额的概念

"定额"是在一定的生产技术和劳动组织条件下，完成单位合格产品在人力、物力、财力的利用和消耗方面应当遵循的标准。例如，某"平原地区气流法穿放光缆"工程的一个定额项目表如图 6-12 所示。此表的工作内容分别为单盘光缆外观检查、测试单盘光缆性能

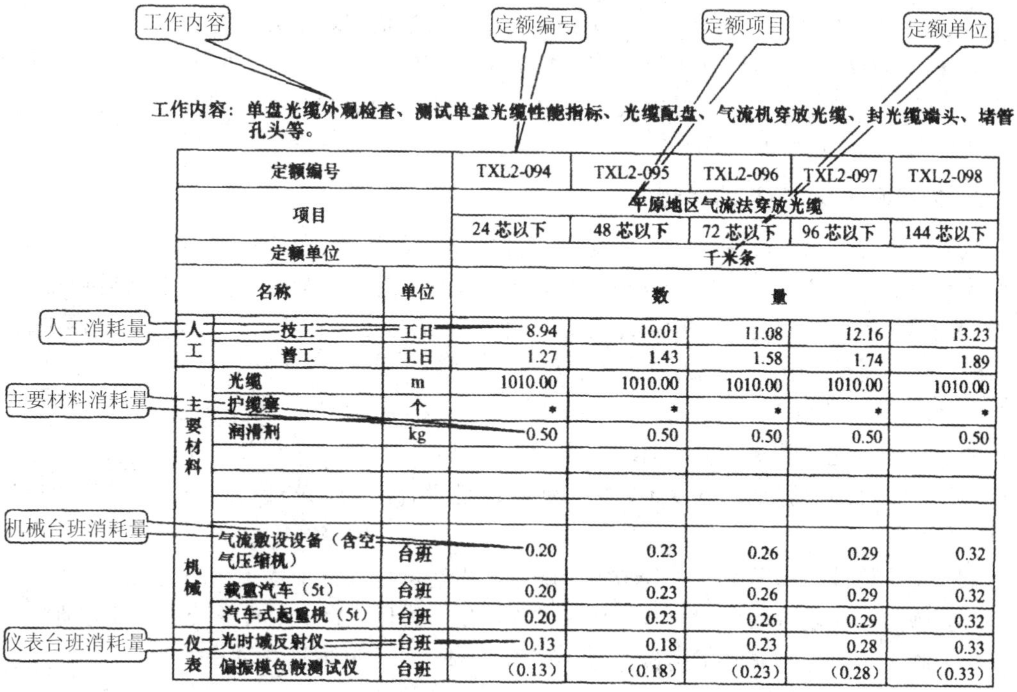

工作内容：单盘光缆外观检查、测试单盘光缆性能指标、光缆配盘、气流机穿放光缆、封光缆端头、堵管孔头等。

定额编号		TXL2-094	TXL2-095	TXL2-096	TXL2-097	TXL2-098
项目		平原地区气流法穿放光缆				
		24 芯以下	48 芯以下	72 芯以下	96 芯以下	144 芯以下
定额单位		千米条				
名称	单位	数　　量				
人工 技工	工日	8.94	10.01	11.08	12.16	13.23
普工	工日	1.27	1.43	1.58	1.74	1.89
主要材料 光缆	m	1010.00	1010.00	1010.00	1010.00	1010.00
护缆套	个	*	*	*	*	*
润滑剂	kg	0.50	0.50	0.50	0.50	0.50
机械 气流敷设设备（含空气压缩机）	台班	0.20	0.23	0.26	0.29	0.32
载重汽车（5t）	台班	0.20	0.23	0.26	0.29	0.32
汽车式起重机（5t）	台班	0.20	0.23	0.26	0.29	0.32
仪表 光时域反射仪	台班	0.13	0.18	0.23	0.28	0.33
偏振模色散测试仪	台班	(0.13)	(0.18)	(0.23)	(0.28)	(0.33)

图 6-12　定额项目表主要内容举例

指标、光缆配盘、气流机穿放光缆、封光缆端头、堵管孔头等。表中工作内容第一列所描述的内容为：定额子项目编号为 TXL2-094；光缆为 24 芯以下；技工为 8.94 个工日；普工为 1.27 个工日；光缆敷设定额单位为"千米条"等。

为了统一考核，便于经营管理和经济核算，需要有一个统一的平均消耗标准，即"定额"。定额项目表内容相关说明如表 6-8 所示。

表 6-8　定额项目表相关说明

项目		内　容
工作内容		描述完成合格产品所需的全部工作内容
定额编号		按统一编号原则编排的子目录号，如 TXL2-094
项目名称		整个完成项目工程名称，如平原地区气流法穿放光缆
定额单位和计量单位		定额单位（计量单位），如千米条；工作计量单位，如工日、台班
四大消耗内容	人工工日	完成施工项目的技工和普工工作时间单位，如工作 8 小时为一个工日
	主要材料	在工程中参与形成产品实体的各种材料
	机械台班	完成施工项目所需的机械工作时间单位，如工作 8 小时为一个台班
	仪表台班	完成施工项目所需的仪表工作时间单位，如工作 8 小时为一个台班

3）现行建设工程定额的相关文件

目前，依据中华人民共和国工信部通信[2016]451 号《关于发布<通信建设工程概算、预算编制办法>及相关定额的通知》，通信建设工程有预算定额和费用定额的相关规定，比如自 2017 年 5 月 1 日起实施的《通信建设工程概算、预算编制办法》《通信建设工程费用定额》《通信建设工程施工机械、仪器仪表台班定额》《通信建设工程预算定额》等。

此外，还有国家发展计划委员会编著发表的《工程勘察设计收费标准》2018 版，《国家计委、建设部关于发布<工程勘察设计收费管理规定>的通知》《通信建设工程价款结算暂行办法》等规范可供参考。

2. 工程设计概、预算的编制

概、预算的编制人员应具有通信建设相关资质，应根据上述概、预算的编制原则，按编制流程开展相关工作。首先要收集资料，熟悉图纸，计算工程量；其次根据通信工程中涉及的设备、器材及安装，套用定额、选用价格计算各项费用；然后，对计算的费用进行复核，撰写编制说明；最后审核确定。

1）概、预算的作用

初步设计和施工图概算是设计文件的重要组成部分，其主要作用如下：

（1）初步设计概算是筹备设备、材料和签订订货合同，以及开展工程价款结算的主要依据。

（2）初步设计概算是考核工程成本、确定工程造价和签订工程承发包合同的依据。

（3）施工预算是考核工程成本、签订工程承发包合同、确定工程造价的主要依据。

（4）施工预算是考核施工图设计技术经济合理性的主要依据。

2）概、预算的编制说明及依据

有关概、预算编制的说明及依据的确定应以现行建设工程定额的相关文件为基准，如前所述，不再赘复。

　　3）概、预算文件的组成

　　通信建设单位工程概、预算项目总费用的组成如表 6-9 所示，每个单项工程应有单独的概、预算文件，概、预算文件由概、预算编制说明和概、预算总表格组成。下面对表中的重要内容做简要介绍。例如，表 6-9 中的"建筑安装工程费"由"直接费""间接费""利润"和"税金"组成。

表 6-9　通信建设单位工程概、预算项目总费用的组成

通信建设单项工程总费用	工程费	建筑安装工程费	直接费	直接工程费	人工费
					材料费
					机械使用费
					仪表使用费
				措施费	
			间接费	规费	
				企业管理费	
			利润		
			税金		
		设备、工器具购置费			
	工程建设其他费				
	预备费				
	建设期利息				

　　（1）直接费。

　　直接费由直接工程费和措施费构成。直接工程费指施工过程中所耗用的构成工程实体和有助于工程实体形成的各项费用，包括人工费、材料费、机械使用费和仪表使用费；措施费是指为完成工程项目施工，发生于该工程前和施工中非工程实体项目的费用。

　　① 人工费，是指直接从事安装工程施工的生产人员开支的各项费用，内容包括基本工资（指发放给生产人员的岗位工资和技能工资）、工资性补贴（指规定标准的物价补贴、煤/燃气补贴、交通费补贴、住房补贴、流动施工津贴等）、辅助工资（培训、探亲、病假期的工资）、职工福利费、劳动保护费。

　　人工费标准及计算规则对于通信建设工程不分专业和地区工资类别，综合取定人工费。例如，依据 2017 年 5 月 1 日起实施的《通信建设工程概算、预算编制办法》，人工费单价为技工费 114.00 元/工日、普工费 61.00 元/工日。

　　② 材料费，是指施工过程中耗用的构成工程实体的原材料、辅助材料、构配件、零件、半成品的费用和周转使用材料费用，包括材料原价、材料运杂费、运输保险费、采购及保管费、采购代理服务费、辅助材料费。

　　材料费计算规则如下：

$$材料费＝主要材料费＋辅助材料费$$
$$主要材料费＝材料原价＋运杂费＋运保费＋采保费＋采购代理服务费$$

辅助材料费＝主要材料费×辅材费费率

例 6-3 已知某工程的主要材料为原价 100 万的光缆，请依据 2017 年 5 月 1 日起实施的《通信建设工程概算、预算编制办法》，分别计算出主要材料的运杂费、运输保险费、采购及保管费。

解 由 2017 年 5 月 1 日起实施的《通信建设工程概算、预算编制办法》知，运杂费费率为 1.7%，运输保险费费率为 0.1%，采购及保管费费率为 1.1%，从而有

材料的运杂费＝材料原价×运杂费费率＝1000000×1.7%＝17000（元）

运输保险费＝材料原价×运输保险费费率＝1000000×0.1%＝1000（元）

采购及保管费＝材料原价×采购及保管费费率＝1000000×1.1%＝11000（元）

③ 机械使用费，是指施工机械作业所发生的机械使用费及机械安拆费。

机械使用费计算规则如下：

机械使用费＝机械台班单价×概预算中机械台班量

④ 仪表使用费，是指施工作业所发生的仪表使用费。

仪表使用费计算规则如下：

仪表使用费＝仪表台班单价×概预算中的仪表台班量

⑤ 措施费一般共由 15 项费用构成，相关细节可查看概、预算表（表二），参见表 6-11。一般而言，不是每一个工程都要计取 15 项措施费。

（2）间接费。

① 规费，是指政府和有关部门规定的必须缴纳的费用。

② 企业管理费，是指施工企业组织施工生产和经营管理所需的费用。计算方法如下：

企业管理费＝人工费×费率（线路工程费率为 30%，管道工程费率为 25%，
设备安装工程费率为 30%）

（3）利润。

利润是指施工企业完成所承包工程获得的盈利。计算方法如下：

利润＝人工费×利润率（线路工程利润率为 30%，管道工程利润率为 25%，
设备安装工程利润率为 30%）

（4）税金。

税金是指按国家税法规定应计入建筑安装工程造价内的营业税、城市维护建设税及教育附加费。计算方法如下：

税金＝（直接费＋间接费＋利润）×税率（各类通信工程按 3.41% 取）

4）概、预算的编制步骤

通信建设工程概、预算采用实物法编制。实物法编制工程概、预算的步骤如图 6-13 所示。

首先根据工程设计图纸分别计算出分项工程量，然后套用相应的人工、材料、机械台班、仪表台班的定额用量，再以工程所处时段的实际单价计算出人工费、材料费、机械使用费和仪表使用费，进而汇总得出直接工程费。计算出工程的其他各项费用，进而汇总得到工程造价。复核是对前述内容进行一次全面检查，复核无误后，进行对比、分析，写出编制说明。概、预算的主要内容是用相应表格描述的，凡是概、预算表格不能反映的一些事项必须附加说明，用文字表达，以供审查审批。

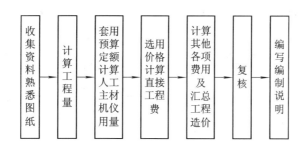

图 6-13 实物法编制概、预算的步骤

全套概、预算表格的编制过程应按图 6-14 所示的顺序进行。

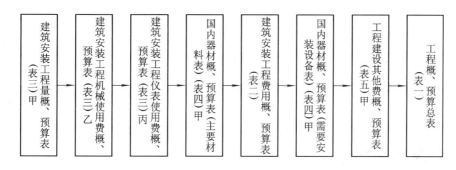

图 6-14 概、预算表格编写顺序

6.3.4 某市话局光缆线路工程概、预算编制举例

为了更好地理解光缆线路工程概、预算，熟悉概、预算编制方法及步骤，下面通过一个某市话局光缆线路工程概、预算编制实例来做进一步说明。

1. 概、预算编制说明及依据

1) 概、预算编制说明

已知某市河川大厦端局至长途电信局的中继光缆线路单项工程一阶段设计，其具体施工图如图 6-15 所示。本工程建设单位为××市电信公司，本次工程为中继段光缆线路。

本次设计的主要工作量有：新立 10 根 8 米木电杆，架设 7/2.2 镀锌钢绞线 0.523 千米条，敷设架空光缆 0.563 千米条。预算"单项工程费用合计"总价值为 45050.61 元，其中"建设安装工程费用"为 41062.55 元，"工程建设其他费用"为 2255.34 元，"预备费"为 1732.72 元。总工日为 137.37 个，其中技工工日 91.21 个，普工工日 46.16 个。

2) 编制依据

编制依据按第 6.3.1 节的概、预算编制原则以及以施工图纸为基本依据，在此不再赘述。

3) 费率的取定

(1) 本工程为一阶段设计，预备费为工程总费用(在本例中为"建设安装工程费"和"工程建设其他费用"之和)的 4%。

(2) 本工程为 4 类工程，施工企业为 1 级，技工人工费取定 114.00 元/日，普工费单价为 61.00 元/日。敷设单模光缆 12×0.563＝6.756 芯公里，采用每 50 米架设一根电杆，共计架设 10 根电杆，线路中间有一个光缆接头，平均每芯公里造价 24471.31÷6.756＝3622.16 元。

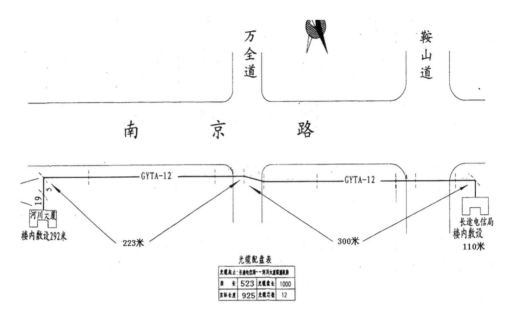

图 6-15 河川大厦局至长途电信局中继光缆线路施工图

2. 填写概、预算表格的方法

概、预算表格编写顺序如图 6-14 所示,具体操作是第一步编写"建筑安装工程量概、预算表(表三)甲""建筑安装工程机械使用费概、预算表(表三)乙""建筑安装工程仪器仪表使用费概、预算表(表三)丙";第二步编写"国内器材概、预算表(主要材料表)(表四)甲";第三步编写"建筑安装工程费用概、预算表(表二)";第四步编写"国内器材概、预算表(需要安装设备表)(表四)甲";第五步编写"工程建设其他费概、预算表(表五)甲";第六步编写"工程概、预算总表(表一)"。

1) 填写(表三)甲、乙、丙的方法

根据如图 6-15 所示施工图,填写(表三)甲。其主要内容是查阅定额相关规定,确定单项工程所用的技工工日数和普工工日数的工作量,然后统计总工日数作为人工费用的依据。

随后如实填写工程机械使用费(表三)乙和仪表使用费(表三)丙。

2) 填写(表四)甲的方法

直接将所用材料费用和其他运输、保管等费用,按要求填写于表中,最后小计总费用。

3) 填写表二的方法

填写表二是整个预算表格中最烦琐的一项工作,要认真按照表三和表四的内容一一对应填写。

(1) 填写"直接工程费"的方法。第一步填写"人工费",由(表三)甲的技工工日数和普工工日数计算出人工费用;第二步填写"材料费",将(表四)甲的材料费填写其中;第三步填写"机械使用费",将(表三)乙的机械使用费填写其中;第四步填写"仪表使用费",将(表三)丙的仪表使用费填写其中;将"人工费"+"材料费"+"机械使用费"+"仪表使用费"之和填入"直接工程费"项目之中。

(2) 填写"措施费"的方法。分别根据"人工费"与费率百分比关系,填写各项得到相应的计算值，共 15 项，然后将这 15 项相加，填入"措施费"项目之中。

（3）填写"直接费"的方法。将"直接工程费"＋"措施费"之和填入"直接费"项目之中。

（4）填写"间接费""利润"和"税金"的方法。将"规费"与"企业管理费"之和填入"间接费"项目之中。

"利润"＝"人工费"×30％，而"税金"＝（"直接费"＋"间接费"＋"利润"）×3.41％。

（5）填写"建设安装工程费"（或"工程费"）的方法。将"直接费"＋"间接费"＋"利润"＋"税金"之和填入"工程费"项目之中。

4）填写（表五）甲的方法和填写表一的方法

填写（表五）甲时，可根据已知情况直接填写。

填写表一时，将表二和（表五）甲所对应的项目填入，其他项目可计算得出。

3. 概、预算表格

工程概、预算的主要内容是由一组概、预算表格表述的，分别如下：

（1）工程概、预算总表（表一），表格编号：B1，参见表 6 - 10。

表 6 - 10　工程概、预算总表（表一）

建设项目名称：××—××段光缆传输系统工程

单项工程名称：×局市话光缆通信线路工程　　建设单位名称：某市电信分公司　　表格编号：B1　第　页

序号	表格编号	工程或费用名称	小型建筑工程费	需要安装的设备费	不需安装的设备、工器具费	建筑安装工程费	其他费用	预备费	总价值			
						（元）			除税价	增值税	含税价（元）	外币（元）
I	II	III	IV	V	VI	VII	VIII	IX	X	XI	XII	VIII
1		工程费				41062.55					41062.55	
2		工程建设其他费用					2255.34				2255.34	
3		合计				41062.55	2255.34				43317.89	
4		预备费用（合计×4％）						1732.72			1732.72	
5		单项工程费用总计				41062.55	2255.34	1732.72			45050.61	

设计负责人：×××　　　　审核：×××　　编制：×××　　　　编制日期：×年×月

（2）建筑安装工程费用概、预算表（表二），表格编号：B2，参见表6-11。

表6-11 建筑安装工程费用概、预算表（表二）

建设项目名称：××—××段光缆传输系统工程

单项工程名称：×局市话光缆通信线路工程　建设单位名称：某市电信分公司　表格编号：B2　第　页

序号	费用名称	依据和计算方法	合计（元）
I	II	III	IV
	建筑安装工程费	一＋二＋三＋四	41062.55
一	直接费	（一）＋（二）	26957.08
（一）	直接工程费	1＋2＋3＋4	22045.82
1	人工费	（1）技工费＋（2）普工费，来自（表三）甲	13213.7
（1）	技工费	技工工日91.21×114元/工日	10397.94
（2）	普工费	普工工日46.16×61元/工日	2815.76
2	材料费	（1）主要材料费＋（2）辅助材料费	8300.36
（1）	主要材料费	（表四）甲	8275.53
（2）	辅助材料费	主要材料费×0.3%	24.83
3	机械使用费	（表三）乙	412.96
4	仪表使用费	（表三）丙	118.8
（二）	措施费	（二）以下的1＋2＋…＋15项之和	4911.26
1	文明施工费	人工费×1.5%	198.21
2	工地器材搬运费	人工费×3.4%	449.27
3	工程干扰费	人工费×6%	792.82
4	工程点交、场地清理费	人工费×3.3%	436.05
5	临时设施费	人工费×x%（距离≤35 km取2.6%；距离>35 km取5%，或按公司计取）	343.55
6	工程车辆使用费	人工费×5%	660.69
7	夜间施工增加费	人工费×2.5%	330.34
8	冬雨季施工增加费	人工费×1.8%（或3.6%）	237.85
9	生产工具用具使用费	人工费×1.5%	198.21
10	施工用水电蒸汽费	给定或不计列	1000.0
11	特殊地区施工增加费	不计列	—
12	已完工程及设备保护费	人工费×2.0%	264.27
13	运土费	不计列	—
14	施工队伍调遣费	原则上不计取	—
15	大型施工机械调遣费	原则上不计取	—
二	间接费	（一）＋（二）	8072.24
（一）	规定费用	1＋2＋3＋4	4451.69

续表

序号	费 用 名 称	依 据 和 计 算 方 法	合计(元)
1	工程排污费	政府部门相关规定(不计)	
2	社会保障费	人工费×28.5%	3765.90
3	住房公积金	人工费×4.19%	553.65
4	危险作业意外伤害保险费	人工费×1%	132.14
(二)	企业管理费	人工费×27.4%	3620.55
三	利润	人工费×20%	2642.74
四	税金	(直接费+间接费+利润)×9%	3390.49

设计负责人：××　　　审核：××　　　　编制：××　　　　　编制日期：×年×月

（3）建筑安装工程量概、预算表(表三)甲，表格编号：B3J，参见表6－12；建筑安装工程机械使用费用概、预算表(表三)乙，表格编号：B3Y，参见表6－13；建筑安装工程仪器仪表使用费概、预算表(表三)丙，表格编号：B3Z，参见表6－14。

表 6－12　建筑安装工程量概、预算表 (表三) 甲

建设项目名称：××—××段光缆传输系统工程

单项工程名称：×局市话光缆通信线路工程　　建设单位名称：某市电信分公司　　表格编号：B3J　第　　页

序号	定额编号	项目名称	单　位	数量	单位定额值		合计值(工日)	
					技工	普工	技工	普工
I	II	III	IV	V	VI	VII	VIII	IX
1	TXL1－002	架空光缆施工测量	百米	5.63	1.10	0	6.19.	0
2	TXL3－013	立9.0米以下水泥电杆(综合土)	根	10	0.68	0.73	6.8	7.3
3	TXL3－054	装7/2.6单股拉线(硬土)	条	2	0.84	0.60	1.68	1.20
4	TXL3－197	城区架设吊线7/2.2	千米条	0.523	4.5	4.9	2.35	2.56
5	TXL4－004	架设架空光缆(丘陵、水田、市区12芯以下)	千米条	0.563	16.82	12.18	9.47	6.86
6	TXL4－046	穿放引上光缆	条	2	0.6	0.6	1.2	1.2
7	TXL4－049	架设吊线墙壁光缆	百米条	4.02	5.23	5.23	21.02	21.02
8.	TXL5－001	市话光缆接续(12芯以下)	头	1	6.00	0	6.00	0
9	TXL7－052	端点熔接法完成光缆与活动接头光纤连接	芯	24	0.5	0	12	0

序号	定额编号	项目名称	单 位	数量	单位定额值		合计值（工日）	
					技工	普工	技工	普工
10	TXL5-011	市话光缆中继段测试（12芯以下）	中继段	1	12.60		12.60	
		合计					79.31	40.14
		总工日不足100，增加15%					11.90	6.02
			合计				91.21	46.16

设计负责人：×××　　　审核：×××　　　编制：×××　　　编制日期：　　×年×月

表 6 - 13　建筑安装工程机械使用费概、预算表（表三）乙

建设项目名称：××—××段光缆传输系统工程

单项工程名称：×局市话光缆通信线路工程　　建设单位名称：某市电信分公司　表格编号：B3Y　第　　页

序号	定额编号	项目名称	单位	数量	机械名称	单位定额值		合计值	
						消耗量（台班）	单价（元）	消耗量（台班）	合价（元）
I	II	III	IV	V	VI	VII	VIII	IX	X
1	TXJ-022	市话光缆连续（12芯以下）	头	1	光缆接续车（4 t以下）	0.5	242	0.5	121.00
2	TXJ-006	市话光缆接续（12芯以下）	头	1	汽油发电机（10 kW以下）	0.3	290	0.3	87.00
3	TXJ-001	市话光缆接续（12芯以下）	头	1	光纤熔接机（单芯型）	0.5	168	0.5	84.00
4	TXJ-001	熔接法完成光纤连接	芯	24	光纤熔接机（单芯型）	0.03	168	0.72	120.96
5		合计						2.02	412.96
6									
7									

设计负责人：××　　　审核：××　　　编制：××　　　　　　编制日期：　　×年×月

表 6 - 14　建筑安装工程仪器仪表使用费概、预算表(表三)丙

建设项目名称：××—××段光缆传输系统工程

单项工程名称：×局市话光缆通信线路工程　　建设单位名称：某市电信分公司　　表格编号：B3Z 第　　页

序号	定额编号	项目名称	单位	数量	仪表名称	单位定额值		合计值	
						消耗量(台班)	单价(元)	消耗量(台班)	合价(元)
I	II	III	IV	V	VI	VII	VIII	IX	X
1	TXL1 - 022	架空光缆施工测量	100 m	5.23	地下管道线探测仪	0.10	173.0	0.523	90.5
2	TX L3 - 180	市话光缆中继段测试(12 芯以下)	千米条	0.925	光时域反射仪	0.10	306	0.0925	28.3
3		合计						0.616	118.8
4									

设计负责人：××　　审核：××　　编制：××　　　　　　　　编制日期：×年×月

（4）国内器材预概、算表(主要材料表)或(需要安装设备表)(表四)甲，表格编号：B4，参见表 6 - 15 和表 6 - 16。

表 6 - 15　国内器材概、预算表(主要材料表)(表四)甲

建设项目名称：××—××段光缆传输系统工程

单项工程名称：×局市话光缆通信线路工程　　建设单位名称：某市电信分公司　　表格编号：B4 第 1 页

序号	名　　称	规格程式	单位	数量	单价(元)			合计(元)		
					除税价	增值税	含税价	除税价	增值税	含税价
I	II	III	IV	V	VI	VII	VIII	IX	X	XI
1	光缆	GYTA12 - B1	m	965	2.31	0.37	2.68	2229.15	356.66	2586.0
2	(2)小计									2586.0
3	采购及保管费(2)×1.1%									28.45
4	运杂费(2)×1.4%									36.20
5	运输保险费(2)×0.1%									2.59
6	合计①[2～5 之和]									2653.4
8	镀锌铁线	φ1.5 mm	公斤	1.82			7.10			12.93
9	镀锌铁线	φ3.0 mm	公斤	1.60			4.80			7.68

续表

序号	名　称	规格程式	单位	数量	单价(元)			合计(元)		
					除税价	增值税	含税价	除税价	增值税	含税价
10	镀锌钢绞线	7/2.2	公斤	115.72			6.00			694.32
11	瓦型护杆板		块	10.00			4.175			41.75
12	条型护杆板		块	14.00			1.00			14.00
13	拉线衬环	7 股	个	6.00			2.00			12.00
14	吊线担		根	14.00			5.00			70.00
15	吊线抱箍		付	13.00			4.00			52.00
16	吊线压板		付	13.00			3.00			39.00
17	U 形卡子	$\phi 10$ mm	只	14.00			1.00			14.00
18	电缆挂钩		只	1159.00			0.4			463.6
19	光缆接续器材		套	1.00			500.00			500.00
20	(20)小计									1921.28
21	采购及保管费 (20)×1.1%									21.13
22	运杂费(20)× 7.2%									138.33
23	运输保险费 (20)×0.1%									1.92
24	合计② [20～23 之和]									2082.67

设计负责人：×××　　　　审核：×××　　　编制：×××　　　编制日期：×年×月

表 6-16　国内器材概、预算表(需要安装设备表)(表四)甲

建设项目名称：××—××段光缆传输系统工程

单项工程名称：×局市话光缆通信线路工程　　建设单位名称：某市电信分公司　　表格编号：B4　第 2 页

序号	名　称	规格程式	单位	数量	单价(元)			合计(元)		
					除税价	增值税	含税价	除税价	增值税	含税价
I	II	III	IV	V	VI	VII	VIII	IX	X	XI
25	聚乙烯塑料管	φ28/34 mm	m	14.00			1.00			14.00
26	(26)小计									14.00
27	采购及保管费 (26)×1.1%									0.15
28	运杂费(26)×4.3%									0.60
29	运输保险费 (26)×0.1%									0.01
30	合计③ [26~29 之和]									14.76
31	水泥电杆	130×9 m	根	10			300.00			3000.00
32	防腐松木横木	1.20 m	根	2			50.00			100.00
33	(33)小计									3100.00
34	采购及保管费 (33)×1.1%									34.10
35	运杂费(33)×12.5%									387.50
36	运输保险费 (33)×0.1%									3.1
37	合计④[33~36 之和]									3524.70
	总计(①~④)									8275.53

设计负责人：×××　　　　审核：×××　　　编制：×××　　　编制日期：×年×月

（5）工程建设其他费用概、预算表（表五）甲，表格编号：B5，参见表 6 - 17。

表 6 - 17　工程建设其他费概、预算表（表五）甲

建设项目名称：××—××段光缆传输系统工程

单项工程名称：×局市话光缆通信线路工程　建设单位名称：某市电信分公司　表格编号：B5　第　页

序号	费 用 名 称	计算依据及方法	金额（元）			备注
			除税价	增值税	含税价	
Ⅰ	Ⅱ	Ⅲ	Ⅳ	Ⅴ	Ⅵ	Ⅶ
1	建设用地及综合赔补偿	不计				
2	建设单位管理费	给定			491.26	
3	可行性研究费	给定			500.00	
4	研究试验费	不计				
5	勘察设计费	给定			1000.00	
6	环境影响评价费	不计				
7	劳动安全卫生评价费	不计				
8	建设工程监理费	不计				
9	安全生产费	给定			100.00	
10	工程质量监督费	给定			64.08	
11	工程定额测定费	不计				
12	引进技术及引进设备其他费用	不计				
13	工程保险费	给定			100.00	
14	工程招标代理费	不计				
15	专利及专利技术使用费	不计				
	总计				2255.34	

设计负责人：×××　　审核：×××　　编制：×××　　编制日期：×年×月

6.4　接入网光缆通信线路工程设计

接入网由 UNI 和 SNI 之间的一系列传输实体组成，如图 6 - 3 所示。实现接入网的传输系统技术主要有电缆线路的 ADSL 技术和光纤线路的 EPON\GPON\APON 接入技术，接入网光缆通信线路工程设计由接入网光纤通信系统设计和接入网光缆线路工程设计两部分组成。

6.4.1　接入网光纤通信系统设计

采用光纤通信系统实现接入网功能的系统称为光纤接入网(OAN)，OAN 的一个主要特点是可以方便、有效地实现较宽频带信号接入，是目前实现宽带接入系统的重要方式之一。在第 5.5.1 节我们已知，OAN 主要有光纤到户(FTTH)、光纤到办公室(FTTO)、光纤到大楼(FTTB)、光纤到无线网(FTTR)、光纤到基站(FTTS)等实现结构(见图 5-70)。相对而言，FTTH 具有更多的应用，而且对 FTTH 结构稍作调整即可实现其他 OAN 结构，故在本节中重点讨论 FTTH 及其实现。

图 6-16 给出了 FTTH 光纤接入链路的结构模型，它由光线路终端(OLT)、光配线网(ODN)和光网络单元(ONU)构成。如图所示，ODN(构成光链路)由光纤光缆、光交接箱、光分纤箱、光分路器、冷接子等组成。

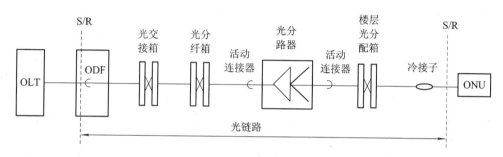

图 6-16　FTTH 光纤接入链路的结构模型

1. 系统设计

1) 接入网的系统设计

设计接入网系统时，应根据所需容量在基于光纤线路的 EPON\GPON\APON 接入技术中做适当选择。一般大中城市光纤接入网选用 EPON 技术，它可支持速率等级在 1.25 Gb/s 量级的信号接入。以 FTTH 为例的接入网的系统设计结构图见图 5-71。

2) 工作波长及光纤选择

基于 ITU-T 对光纤的规范建议，接入网系统设计者应根据系统的具体情况和需要，选择适当的光纤类型和工作波长。目前可选用的光纤类型为 G.652 或 G.657。光纤系统传输窗口的工作波长为 1310 nm 和 1550 nm。

2. 系统接入线段距离的估算设计

光纤用户接入线路距离的估算是以损耗受限系统来考虑的，即光纤用户接入线路距离长度由 S 与 R 点之间的光链路损耗决定。光纤用户接入线链路参考模型如图 6-16 所示，根据设定的 ODN 网络的实际情况，结合设计中选定的各种无源器件的技术性能指标，计算用户接入线路距离长度。图中光链路的损耗与所采用的 EPON 设备 R—S 点允许损耗、光分路器总分路比、分路级数所造成的插入损耗、ODN 网中活接头的数量(与配线级数有关)等有关。局端设备(OLT)至 ONU 之间的传输距离中各段光纤长度总和(L)估算，可按式(6.6)考虑：

$$L = \frac{P_S - P_R + \left(P_P + M_{CC} + \sum_{i=1}^{\infty} A_{GF} + X \times A_{SS} + Y \times A_C + Z \times A_L\right)}{A_f} \tag{6.6}$$

式中，P_S 为 S 点发送光功率(dBm)；P_R 是 R 点接收灵敏度(dBm)；P_P 为光通道功率代价(dB)；M_{CC} 是光缆线路总富余度(dB)；X 为熔接接头数量；A_{ss} 为熔接接头平均损耗(dB/个)；Y 为活动连接器的数量；A_c 为活动连接器损耗(dB/个)；Z 为光纤冷接子的数量；A_L 为冷接子接头损耗(dB/个)；A_f 是光纤损耗系数(dB/km)；$\sum\limits_{i=1}^{\infty} A_{GF}$ 是 m 个光分路器插入损耗的总和(dB)。

一般而言，光通道功率代价不太大，不超过 1 dB。

光缆线路总富余度是弥补光缆线路运行中可能发生的损耗变化的参数，当传输距离小于等于 5 km 时，M_{CC} 不少于 1 dB；当传输距离小于等于 10 km 时，M_{CC} 不少于 2 dB，当传输距离大于 10 km 时，M_{CC} 不少于 3 dB。

目前随着光线熔接机质量的提高，光纤熔接接头平均损耗一般很小，通常取 0.06 dB/个，活动连接器损耗一般取 0.5 dB/个，光纤冷接子接头损耗可取 0.15 dB/个。

光纤损耗系数视光纤而定，如 G.652 光纤，理论上可取 0.35 dB/km(上行光波长为 1310 nm)和 0.25 dB/km(下行光波长为 1490 nm)。

光链路中的光分路器插入损耗随着分光等级而变，例如，1∶32 光分路器的插入损耗，采用一级分光时取 17.5 dB，采用二级分光时取 18 dB，采用三级分光时取 18.5 dB。

此外，ODF 架、光交接箱、光分纤箱和楼层光分配箱也会带来插入损耗，可通过增加活动连接器的数量估算。

例 6-4　设计一个 EPON 光纤接入系统，其链路基本模型如图 6-16 所示，系统的速率为 1.25 Gb/s (下行)；使用 G.652 光纤，平均发送最大光功率为 2 dBm；接收灵敏度为 −24 dBm；光通道功率代价不超过 1 dB；$M_{CC}=2$ dB，$A_{ss}=0.06$ dB/个，2 个熔接头；4 个活动连接器，$A_c=0.8$ dB/个；1 个冷接子，$A_L=0.15$ dB/个；$A_f=0.25$ dB/km(下行光波长为 1490 nm)；采用 1 级 1∶32 光分路器，其插入损耗取 17.5 dB。试估计出该系统接入段最长距离值。

解　按式(6.6)可计算出该系统的接入段距离 L 为

$$L = \frac{P_S - P_R - \left(P_P + M_{CC} + \sum\limits_{i=1}^{\infty} A_{GF} + X \times A_{ss} + Y \times A_c + Z \times A_L\right)}{A_f}$$

$$= \frac{2 + 24 - (1 + 2 + 17.5 + 2 \times 0.06 + 4 \times 0.8 + 1 \times 0.15)}{0.25} = 8.12 \text{ (km)}$$

6.4.2　接入网光缆线路工程设计

接入网的光缆线路工程建设程序仍遵循第 6.1 节讨论的程序，在这里直接介绍接入网线路工程设计。

1. ODN 光缆线路的设计

如前所述，ODN 光缆线路由 OLT 至 ONU 之间的所有光缆和无源器件组成。ODN 网络一般以树型结构为主，包括馈线光缆段、配线光缆段和入户光缆段 3 个段落，以及段落之间的光分配点和光用户接入点，如图 6-17 和图 6-18 所示。OLT 可以在中心局(或端局)，光分配点可以是光分路器、光缆交接箱。光分配点可安装在主干线光节点上、小区/

路边或大楼中，光用户接入点可以是楼群插板式 OUN 接入点，用户端接点可以是冷接子或活动接头，ONU 可放置在小区、路边、大楼、用户室内。

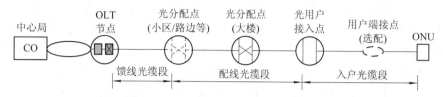

图 6-17 ODN 的光纤各段落组成（FTTH 系统光纤各段落）

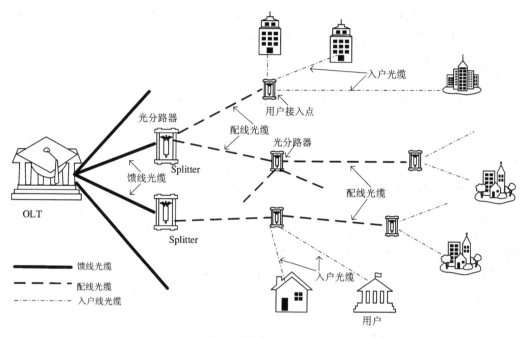

图 6-18 FTTH 系统的 ODN 光纤各段落组成

2. 馈线光缆和配线光缆的设计

（1）馈线光缆芯数取决于中远期发展的需要，配线光缆则应按规划期末的需求配置。馈线光缆以及配线光缆线路路由的选择，应符合通信网发展规划的要求和城市建设主管部门的规定，考虑管道路由和道路状况等因素，比如城区内的光缆路由，应采用管道路由敷设方式，在郊区宜采用管道敷设，在没有管道的地段应采用埋式加塑料管保护的方式。光缆路由应既便捷又安全，施工维护方便。接入分布最好设置在集中的区域，便于扩建。

（2）住宅区的光缆线路汇集点，如馈线光缆与配线光缆交接处宜设置光缆交接箱，配线光缆从交接箱中引出。

（3）光缆交接箱设置在公共用地的范围内时，应有主管部门的批准文件，如交接箱设置在用户院内或建筑物内时应得到产权单位的同意。

光缆交接箱内的馈线光缆与配线光缆应先使用相同的线序，配线光缆的编号应按光缆交接箱的列号，配线方向应统一编排。

3. 入户光缆线路的设计

（1）对于住宅用户和一般企业用户，通常每户配二芯光纤；对于重要用户或有特殊要求的用户，应考虑提供保护，并根据不同情况选择不同的保护方式。

（2）设计入户光缆时，应根据现场环境条件选择合适的光缆，建议采用单芯皮线光缆。

（3）在楼内垂直方向上，光缆宜在弱电竖井内，采用光缆桥架或走线槽方式敷设，在没有竖井的建筑物内可采用暗管方式敷设，暗管宜采用钢管或不燃烧的硬质 PVC 管，管径不宜小于 φ50 mm。在水平方向上，光缆敷设可预埋钢管和不燃烧的硬质 PVC 管或线槽，不得形成 S 弯，暗管的弯曲半径应大于管径 10 倍。

（4）入户光缆进入用户家庭或桌面可以采用接线盒或家庭综合信息箱方式终结，应尽量在土建施工时预埋在墙体内。

（5）当光缆终端盒与光网络终端设备分别安装在不同位置时，宜采用带有金属铠装的光跳纤进行连接；若将光缆终端盒与光网络终端设备安装于家庭综合信息箱内，则采用普通光跳纤进行连接。

（6）入户光缆接续要求：

① 使用常规光缆时宜采用热熔接方式，在使用皮线光缆，特别对于单个用户安装时，若不具备熔接条件，则可采用冷接子机械接续方式。

② 单芯光纤双向熔接损耗（OTDR 测量）平均值应不大于 0.08 dB/芯；采用冷接子机械接续时，单芯光纤双向平均损耗值应不大于 0.15 dB/芯。

4．光分路器分光结构的设计

光分路器是一个独立的无源光器件，如何选择分光方式决定了 ODN 网的逻辑结构，它可以安放在 OLT 节点、光分配点或者光用户接入点上使用。分路级数可以是一级、二级或多级。具体设置在什么位置以及采用几级分路，应根据需要安装 FTTH 的用户分布情况而定。光分路器分路比的选择，就目前已商用的设备来说，EPON 系统 FTTH 应用可按 1：32 设置，GPON 系统可按 1：64 设置。几种常用的分路比结构如图 6 - 19 所示。

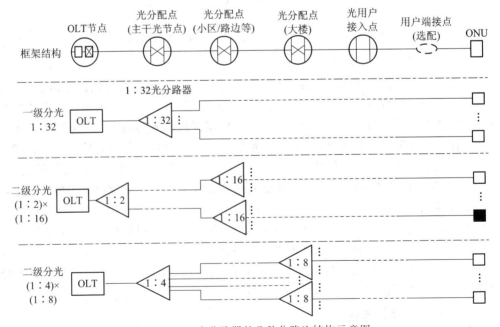

图 6 - 19   光分路器的几种分路比结构示意图

5. 敷设方式与光缆型号的选择

接入网室外光缆的选择与核心网的选择一致。

室内"垂直布线光缆"配线宜选用 GJFJZY（非金属加强构件、紧套光纤、阻燃式、聚乙烯护套室内光缆）、GJFJBZY（非金属加强构件、紧套光纤、扁型、阻燃式、聚乙烯护套室内光缆）、GJFZY（非金属加强构件、松套光纤、阻燃式、聚乙烯护套室内光缆）、GJFBZY（非金属加强构件、松套光纤、扁型、阻燃式、聚乙烯护套室内光缆）等型号室内光缆。

室内"水平布线光缆"配线可根据需要选用 GJFJV（非金属加强构件、紧套光纤、聚氯乙烯护套的室内光缆）、GJFV（非金属加强构件、松套光纤、聚氯乙烯护套的室内光缆）、GJFJZY、GJFZY、GJFJBZY、GJFJBV（非金属加强构件、紧套光纤、扁形、聚氯乙烯护套的室内光缆）等型号室内光缆。

设备互连线可根据需要选用 GJFJV（非金属加强构件、紧套光纤、聚氯乙烯护套室内光缆）、GJFJU（非金属加强构件、紧套光纤、聚氨酯护套室内光缆）、GJFJBV、GJFJBU（非金属加强构件、紧套光纤、扁型、聚氨酯护套室内光缆）、GJFJU（非金属加强构件、紧套光纤、聚氨酯护套室内光缆）等型号光缆。

6.5　接入网光缆通信线路工程设计文件的编制

6.5.1　设计文件的编制内容

设计文件由文件封面、文件扉页、工程信息表和文件内容组成。

文件封面包括：工程名称、设计编号、建设单位、设计单位、证书编号和勘察证号，最后需盖设计单位公章。

文件扉页包括：工程名称、主管、总工程师、设计总负责人、单项设计负责人、设计人、审核人、预算编制人及证号。

工程信息表由工程规模、经济指标、工程费用和主要工作量等信息构成。

文件内容一般应有文件目录，文件目录是在设计文件装订成册后为便于文件阅读而编排的。另外还有设计说明，包含系统设计、工程预算和设计图纸三部分，具体内容与第6.3.1 节所述相似，不再重述。

6.5.2　设计文件的编制举例

本节以设计文件的编制为例，项目题目为"某地区 EPON 接入光缆通信线路工程一阶段设计"。

1. 文件封面的内容

文件封面的内容如下：

　　　　某地区 EPON 接入光缆通信线路工程一阶段设计
　　　　项目编号：2011－CQLT0031－S(006V0)
　　　　建设单位：××学校
　　　　设计单位：××设计院
　　　　设计证号：A150002926

最后盖上设计单位公章。

2. 文件扉页的内容

文件扉页的内容如下：

　　　　　　　　某地区 EPON 接入光缆通信线路工程一阶段设计

　　　　　　　　主管：张××

　　　　　　　　总工程师：赵××

　　　　　　　　设计总负责人：王××

　　　　　　　　单项设计负责人：黄××

　　　　　　　　设计人：黄××

　　　　　　　　审核人：许××

　　　　　　　　　　　　　　证号：通信（概）字 221546

　　　　　　　　预算编制：侯××

　　　　　　　　　　　　　　证号：通信（概）字 220745

3. 信息表的内容

信息表由工程信息表、光缆部分经济指标及工作量信息表、电缆部分经济指标及工作量信息表等构成。工程信息表由工程规模内容、经济指标的综合造价和工程费用组成。

4. 设计文件目录内容

1) 设计说明

设计说明主要反映工程的总体概况，具体内容如下：

（1）概述包含工程概况、设计依据、设计范围及分工、工程建设规模、主要工程量等。

（2）工程建设方案：包含接入组网设计方案或系统设计方案，接入设备 OLT、ONU、ODN 部署原则，EPON 的接入线段距离设计。

（3）光缆线路敷设要求：包含施工测量、光缆线路端别认定、光缆配盘原则、光缆预留及重叠布放长度、局内光缆引入敷设、墙壁光缆的敷设、管道光缆敷设等实施内容。

（4）电缆线路敷设要求：包含钉固式墙壁电缆的敷设要求、管道电缆敷设要求、施工要求。

（5）系统验收：含电缆系统测试参数、光缆线路传输性能施工及验收指标。

（6）光电缆线路防护要求与措施：包含防雷、防强电、节能环保、生态环境保护、噪声控制、消防要求。

（7）其他问题说明与施工注意事项等。

2) 工程概、预算

工程概况及预算总额、预算编制依据、有关费用及费率的取定、勘察设计费的取定、预算表格。

3) 设计图纸

光缆/电缆线路路由图、光缆配置、光纤分配图、电缆配线、设备布线图等。

5. 正文内容

1) 设计说明

（1）工程概述。

本工程为某地区 EPON 接入光缆通信线路工程一阶段设计,是根据某地区网络发展的需求安排,需要对"普罗旺斯"一期、"阳光丽城""城市星都"等进行联通固网网络覆盖而进行的光电缆线路工程。本工程完工后能改变"普罗旺斯"一期、"阳光丽城""城市星都"等小区目前不能扩展联通的电话和宽带等固网业务的现状,有利于联通宽带业务的发展。

本次工程共敷设电缆 2.211 公里,合计 115.62 线对公里;敷设 12 芯光缆 2.4 公里,敷设 48 芯光缆 2.6 公里,合计 91.2 芯公里。

相关经济指标有:本工程新建电缆 115.62 线对公里,综合造价约 783.92 元线对公里(含机柜造价);新建光缆 91.2 芯公里,综合造价约 1136.56 元芯公里。光电缆敷设主要采用钉固、管道等方式敷设,配线(配置)和路由详见设计图纸。

本工程总造价为 194291.00 元,其中,光缆部分造价为 103654.00 元,电缆部分造价为 90637.00 元。

设计依据:×公司关于"某地区 EPON 接入光缆通信线路工程一阶段设计"的设计委托书;YD 5102—2010《通信线路工程设计规范》和 YD 5121—2010《通信线路工程验收规范》;YD 5012—2003《光缆线路对地绝缘指标及测试方法》和 YD 5039—2009《通信工程建设环境保护技术暂行规定》。

其他关于工程建设标准的相关国家强制要求主要有:相关系统/网络的工程设计规范、技术规范/标准,相关设备的采购合同,相关产品的技术资料,设计人员在现场勘察过程中收集到的各种资料,建设单位提供的相关资料。

设计范围及工程分工:设计范围,即本地网的接入组网线路的路由设计,光缆配置的设计,电缆配线的设计,编制工程预算;专业分工,即与有线接入设备专业的分工,与电源专业的分工;工程分工,即建设单位负责设备安装现场的准备。施工单位负责线路的敷设和相应的安全保护,以及中间的跳接。

工程建设规模:配 DSL+POTS 型 OUN 设备 12 台,新增语音 768 对线,数据线 768 对线。

主要工程量:安装测试 OUN 设备 12 台,布放光纤 30 条等。

所附相关表格较多,在此省略。

(2)接入组网设计、设备配置及光纤型号选择方案。

光缆接入网组网和设备部署方案如下:

本期工程采用基于 EPON 技术的 FTTB 方式接入,"普罗旺斯"一期、"阳光丽城""城市星都"小区都等采用 EPON 接入技术,按照三个场景的分类,分别对商业用户、住宅、大楼三类区域制定相应的接入组网设计方案,实现 FTTx 组网方式,如图 6-20 所示。本期工程共配 DSL+POTS 型终端设备 12 台,与大楼占用 OLT 设备 2 列 4 芯相连,与商业用户占用 OLT 设备 3 列 2 芯相连,与住宅占用的 OLT 设备 4 列 4 芯相连。

光纤型号选择:馈线、配线和入户光缆宜采用 G.652 光纤,可采用 ITU-T G.657 标准的"接入用弯曲不敏感单模光纤"。

(3)接入网系统传输距离估算。

系统收、发之间距离估算参考第 6.4.1 节相关内容,在此不赘述。

(4)光缆线路敷设要求及光缆型号选择。

为光缆线路敷设施工做好准备,工程施工测量主要有:光缆敷设前应依据本设计的光

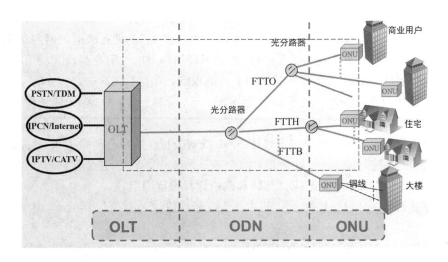

图 6-20　"普罗旺斯"一期、"阳光丽城"等 EPON 组网设计图

缆路由图进行路由复测；复核各段光缆的准确长度；核实光缆具体敷设位置及敷设条件。

施工一般要求：明确施工方式，如人工布放；要求光缆弯曲半径在敷设过程中应不小于光缆外径的 20 倍，安装固定后应不小于光缆外径的 15 倍；光缆在布放中，速度要均匀且不宜过快，勿使光缆张力超过允许值；光缆布放时必须在缆盘上方放出，并保持松弛弧形；施工过程中必须对光缆严加保护，布放时不得在地面上拖拉光缆；严禁车轧、人踩、重物冲砸，严防铲伤、划伤、扭折、背扣等人为损伤；施工中应严格遵守操作规程，确保光缆护套完整性和接头盒组装的严密。

在光缆接续之前，务必再进行一次测试和检查，发现问题及时处理。其他施工要求与核心网工程施工类似，不再赘述。

光缆型号的选择：室内"垂直布线光缆"配线，宜选用 GJFJZY（非金属加强构件、紧套光纤、阻燃式、聚乙烯护套室内光缆）等型号光缆；室内"水平布线光缆"配线可选用 GJFJV（非金属加强构件、紧套光纤、聚氯乙烯护套室内光缆）等型号光缆；设备互连线可选用 GJFJV（非金属加强构件、紧套光纤、聚氯乙烯护套室内光缆）等型号光缆。

（5）系统验收。

系统验收主要参照 YD 5207—2014《宽带光纤接入工程验收规范》执行。其常用的流程是：首先检验光缆线路工程和系统设备安装工程施工质量，以及安装工程所用的规格、质量等是否均符合设计要求；然后对宽带光纤接入系统各项单机进行检查测试等，看它们是否均符合设计要求；最后对整个光纤接入系统进行全面检查和指标抽测。

（6）光/电缆线路防护要求与其他施工注意事项。

① 防雷击、防强电措施应按相关要求完成。

② 注意生态环境保护，一是不得严重影响景观，二是施工产生的生活、生产垃圾应符合要求，三是符合相关应急处理规范。

③ 建筑施工噪声应当符合 GB 11263—1990《建筑施工场界噪声限值》的规定。

④ 通信建筑的消防要求应满足现行国家标准 GB 50016—2006《建筑设计防火规范》及行业标准 YD 5002—2005《邮电建筑防火设计标准》的规定。

2）工程预算

预算表格分为光缆线路部分和电缆线路部分，光缆线路部分预算表格相关内容可参看第6.3.3节，在此省略。

3）设计图纸

设计图纸内容较多，在此省略。

思考题与习题

1. 大、中型光缆通信线路工程的建设程序分哪几个步骤？各步骤的主要任务是什么？

2. 设计文件是由哪几部分组成的？设计文件的编制内容是什么？

3. 光纤通信系统设计的基本要点有哪些？

4. 光纤传输中继段距离长度主要由哪些因素决定？

5. 光缆线路路由的选择有哪些具体要求？

6. 损耗受限系统、色散受限系统的含义是什么？

7. 已知激光器的工作波长为 1550 nm，信息速率为 STM-16 等级，光纤为 G.652 的数字光纤传输系统的参数如下：

发送功率为 -3 dBm；光通道功率代价 $P_P = 1$ dB；接收机灵敏度为 $0.1\ \mu W$；光缆每盘长度为 2 km；光纤活动接头损耗为 1 dB/个；光纤固定接头损耗为 0.2 dB/个；激光器的谱宽为 0.5 nm；光缆富余度为 0.01 dB/km；设备富余度为 5 dB。试估算其最大传输中继段长。

8. 设计一个光纤通信系统，并用数学表达式表示出最大无中继距离主要受哪些因素的影响，并说明各影响因素的含义，以及如何改进其影响因素使无中继的距离延长。

9. 已知放大器增益 G_i 分别为 22 dB、30 dB、33 dB、光纤连接器损耗之和 $\sum A_{Ci} = 1.6$ dB、光纤为 G.652，其衰减系数 A_{fi}(dB/km) 可查表获得、光缆富余度 $M_{ci} = 0.01$ dB/km、每千米光纤固定接头平均损耗 $A_{Si} = 0.06$ dB/km。求：各种光放段增益时第 i 光放段的长度 L_{Ai}(km)。

10. 光缆接续和敷设的预留长度有哪些规定？工程设计时光缆线路的防护考虑因素是什么？

11. 编制通信建设工程的定额及概、预算有什么意义和作用？采用三阶段设计时，每个设计阶段对应概、预算编制有哪些内容？

12. 参考概、预算表提供数据，计算：

（1）在1个中继段中接续2个光缆接头（光缆在12芯以下），共需工程费用多少？

（2）架空光缆中架设2 km光缆（含钢丝吊线），共需工程费用多少？

（3）立9根8 m木电杆，共需工程费用多少？

13. 编制核心网某中继段初步设计（一阶段设计）的设计文件。设计文件的编制内容要求包含：文件目录，设计说明，概、预算表格和设计图纸。

14. 编制某小区光纤接入网通信工程线路设计文件。设计文件的编制内容要求包含：文件目录，设计说明，概、预算表格和设计图纸。

第7章 无线通信传输理论

常用的微波、卫星、移动通信、广播、导航、雷达、短波通信等都属于无线通信。无线通信是利用自由空间以电磁波形式传播信息，无线传输方式主要分为点到点和点到多点两种。

本章所讨论的无线传输理论，其频率范围均在微波波段内，讨论的无线传输特征是指微波、卫星、移动通信的传输特征。

7.1 无线通信的多址连接方式

7.1.1 无线通信的工作方式

按消息传输的方向和时间的关系，通信方式分为单工通信、半双工通信和全双工通信。

(1) 单工通信：只能进行单方向传输消息的工作方式，发端只能发，收端只能收。例如，遥控器是点到多点的单向广播通信。

(2) 半双工通信：通信双方都能收、发消息但不能同时收、发消息的工作方式。例如，采用同一载频工作的无线电对讲机，如图 7-1 所示。

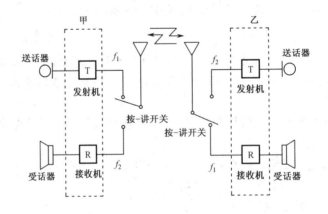

图 7-1 半双工通信方式

(3) 全双工通信：通信双方可同时进行收、发消息的工作方式。例如，电话、手机，如图 7-2 所示。

全双工通信按频率或时间占用方式的不同，又分为频分双工（FDD）和时分双工（TDD），如图 7-3 示。FDD 实现时需要两个独立的频段信道，比如一个信道用来传送下行信息，另一个信道用来传送上行信息。两个信道之间存在一个保护频段，以防止邻近的发射机和接收机之间产生相互干扰。TDD 实现方式是收、发占用同一个频段信道，但通过不同时间段进行上、下行传送信息，这样它们之间不会产生频率干扰。

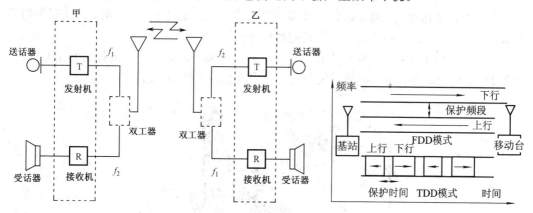

图 7-2　全双工通信方式　　　　　　　　图 7-3　FDD 和 TDD 原理示意图

7.1.2　多址连接方式

　　多址连接技术与多路复用技术是两个不同的概念。多路复用技术是同一地理位置的不同的独立信号共用(复用)一条信道，且互不干扰。比如卫星通信，同一地球站要同时传输多路信号，就可采用多路复用技术。多址连接(复用)技术是把处于不同地理位置的独立信号共用(复用)到同一条信道，且互不干扰。比如不同地点的移动用户信号复用到同一基站转发器的同一条信道中一起传输，实现不同基站之间的用户信号传输。

　　一个无线电信号可用若干个参量来表征，如信号占用的频率段、相位、时间段以及信号所处的空间方位等。多址连接方式是属于不同地理位置的复用技术，可利用信号的任意一种参量来实现。常用的连接方式有：频分多址(FDMA)、时分多址(TDMA)、码分多址(CDMA)和空分多址(SDMA)等。

　　(1) FDMA 方式：为处于不同地理位置的各移动用户信号均分配一个独立的子频带，各用户信号分别按分配的子频带复用到同一基站转发器的不同频段中，实现频分多址复用。

　　(2) TDMA 方式：不同地理位置的各移动用户信号占用同一个频段、不同时间段的信道来传输，将传递时间划分为若干时隙(时间段)分配给每个用户信号，再将每个用户信号所分配的专用时隙复用到同一基站转发器的不同时隙中，实现时分多址复用。

　　(3) CDMA 方式：不同地理位置的各移动用户信号在同一个频段、时间段的信道中传输，每个用户都被分配一个码型结构，各用户信号分别按分配的码型结构复用到同一基站转发器中，实现码分多址复用。

　　(4) SDMA 方式：不同地理位置的不同空间方位的移动用户信号在同一个频段、时间、码型的信道中传输，将各用户信号所分配的不同空间方位复用到同一基站转发器中，实现空分多址复用。

7.2　无线电波传播损耗

　　无线电波是看不见、摸不着的电磁波，它又是实实在在存在于我们周围的一种运动的物质形式。当前，能用于通信的无线电频率范围已经从大约 100 kHz 扩展到 100 GHz 以上。不同频率（或波长）的电磁波具有不同的传播方式以及不同的应用场景，电磁波的传播主要分为中长波地表波传播、超短波及微波视距传播、短波的电离层反射、对流层散射等，如图1-15所示，且它们具有如下的共同特性：

直射（直线）传播：电磁波在均匀介质中沿直线传播，具有与光波传播的相似性。在均匀介质中，电磁场传播方向不变，按原先的方向直线向前传播，如图7-4所示。

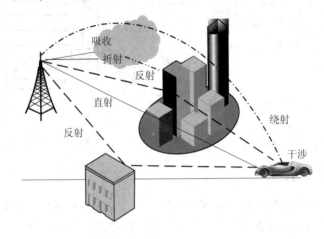

图7-4 电波的多径传播

反射与折射：当电波由一种介质传播到另一种介质时，在两种介质的交界面上，传播方向会发生改变，产生反射和折射现象。电波的反射和折射同样遵守光学的反射和折射定律，如图7-4所示。

绕射：电波在传播过程中有一定的绕过障碍物的能力即称为绕射。由于电波具有一定的绕射能力，所以能绕过高低不平的地面或有一定高度的障碍物，然后到达接收点，因而有时在障碍物后面也能收到无线电信号。电波的绕射能力与波长和障碍物几何尺寸有关，当障碍物的大小确定后，波长越长，绕射能力越强，波长越短，绕射能力越弱，如图7-4所示。

干涉：由同一电波源所产生的电磁波，经过不同的路径到达某接收点时，该接收点的场强由不同路径的电波合成，这种现象叫作波的干涉，也称为多径效应，如图7-4所示。

实现有效可靠的无线传输系统的关键技术包括：① 通过信源编码以降低对信道传输带宽的要求；② 利用信道编码提高信道传输的可靠性；③ 对信号实施适当的调制以适用于不同传输设备；④ 对传输信号进行加密以保证用户的隐私不被泄露，这不仅是军政通信的需要，对商业、乃至个人通信来说也是至关重要的；⑤ 对信道容量的评价。

7.2.1 自由空间传播损耗

1. 自由空间传播损耗的计算

自由空间是一种抽象的空间，通常是指充满均匀、无耗介质的无界空间，无线电波在自由空间直线传播不会产生电磁波的吸收、散射、折射和反射等现象，因此只需要考虑无线电波从源点发射功率 P_T 与到目的点接收功率 P_R 的差别，即为电波的传播带来的损耗。按照自由空间传播的假定，电波能量不会被损耗掉，那么为什么源点发射功率与目的点接收功率有差别呢？

　　根据无线电波传播的特征，假设电波用无方向性的天线发射，电波在自由空间直线传播时，其能量会向四面八方扩散，当然总能量保持不变，但对于无线通信系统来说，其信号接收装置的接收面积是有限的，只能接收其一部分能量，从而相对于发射能量来说，接收能量实际上是减少了。而且随着传播距离的增加，接收天线的面积占整个发射端信号扩散的球面面积的比例逐渐减小，因此接收到的能量也减小，就意味着无线电波在自由空间直线传播的损耗增大了。

　　由电磁场理论可知，如图 7-5 所示，若在 A 点设置的无方向性（或全向）天线的辐射功率为 P_T(W)，则距辐射源 d(m) 的接收点 B 处的单位面积上的电波平均功率为

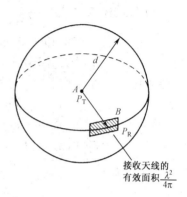

$$W_S = \frac{P_T}{4\pi d^2} \ (\text{W/m}^2) \qquad (7.1)$$

　　由天线理论知道，一个各向均匀接收的天线，其有效接收面积为

$$S = \frac{\lambda^2}{4\pi} \qquad (7.2)$$

　　有效接收面积 S 的物理意义是表明天线吸收传送过来电磁波功率能力大小的参数。

图 7-5　计算电波传播损耗示意图

　　这样，一个无方向性天线在 B 点收到的功率为

$$P_R = \frac{P_T}{4\pi d^2} \frac{\lambda^2}{4\pi} \quad \text{或} \quad P_R = P_T \left(\frac{c}{4\pi d f}\right)^2 \qquad (7.3)$$

　　自由空间的传播损耗定义为

$$[L_P](\text{dB}) = 10\lg \frac{P_T(\text{W})}{P_R(\text{W})} = 10\lg \left(\frac{4\pi d f}{c}\right)^2 = 32.45 + 20\lg d(\text{km}) + 20\lg f(\text{MHz})$$

$$(7.4)$$

式中，d 为收/发天线的距离，f 为发信频率。由式(7.4)可见，自由空间基本传播损耗 $[L_P]$ 只与频率 f 和传播距离 d 有关，当频率增加一倍或距离扩大一倍时，$[L_P]$ 分别增加 6 dB。

　　若发射天线的增益为 G_T 倍，接收天线的增益为 G_R 倍，则式(7.4)应改写为

$$[L_P'](\text{dB}) = 10\lg \frac{P_T(\text{W})}{P_R(\text{W})} = 10\lg \left(\frac{4\pi d f}{c}\right)^2 \frac{1}{G_T G_R}$$

$$= 32.45 + 20\lg d(\text{km}) + 20\lg f(\text{MHz}) - [G_T](\text{dB}) - [G_R](\text{dB}) \qquad (7.5)$$

　　例 7-1　已知某微波中继传输系统，发射天线的增益为 22 dB，接收天线的增益为 16 dB，收发距离为 145 km，载波中心频率为 5.904 GHz。求：

　　(1) 该信道的自由空间传输损耗为多少？

　　(2) 若发射功率为 25 W，则接收机接收到的功率为多少？

　　解　(1) 该信道的基本传输损耗为

$$[L_P'] = 10\lg \frac{P_T}{P_R} = 32.45 + 20\lg d(\text{km}) + 20\lg f(\text{MHz}) - [G_T](\text{dB}) - [G_R](\text{dB})$$

$$= 32.45 + 43.2 + 75.4 - 22 - 16 = 113.05 \ (\text{dB})$$

（2）接收机接收到的功率为

$$P_R = P_T \times 10^{-[L_P']/10} = 25 \times 10^{-11.3} \approx 25 \times 10^{-11}（W）$$

2. 自由空间传播下收信功率的计算

在无线通信中，假设微波中继传输线路的功率分配如图 7-6 所示。实际使用的天线均为定向天线，当收/发天线增益分别为 $[G_R]$(dB)、$[G_T]$(dB)，收/发天线馈线系统损耗分别为 $[L_r]$(dB)、$[L_t]$(dB)时，则在自由空间传播条件下，信道的自由空间传输损耗为

$$[L_P''](dB) = 10\lg\frac{P_T(W)}{P_R(W)} = 10\lg\left[\left(\frac{4\pi df}{c}\right)^2 \frac{1}{G_T G_R} \times L_r \times L_t\right]$$

$$= 32.45 + 20\lg d(km) + 20\lg f(MHz) - [G_T](dB) -$$

$$[G_R](dB) + [L_r](dB) + [L_t](dB) \tag{7.6}$$

接收机接收到的功率为

$$[P_R](dBm) = [P_T](dBm) - [L_P''](dB)$$

$$= [P_T](dBm) - \{[L_P](dB) - [G_T](dB) - [G_R](dB) + [L_r](dB) + [L_t](dB)\}$$

$$= [P_T](dBm) - [L_P](dB) + [G_T](dB) + [G_R](dB) - [L_r](dB) - [L_t](dB) \tag{7.7}$$

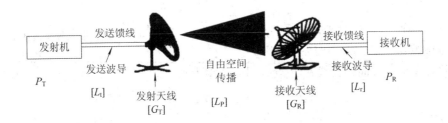

图 7-6 无线通信传输线路功率分配示意图

例 7-2 某微波中继传输系统，已知发射功率 $P_T = 1$ W，发信频率 $f = 3800$ MHz，收发距离为 45 km，$[G_T] = 38$ dB，$[G_R] = 40$ dB，馈线系统损耗 $[L_r] = 1$ dB，$[L_t] = 3$ dB，求自由空间传播条件下的接收功率。

解
$$[L_P] = 10\lg\frac{P_T}{P_R} = 10\lg\left(\frac{4\pi df}{c}\right)^2$$

$$= 32.45 + 20\lg45(km) + 20\lg3800(MHz) \approx 137（dB）$$

将 $P_T = 1$ W 换成电平值：

$$[P_T] = 10\lg\frac{1000(mW)}{1(mW)} = 30（dBm）$$

$$[P_R] = [P_T](dBm) - [L_P](dB) + [G_T](dB) + [G_R](dB) - [L_r](dB) - [L_t](dB)$$

$$= 30 - 137 + 38 + 40 - 1 - 3 = -33（dBm）$$

7.2.2 自然现象的附加损耗

前述自由空间是一种抽象的理想情况，真实的无线电波在空间传播过程中，还会受到各种自然现象的影响，以下分别进行介绍。

1. 大气吸收损耗

产生大气吸收损耗的气体主要是氧气、水蒸气以及水气凝结物。其产生原因有两个：一是电波的吸收，即电波的电磁能转变为热能；二是电波因水汽及凝结物产生的散射。由图 7-7 可知，水蒸气的最大吸收峰在 $\lambda = 1.3$ cm（$f = 23$ GHz）处；氧的最大吸收峰在 $\lambda = 0.5$ cm（$f = 60$ GHz）处。从图 7-7 中总吸收曲线（c）可以查出，当微波频率为 12 GHz 时（波长为 2.5 cm），水蒸气和氧分子总的吸收损耗约为 0.015 dB/km。若收、发站距为 50 km，则一个中继段的损耗约为 0.75 dB。因此，微波工作频率小于 12 GHz 时，与自由空间传播损耗相比，大气吸收损耗可以忽略不计。

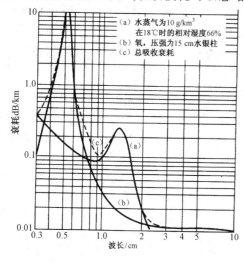

图 7-7　水蒸气和氧吸收损耗

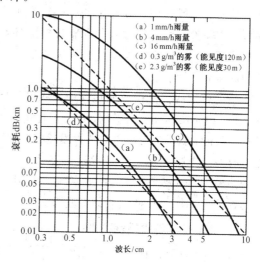

图 7-8　雨雾的散射损耗

2. 雨雾散射损耗

降雨引起的电波传播损耗的增加称为雨衰，雨衰是由于雨滴和雾对无线电波能量的吸收和散射产生的。雨雾中的小水滴能散射电磁波能量，从而造成散射损耗，如图 7-8 所示。

从图 7-8 中曲线（e）可见，在浓雾情况下，波长大于 4 cm（7.5 GHz）、站距为 50 km 的散射损耗约为 3.3 dB。一般来说，10 GHz 以下频段，雨雾的散射损耗还不太严重，通常两站之间的损耗也只有几分贝。但是 10 GHz 以上频段，中继站之间的距离将主要受降雨损耗所限制，在 20 GHz（波长为 1.5 cm）以上时，中继站站距只能缩减到几千米。因此，在设计微波或者卫星通信系统时，考虑到降雨引起的影响，应事先预留 2 dB 左右的发射功率余量。

3. 大气折射损耗

在大气层中，离地球表面越高，空气密度越低，对电波的折射率也随之减小，使电磁波在大气层中的传播路径出现弯曲。即使发射天线在几何上直线对准接收天线，而实际上只是对准了一个虚的接收天线位置。由于大气层的不稳定因素，如温度、云层和雾等导致大气密度分布的不连续变化，使传播路径产生了随机的、时变的弯曲，从而引起接收信号下降或起伏变化，这就相当于给传输带来了损耗。

4. 电离层与对流层的闪烁损耗

电离层内存在电子密度的随机不均匀性而引起闪烁，其强度大致与频率的平方成反比。因此，电离层闪烁会对较低频段（1 GHz 以下）的电波产生明显的散射和折射，从而引起信号的衰落。比如，对于 200 MHz 的工作频率，电离层闪烁使信号损耗有 10% 的时间大于 6 dB。

7.2.3 无线电波传播损耗的预测模型

为了给无线通信系统规划和设计提供依据，需要掌握无线电波的传播规律，并建立无线电波的传播模型，即描述传播损耗与空间之间的关系。此传播模型可以理解为将实体、环境参数及其关系用一种数学公式表达，因此，在不同的情况下采用合适的数学模型变得非常重要。一般来讲，无线电波传播损耗预测模型分可为两类，分别是经验模型和确定性模型。经验模型就是通过收集和整理实际环境下传播损耗与空间之间关系的数据，得到一个传播模型；而确定性模型是分析无线信号传播各种方式（直射、反射和衍射等）的效应，叠加后得到一个传播模型。

一个有效的传播模型能很好地预测出传播的损耗，损耗是距离、工作频率和环境参数的函数。由于实际环境的影响，传播损耗也有所变化，因此预测结果必须在实际测量工程中进一步验证。有很多无线电波传播损耗模型都可以预测出在不同类型环境下发射机和接收机之间的路径损耗，例如，自由空间传播损耗模型、Longley - Rice 传播模型、Okumura - Hata（奥村）模型、COST 231 - Hata 模型、Walfish - Ikegami 模型、LEE 模型等。下面简单归纳了几种特定环境的传播损耗估算模型。

1. 自由空间传播损耗模型

自由空间传播损耗模型应用的频率范围为 0～300 GHz，它是最简单的传播损耗预测模型。该损耗 $[L_P]$ 只与频率 f 和距离 d 有关。

$$[L_P](\text{dB}) = 10\lg\frac{P_T(\text{W})}{P_R(\text{W})} = 10\lg\left(\frac{4\pi df}{c}\right)^2$$
$$= 32.45 + 20\lg d(\text{km}) + 20\lg f(\text{MHz})$$

若已知发射功率 $[P_T]$，则通过自由空间传播损耗模型可预测出 $[L_P]$，最终可推出 $[P_R]$。只要无线接收终端收到 $[P_R]$ 大于等于接收机的灵敏度 $[P_r]$，该系统在 $d(\text{km})$ 范围内可正常传输。

2. Longley - Rice 传播模型

Longley - Rice 模型应用于频率范围为 40 MHz～100 GHz、不同种类的地形中点到点的通信系统。该模型是统计模型，可用来估算视距、绕射、散射传播损耗以及自由空间传播损耗。

综上所述，Longley - Rice 传播损耗 $[L_b]$ 为

$$[L_b](\text{dB}) = [L_{\text{ref}}](\text{dB}) + [L_p](\text{dB})$$

式中，$[L_{\text{ref}}]$ 为视距、绕射、散射时的传播损耗值（dB）；$[L_p] = 32.45 + 20\lg d + 20\lg f$。

Longley - Rice 模型有两种使用方式：点对点预测方式和区域预测方式。当可以获取详细的地形地貌数据时，能够很容易地确定特定路径参数，这种预测叫作点对点预测方式；如果不能获取地形地貌数据，用 Longley - Rice 方法来估计特定路径参数，这样的预测叫作区域预测方式。

3. 移动通信路径的传播损耗

Okumura - Hata(奥村)、COST 231 - Hata、Walfish - Ikegami 和 LEE 等传播模型主要应用于计算移动通信中路径的传播损耗,可确定无线蜂窝小区的服务覆盖区,适用频率范围为1.5～2.0 GHz。这些模型将会在本书第 8 章中进行详细介绍,此处不再详述。

SUI(Stanford University Interim,斯坦福大学过渡)模型是由美国斯坦福大学提出的,该模型是在 Ereeg 模型和 COST 231 - Hata 模型的基础上修改而来的半确定性经验模型,可用于 WiMAX 无线接入系统网络设计,适用频率范围为 3.40～3.53 GHz。

7.3 无线信道噪声和衰落

无线信道特性参数主要有损耗、衰落、带宽、容量、噪声、干扰等。第 1 章对无线信道特性参数作了简单定义和概念的描述,本节重点对噪声、干扰与衰落作较为详细的讨论。

7.3.1 无线信道噪声及干扰

噪声(Noise)与干扰(Interference)泛指有用信号以外的其他一切无用信号。噪声和干扰一般是分别研究的,比如在通信系统中,常用的信噪比是指接收到的有用信号的功率与接收到的噪声信号的功率之比值,而信干比是指接收到的有用信号的功率与干扰信号的功率之比值。

1. 无线信道的噪声

噪声的振幅和频率处于完全无规律的振荡状态,是随机产生的无用自发脉冲。信号在传输过程中可能会受到一些外在能量的影响,从而造成对信号的干扰(如杂散电磁场),这些外在能量称为噪声。噪声通常会造成信号的失真,其来源除了来自系统外部,亦有可能由接收系统本身产生。

在信道中,噪声是客观存在且难以消除的。信道噪声能够影响通过信道传输的有用信号,降低通信可靠性,损害通信效果。噪声可分为外部噪声和内部噪声。

外部噪声包含人为噪声和自然噪声,这类噪声对信号形成的干扰,大多数带有突发性短促脉冲性质,其频谱可以覆盖整个无线电波段,但其主要能量谱密度集中在 20 MHz 以下频段,对工作在米波频段以上的通信系统不会形成大的干扰或影响。

人为噪声是指人类活动所产生的对通信造成干扰的各种噪声,其中包括工业噪声和无线电噪声,如各种电器开关通断时产生的短脉冲、荧光灯闪烁产生的脉冲串、其他无线电系统产生的信号等。

自然噪声是指自然界存在的各种电磁波源所产生的噪声,如雷电、磁暴、太阳黑子、银河系噪声、宇宙射线等。

内部噪声是指通信设备本身产生的各种噪声。它来源于通信设备的各种电子器件、传输线、天线等,如由元器件内部各种微观粒子的热躁动所产生的热噪声,半导体中载流子的起伏变化引起的散弹噪声及交流噪声等。内部噪声的功率分布通常是均匀的,又称为高斯噪声或白噪声。

2. 无线信道的干扰

干扰一般是指无线系统中不同单元的信号与信号之间互相造成的扰动。通常讨论的干扰是指无线电台间的相互干扰，例如：多个发射机同时与一个接收机通信，发射机之间互相构成干扰；移动通信系统中的上行线路中，多个手机(发射机)同时与一个基站(接收机)通信，各手机发送信号之间互相构成干扰；移动通信中不同基站系统之间互相构成干扰等。

狭义地讲，干扰通常指与有用信号同性质的随机的无用信号产生的不良影响，例如电台之间产生的干扰和无线电波之间干扰，以及码间干扰、同频干扰等。广义地讲，干扰除狭义干扰外，还把噪声带来的干扰也算入其中。

干扰也可以分为自然干扰和人为干扰等，自然干扰主要有天电干扰、宇宙干扰等；人为干扰主要有工业干扰、无线电干扰等。

一些移动通信系统中终端自身产生的干扰、终端间和终端与基站间的相互干扰，一般包括同频干扰、邻道干扰、互调干扰、远近效应等。

1）同频干扰

同频(频道)干扰一般是指相同频率电台之间的干扰或相近频率信号之间的干扰。在电台密集的地方，由于提高频谱利用率或系统的设计不当，例如，同频道电台之间的距离不够大，相应的空间隔离度不满足要求，就会造成同频干扰。另外，在 CDMA 系统中同一载波的不同扩频码之间的相互干扰也可以看成同频干扰。

2）邻道干扰

邻道干扰是指相邻和相近的频道之间的干扰，如图 7 - 9 所示。当对话音信号采用了调频方式时，理论上讲，发信机的调频信号频谱是很宽的，可能含有无穷多个边频分量，如果其中某些边频分量落入邻频道接收机的通频带内，就会造成邻道干扰。一般来说，移动终端距基站越近，路径传播损耗越小，邻道干扰就越大。

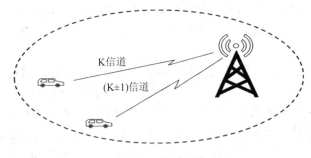

图 7 - 9　邻道干扰

3）互调干扰

互调干扰是两个或多个不同频率信号同时作用在通信设备的非线性电路上，产生许多组合频率分量，如果组合频率正好落在接收机通带内会对本机接收信号形成干扰，这就是互调干扰。电路的非线性特性是造成互调干扰的根本原因，如图 7 - 10 所示。

4）远近效应

通常将近处无用强信号压制远处有用弱信号的现象称为远近效应，又叫近端对远端的干扰。当基站同时接收到两个不同距离移动终端的信号时，若两者频率相同或邻近，则基站接收到的远端移动台的较弱的有用信号会被近端移动台的较强信号所淹没，如图 7 - 11 所示，距离基站 BS 远的(距离 d_2)移动台 B 将会被近端(距离 d_1)另一移动台 A 的信号所淹没($d_2 \gg d_1$)。

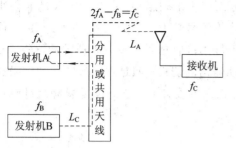

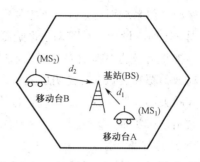

图 7 - 10　基站发射机互调干扰示意图　　　　图 7 - 11　近端对远端的干扰情况

7.3.2　无线信道衰落及抗衰落

在无线通信信道中，由于信号电波在传播途径上除了直射波外，还有从各种障碍物经过引起的反射波、折射波、绕射波和散射波等多条路径的合成传播到达接收点被接收，其总信号的强度和相位等特性就会随时间起伏变化，故称为衰落。譬如在接收话音时，声音一会儿强，一会儿弱，这就是衰落对信号影响造成的。衰落现象可以简单看成是起伏变化的衰减。

引起衰落的原因是多方面的，大体上可以归为两大类：第一类是气象条件的不平稳变化以及起伏的地形阻挡引起的慢衰落，第二类是由多径传播引起的快衰落，如图 7 - 12 所示。

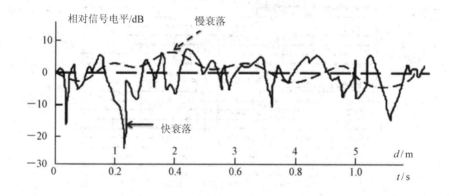

图 7 - 12　信号衰落特性示意

1. 慢衰落及慢衰落储备

1）慢衰落

慢衰落是随时间变化的，由于它的影响致使接收机接收的场强中值呈现较慢变动，其衰落周期以秒计算。慢衰落，一是由气象条件的不平稳变化引起的，如大气折射的慢变化、雨雾衰减以及大气中不均匀体的散射等；二是电波在传播路径上遇到高度、位置、占地面积不等的建筑物，起伏的地形、山峰和森林和其他障碍物对电波遮蔽所引起的。例如移动终端通过不同障碍物的阴影时，就会造成接收场强的变化，称为阴影效应，也称为慢衰落（大尺度衰落）。

对移动通信系统而言，慢衰落主要在四个方面产生不利影响：一是影响移动通信小区覆盖范围，比如原设计覆盖移动小区边缘最小接收信号功率（灵敏度）为－104 dBm，慢衰落使最小接收信号功率起伏向下变化，使之小于最小接收信号功率，信号质量下降；二是导致移动通信覆盖盲区；三是阴影效应影响移动通信的切换；四是阴影效应影响信噪比或载噪比等的大小。要减小这四个方面的影响，可在系统设计时，通过设置衰落余量或合理选取基站站址来实现。

2）慢衰落储备

在移动信道中，慢衰落变化的时间较长、地理范围较宽，相对容易补偿，通常采用衰落储备的方法来对抗慢衰落。

衰落储备的目的是防止因衰落引起的通信中断。在信道设计中，必须使信号的电平留有足够的余量，以使中断率 R 小于规定指标。衰落储备的大小取决于地形地物、工作频率及通信可靠性指标。通信可靠性也称作可通率 T，它与中断率的关系是 $T=1-R$。

图 7-13 给出了可通率 T 分别为 90%、95% 和 99% 的 3 组曲线，根据地形地物、工作频率和可通率 T 的要求，由此图可查得必需的衰落储备量。例如：$f=2000$ MHz，市区工作，要求 $T=99\%$，则由图可知，衰落储备约为 25.5 dB。

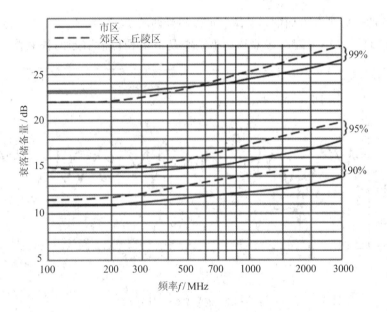

图 7-13　衰落储备量

2. 快衰落及快衰落防范

1）快衰落

大量测试统计表明，快衰落是描述随时间变化的多径传播对信号影响的参量，它可使接收机接收的场强中值呈现快速起伏变动，也称小尺度衰落、短期衰落。所谓"多径传播"就是指接收点的电波是直射波、反射波、绕射波和散射波叠加合成的，由于每条传播路径各不相同，各路径信号的时延也各不相同，使接收点信号产生深度的快速衰落。由于多径传播到达接收天线的几条射线在垂直天线口面上的相位不可能完全相同，产生相互叠加干扰，使合成信号产生或深或浅的衰落，因此快衰落的衰落幅度深度可达 30～40 dB，衰落速度为 30～40 次/秒。

在实际移动通信信道中，快衰落是移动台附近的散射体(地形地物和移动体等)引起的多径传播信号在接收点相叠加，造成接收信号快速起伏的现象。

2) 快衰落防范

无线电波传播中快衰落现象的随机性给微波传输性能带来了不利的影响，因此，人们在研究电波传播统计规律的基础上，提出了各种对抗电波快衰落的技术措施，即抗衰落技术。抗衰落一般采用分集技术来减少快衰落的影响。下面以微波中继通信系统为例简述分集技术的原理及应用。

分集技术是将同一个信号在发端分散发送、收端分集接收的技术。最常用的分集方法是空间分集、时间分集和频率分集。

空间分集：由空间分集发射和空间分集接收两个系统构成。在不同的空间位置设置几副天线，同时接收同一个发射天线的微波信号，然后合成或选择其中较强的信号，这种工作方式称为空间分集接收。有几副接收天线就称为几重分集，在微波传输系统中最常用的是二重垂直空间分集接收，如图 7－14 所示。

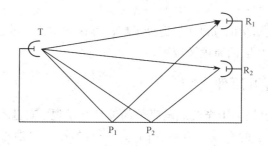

图 7－14　二重垂直空间分集接收

时间分集：快衰落除了具有空间和频率独立性外，还具有时间独立性，即同一信号在不同时间区间多次重发，只要各次发送的时间间隔足够大，那么各种发送信号所出现的衰落将是彼此独立的，接收机重复收到同一信号进行合并，就能减小衰落影响。

频率分集：采用两个或两个以上具有一定频率间隔的微波频率同时发送和接收同一信息，然后进行合成或选择，以减轻衰落影响，这种工作方式叫作频率分集接收。当采用两个微波频率时，称为二重频率分集，如图 7－15 所示。

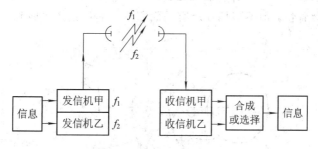

图 7－15　频率分集接收

频率分集与空间分集相比，其优点是在接收端可以减少接收天线的数量，缺点是要占用更多的频带资源。

7.4　地面对无线电波传播的影响

地面对微波直射波传播的影响，主要有反射、地面散射和绕射。地面可以把天线发出的一部分能量反射到接收天线（光滑地面或水面反射的能量更大），与主波（直射波）信号产生干涉，并与主波信号在收信点进行矢量相加，其结果是收信电平与自由空间传播条件下的收信电平相比，也许增加，也许减小。

散射是不规则地形将微波反射到各个方向，相当于乱反射，显然，散射会损耗微波能量。

绕射是由于地面上的障碍物，如山头、森林和高大建筑物等可阻挡无线电波射线，使微波绕过障碍物向非接收方向传播，进而使接收的微波信号能量大大减小。

天线架得很高时，地面平坦范围大，反射加大；地面起伏较大时，散射增强；当障碍物的几何尺寸比微波的波长小时，绕射现象会严重一些。

惠更斯于 1690 年发表的《光论》一书中阐述了光波动原理，而后菲涅耳对惠更斯的光学理论作了发展和补充，创立了"惠更斯-菲涅耳原理"，较好地解释了光波或电磁波波动性学说。

菲涅耳在惠更斯波动学的基础上，提出了菲涅耳区的概念，可解释电波的反射、绕射等现象，下面简介菲涅耳区的原理及应用。

7.4.1　惠更斯-菲涅耳原理

惠更斯-菲涅耳原理是关于光波或电磁波的波动性学说，其基本思想是光和电磁波都是一种振动，振动源周围的介质是有弹性的，故一点的振动可通过介质传递给邻近的质点，并依次向外扩展，而成为在介质中传播的波。

1. 惠更斯-菲涅耳原理

一点源的振动可传递给邻近质点，使其成为 2 次波源。当点源发出球面波时，2 次波源产生的波前也是球面，3 次、4 次等波源也是如此。

在微波传输中，当发射天线的尺寸远小于站间距离的时候，可以把发射天线近似看成一个点源，如图 7-16 所示。图中 T 为发射天线，它发出球面波，把波前分解为许多面积点元，点源 T 在接收处 R 产生的场强便是许多面积点元在 R 处产生的场强之矢量和。尽管 T 与 R 之间有障碍物，但不能挡住所有的面积点，在 R 处仍可收到一定的场强。

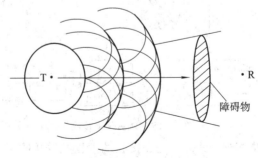

图 7-16　惠更斯-菲涅耳原理图

2. 菲涅耳椭圆、椭球面及菲涅耳区的定义

由解析几何可知，平面上一动点 P 至两定点 T、R 的距离之和(PT＋PR)为常数时，此动点轨迹为椭圆。在空间，此动点轨迹为旋转椭球面，如图 7-17 所示。当讨论微波传播时，该常数为 $d+\lambda/2$，动点轨迹为第 1 菲涅耳椭球面，式中 $d=|TR|$；当该常数为 $d+2\lambda/2$ 时，动点轨迹为第 2 菲涅耳椭球面，图 7-17 中分别用 A 和 B 标出；当常数为 $d+n\lambda/2$ 且 $n=1, 2\cdots\cdots$时，动点轨迹为第 n 菲涅耳椭球面。

如果在图 7-17 的一系列菲涅耳椭球面上用一球面垂直于 TR 切一刀，就可在交割界面上得到一个圆和一系列的圆环，如图 7-18 所示，中心是一个圆，称为第 1 菲涅耳区，其外面的圆环称为第 2 菲涅耳区，再往外的圆环称为第 3 菲涅耳区，第 4 菲涅耳区，…，第 n 菲涅耳区。显然这是一些曲面圆和圆环。为简化分析，将菲涅耳区近似地看作是铅垂面上的平面圆和圆环。

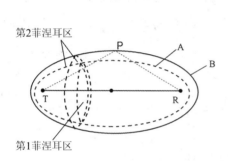

图 7-17　菲涅耳椭球面

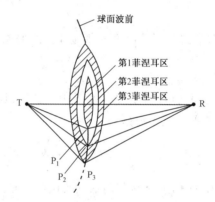

图 7-18　第 n 菲涅耳区的定义

3. 菲涅耳区半径的定义

菲涅耳区半径定义为椭球面上某点 P 至 TR 的垂直距离，用 F 表示。现用图 7-19 求得第 1 菲涅耳区半径 F_1。图 7-19 中，P 为第 1 菲涅耳椭球面上任一点，d_1、d_2 分别为 P 点至发射天线 T 及接收天线 R 的水平距离，收、发站距 $d=TR$。根据菲涅耳椭球面及菲涅耳区的定义可得

$$\sqrt{d_1^2+F_1^2}+\sqrt{d_2^2+F_1^2}=d+1\times\frac{\lambda}{2} \qquad (7.8)$$

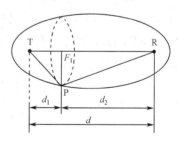

图 7-19　第 1 菲涅耳区半径

式中，d_1、d_2 和 d 的单位为 km，而 F_1 大致与天线高度同数量级，故 $d_1\gg F_1$，$d_2\gg F_2$。运用牛顿二项式展开，有

$$(d_1^2+F_1^2)^{\frac{1}{2}}=(d_1^2)^{\frac{1}{2}}+\frac{1}{2}(d_1^2)^{\frac{1}{2}-1}(F_1^2)+\frac{\frac{1}{2}\left(\frac{1}{2}-1\right)}{3!}(d_1^2)^{\frac{1}{2}-2}(F_1^2)^2+\cdots$$

$$=d_1+\frac{1}{2}d_1^{-1}(F_1^2)-\frac{1}{8}d_1^{-3}(F_1^4)+\cdots$$

因 $d_1\gg F_1$，故上式从第 3 项开始可以忽略，有

$$(d_1^2 + F_1^2)^{\frac{1}{2}} \approx d_1 + \frac{F_1^2}{2d_1}$$

同理

$$(d_2^2 + F_2^2)^{\frac{1}{2}} \approx d_2 + \frac{F_1^2}{2d_2}$$

于是

$$d_1 + \frac{F_1^2}{2d_1} + d_2 + \frac{F_1^2}{2d_2} = d + \frac{\lambda}{2}$$

即

$$\frac{F_1^2}{d_1} + \frac{F_1^2}{d_2} = \lambda$$

$$F_1 = \sqrt{\frac{\lambda d_1 d_2}{d}} \tag{7.9}$$

类似地，可求出第 n 菲涅耳区的半径 F_n，根据第 n 菲涅耳区定义有

$$\sqrt{d_1^2 + F_n^2} + \sqrt{d_2^2 + F_n^2} = d + n\frac{\lambda}{2} \tag{7.10}$$

对照式(7.9)及式(7.10)可以看出，原来的 F_1 现在换成 F_n，原来的 λ 现在是 $n\lambda$，于是第 n 菲涅耳区半径是

$$F_n = \sqrt{\frac{n\lambda d_1 d_2}{d}} = \sqrt{n}F_1 \tag{7.11}$$

4. 收信点 R 场强与菲涅耳区的关系

下面对收信点 R 场强与各菲涅耳区参数的关系进行讨论。由图 7-18 所示的菲涅耳区定义和式(7.8)可知经过各菲涅耳区的动点 P_1、P_2、P_3……的电波射线 TP_1R、TP_2R、TP_3R……依次相位差 $\lambda/2$（相差180°）。这样各相邻菲涅耳区在 R 处产生的电波场强相位差为180°，也就是说，第 2 菲涅耳区在 R 点产生的场强与第 1 菲涅耳区反相，第 1 菲涅耳区在 R 点产生的场强与第 3 菲涅耳区同相。

再看各菲涅耳区在 R 处产生的总电场场强是多少呢？由式(7.11)可知，第 1 菲涅耳区面积为 πF_1^2，第 2 菲涅耳区面积为

$$\pi F_2^2 - \pi F_1^2 = \pi\left(\sqrt{2}F_1\right)^2 - \pi F_1^2 = \pi F_1^2$$

第 3 菲涅耳区面积为

$$\pi F_3^2 - \pi F_2^2 = \pi\left(\sqrt{3}F_1\right)^2 - \pi\left(\sqrt{2}F_1\right)^2 = \pi F_1^2$$

可见各菲涅耳区的面积相等，发射的电磁波通过各菲涅耳区向外传播的能量及场强亦应相等，那么各菲涅耳区在 R 处产生的场强矢量和应该是多少呢？虽然各菲涅耳区面积相等，但它离 R 处的距离不等，第 1 菲涅耳区离 R 处最近，在 R 处产生的场强 E_1 最大，第 2 菲涅耳区在 R 处产生的场强 E_2 较小，第 3 菲涅耳区在 R 处产生的场强 E_3 更小……由各个菲涅耳区在 R 处产生的场强构成的数列可近似为等差级数。设公差为 ΔE，即 $E_1 - E_2 = \Delta E$，$E_2 - E_3 = \Delta E$……考虑 E_1、E_2 和 E_2、E_3 的相位相反，则 R 处的总电场场强为

$$E = E_1 - E_2 + E_3 - E_4 + E_5 - \cdots$$

$$= \frac{1}{2}E_1 + \frac{E_1}{2} - \frac{E_2}{2} - \frac{E_2}{2} + \frac{E_3}{2} + \frac{E_3}{2} - \frac{E_4}{2} - \frac{E_4}{2} + \frac{E_5}{2} + \frac{E_5}{2} + \cdots$$

$$= \frac{1}{2}E_1 + \frac{1}{2}(E_1 - E_2) - \frac{1}{2}(E_2 - E_3) + \frac{1}{2}(E_3 - E_4) - \frac{1}{2}(E_4 - E_5) + \frac{1}{2}E_5 \cdots$$

$$= \frac{1}{2}E_1 + \frac{1}{2}\Delta E - \frac{1}{2}\Delta E + \frac{1}{2}\Delta E - \frac{1}{2}\Delta E \cdots = \frac{1}{2}E_1$$

由上式可知，在自由空间，并不是所有菲涅耳区的能量都使 R 处的场强增大，而是相互干涉，偶数区的场强抵消奇数区的场强，最后结果是 R 处从所有菲涅耳区得到的场强大致等于第 1 菲涅耳区在 R 处产生场强的 1/2。

7.4.2　路径中山脊刃形对微波传播的影响

用菲涅耳区的概念可解释微波传播路径中障碍物的阻挡损耗。微波传播中有时会遇到如图 7-20(a)所示的山脊刃形障碍物，此时由于障碍物不能遮挡全部菲涅耳区，在收信处 R 可接收到微波信号。

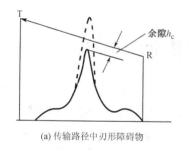
(a) 传输路径中刃形障碍物

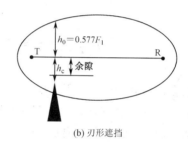
(b) 刃形遮挡

图 7-20　传播路径中的障碍物

在图 7-20 中，障碍物顶部至 TR 的垂直距离 h_c 称为余隙。障碍物在 TR 连线之下时，h_c 为正余隙；障碍物的顶部与 TR 连线相切时，$h_c = 0$；障碍物的顶部在 TR 连线以上时，h_c 为负余隙。零、负余隙时微波传播可能受阻，引起阻挡损耗。阻挡损耗与余隙的大小有关。如果余隙 $h_c = h_0 = \dfrac{F_1}{\sqrt{3}} = 0.577F_1$，那么阻挡引起的损耗正好是 0 dB，即路径损耗正好是自由空间损耗，所以 h_0 称为自由空间余隙。若余隙 h_c 大于 h_0，则路径损耗随 h_c 的增加略有波动，最终稳定在自由空间损耗上；若余隙 h_c 小于 h_0，则随着 h_c 的减小，路径阻挡损耗将急剧增加。根据菲涅耳衍射定律，障碍物阻挡损耗[L]与相对余隙 h_c/F_1 值的关系曲线如图 7-21 所示。设计微波通信链路时，首先要保证自由空间余隙内没有任何障碍物，在实际中往往要求在第 1 菲涅耳区内不存在任何障碍物。

例 7-3　已知在自由空间传输条件下接收机的收信功率[P]=−35 dBm，在传输路径中有如图 7-20(a)所示的刃形障碍物阻挡损耗，且 $h_c = 0$，求此时收信功率电平值。

解　$h_c = 0$ 时，查图 7-21 得[L]=6 dB，此时收信功率电平值：

$$[P] = -35 - 6 = -41 \text{ (dBm)}$$

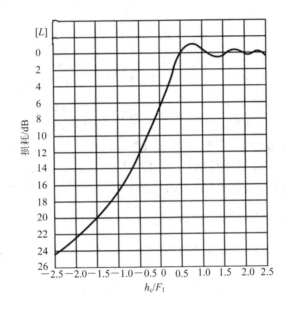

图 7 - 21　山脊刃形障碍物的阻挡损耗

7.5　大气对无线电波传播的影响

在自由空间通信中，无线电波穿过大气层时，除路径损耗外，还会产生其他影响。大气层除了含有各种气体外，还含有大量的水蒸气以及水汽的凝结物。地球周围的大气层可分为对流层、同温层和电离层，通常从地球表面至 10 km 左右称为对流层；10～60 km 为同温层；60 km 以上是电离层。无线电波穿越对流层、同温层和电离层时受到的影响不同。总之，在无线电波传输中，由于跨越距离大，因而影响传播的因素也很多。

7.5.1　大气对无线电波传播的折射

地球周围的大气层并不是一种均匀介质，大气的压力、温度与湿度都随高度而变化。地球物理学中指出，由于这种物理现象，导致大气层的介电常数是高度的函数，在标准大气压下，大气的绝对折射率 $n=\sqrt{\varepsilon_r}$ 与 1 相差极小，在真空中电波传播速度为

$$v = \frac{c}{\sqrt{\varepsilon_r}} = c = 3 \times 10^8 (\text{m/s}) \qquad (7.12)$$

而在非真空大气层中，其电波传播速度为

$$v = \frac{c}{\sqrt{\varepsilon_r}} = \frac{c}{n} = \frac{1}{n} \times 3 \times 10^8 (\text{m/s}) \qquad (7.13)$$

根据无线电波具有光似性的特点，当电波由一种介质向另一种介质传播时，在两种介质的交界面处会发生折射。假设将地球的大气层分成许多薄片层，每一薄片层认为是均匀的，各薄片层的折射率 n 随高度的增加而减小 $(n_1 > n_2)$，参见图 7 - 22。电波依次通过每一层的界面，都将产生一次折射，由于 $n_1 > n_2$，按照折射定律可以推出电波的折射角 θ_1' 大于入射角 θ_0，故折射线偏向下方，且是一条不断偏折的折线。如果将大气层的分层取得无限

薄，则射线如一条开口向下弯曲的弧线，如图 7-22 所示。

利用折射定律，可以推出上述弧线的曲率半径 ρ 为

$$\rho = \frac{1}{-\left(\dfrac{\mathrm{d}n}{\mathrm{d}h}\right)} \qquad (7.14)$$

式(7.14)说明在低空大气层内传播的电波，其射线的曲率半径不是由折射率的大小来确定的，而是由折射率梯度 $\dfrac{\mathrm{d}n}{\mathrm{d}h}$ 确定的。当 $\dfrac{\mathrm{d}n}{\mathrm{d}h}<0$（$n_1>n_2$）时，电波射线的曲率半径 $\rho>0$（类似于开口向下的抛物线）；当 $\dfrac{\mathrm{d}n}{\mathrm{d}h}>0$（$n_2>n_1$）时，电波射线的曲率半径 $\rho<0$（类似于

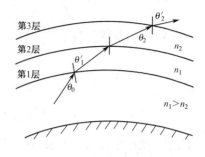

图 7-22　大气层分层对电波的折射

开口向上的抛物线）；当 $\dfrac{\mathrm{d}n}{\mathrm{d}h}=0$（$n_2=n_1$）时，电波射线的曲率半径 $\rho=\infty$（为直线）。

7.5.2　等效地球及系数

由于大气折射的作用，使实际的电波传播并不是按直线进行，而是连续折射弯曲的曲线，如图 7-23 所示。如果考虑电波射线轨迹的弯曲，将给线路设计及收信端指标的计算带来相当大的麻烦。为了便于分析，在工程上，引入"等效地球半径 R_e"概念，便可把电波轨迹仍视为直射线，而真正地球半径 R（6370 km）变成了 R_e，如图 7-24 所示，等效的条件：电波轨迹与地面间的相对高度相等，或者等效前及等效后电波路径与球形地面之间的曲率之差保持不变，即 $\dfrac{1}{R_e}-\dfrac{1}{\rho_e}=\dfrac{1}{R}-\dfrac{1}{\rho}$。

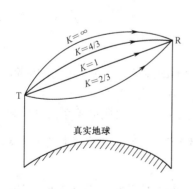

图 7-23　不同 $\dfrac{\mathrm{d}n}{\mathrm{d}h}$ 产生的连续折射轨迹

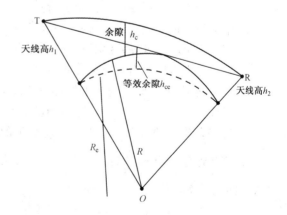

图 7-24　等效地球半径

上式中等效前的电波轨迹的曲率半径为 ρ，等效后的电波轨迹视为直射线，则曲率半径为 $\rho_e=\infty$，即

$$\frac{1}{R_e} = \frac{1}{R} - \frac{1}{\rho}$$

变换后可得

$$R_e = \frac{R}{1 - \dfrac{R}{\rho}} = \frac{R}{1 + R\dfrac{\mathrm{d}n}{\mathrm{d}h}} \tag{7.15}$$

定义 K 为等效地球半径系数：

$$K = \frac{R_e}{R} = \frac{1}{1 + R\dfrac{\mathrm{d}n}{\mathrm{d}h}} \tag{7.16}$$

由式(7.16)可知，K 由折射率梯度 $\dfrac{\mathrm{d}n}{\mathrm{d}h}$ 决定，而 $\dfrac{\mathrm{d}n}{\mathrm{d}h}$ 又受温度、压力、湿度等参数的影响，故 K 是反映气象参数对电波传播影响的系数，在设计无线传输线路时非常重要。

可以根据电波受大气折射的轨迹，将大气折射对电波传播路径的影响分为三类，如图 7-23 所示。

(1) 当 $\dfrac{\mathrm{d}n}{\mathrm{d}h} = 0$，$K = 1$ 时，$R_e = R$，此时大气折射指数不随高度变化，大气为均匀介质，射线轨迹为一直线，相当于电波射线的曲率半径 $\rho = \infty$，故称为无折射或零折射。

(2) 当 $\dfrac{\mathrm{d}n}{\mathrm{d}h} > 0$，$K < 1$ 时，$R_e < R$，此时电波射线折射向上弯曲，与地球弯曲方向相反，故称为负折射。

上述两种情况极少出现。

(3) 当 $\dfrac{\mathrm{d}n}{\mathrm{d}h} < 0$，$K > 1$ 时，$R_e > R$，此时电波射线折射向下弯曲，与地球弯曲方向相同，故称为正折射。在正折射中，$K = 4/3$ 称为标准大气折射。

思考题与习题

1. 简述无线电波的传播方式及其特点。

2. 常见的多址连接技术有哪些？其定义是什么？

3. 简述 FDD、TDD 的区别及各自的特点。

4. 解释自由空间和自由空间损耗的概念。

5. 惠更斯-菲涅耳原理的基本思想是什么？解释菲涅耳区、菲涅耳半径的概念。

6. 无线信道噪声、干扰、衰落、损耗概念上的区别是什么？

7. 解释余隙 h_c 的概念和自由空间余隙 h_0 的概念。h_0 与 F_1 之间的关系式是什么？

8. 等效地球半径 R_e 的定义是什么？等效地球半径系数 K 的定义是什么？R_e、K 和 $\dfrac{\mathrm{d}n}{\mathrm{d}h}$ 三者之间的关系是什么？

9. 已知发信功率 $P_T = 10$ W，工作频率 $f = 4.2$ GHz，两微波站相距 50 km，$G_T = 1000$ 倍，$G_R = 38$ dB，收、发天线的馈线损耗 $[L_r] = [L_t] = 3$ dB。求：在自由空间传播条件下接收机的输入功率电平和输入功率。

10. 已知某微波传输信道，发射天线的增益为 32 dB，接收天线的增益为 20 dB，收发距离为 24 500 km，载波中心频率为 6.904 GHz。

(1) 该信道的传输损耗为多少？

(2) 若发射功率为 25 W，则接收机接收到的功率为多少？

第8章 常用无线传输系统及其应用

现代无线传输系统主要应用于微波频段。微波通信及微波技术已成为无线通信研究和应用的热点，并且在微波中继传输、卫星通信、移动通信、雷达、导航、电子对抗、计算机通信等领域得到了广泛的应用。

8.1 微波中继传输系统及其应用

微波是电磁波频谱中无线电波的一个分支，其频率范围约为 300 MHz～300 GHz，波长在 1 mm～1 m 之间。微波波段可以划分为米波、厘米波和毫米波，其中厘米波是目前开发最成熟和应用最广的波段。

8.1.1 数字微波中继传输系统

1. 微波中继传输系统组成及其传输特性

微波通信是 20 世纪 40 年代的产物，当时世界上建成了第一个微波中继传输系统，用来传输模拟信号。60 年代中期，数字微波中继传输兴起，到 70 年代微波技术应用扩大到各个领域。数字微波中继传输的组成如图 8-1 所示，用户在发送端为信源、在接收端为信宿，其功能是产生信息和接收信息，如电话机、计算机等。多路复用是将多路模拟信号经过 A/D 变换再进行时分复用为高速率信号的过程。调制是用基带信号对微波载频(或中频)的某一物理参数进行改变，解调器是调制的逆过程。

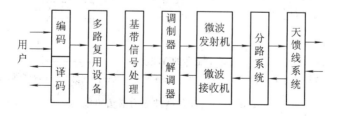

图 8-1 数字微波中继传输系统组成框图

发射机是用来将已调信号功率放大后馈送给发射天线发射出去的设备。接收机则是将受空间传输损耗后的微弱信号进行放大、混频、滤波和变换等处理的设备。为了实现发射和接收共用一副天线，必须采用分路系统。分路系统实际上是分路滤波器(或称双工器)，其通信一般均是双向进行的，它利用收、发频率的差异实现收、发分离。

天馈线系统由天线系统和馈线系统组成，其作用是将发射机发出的微波能量定向辐射出去，或者把定向接收到的微波能量传输给接收机，即实现收发信机的电信号和空间电磁波之间的能量转换。当进行多波道双向传输时，天馈线系统中的一些部件为收发兼用。

微波传输特性接近于几何光学，它的波长比地球上一般的宏观物体(如建筑物、车、船)的尺寸要小得多。当微波波束照射到这些物体上时，将会产生显著的反射，并且部分深入到物体内部(穿透性)，且其绕射能力弱，因此，两微波终端站之间只能沿直线传播，即视距传播。在两微波终端站之间传播遇到阻挡物时，为了可靠通信，需在线路中间设置若干个中继站或接力站(含中间站、枢纽站、分路站)，采用接力的方式完成远距离信息传输，如图 8-2 和图 8-3 所示。微波通信与其他波长较长的无线通信以及电缆通信相比，能较方便地克服地形带来的不便，灵活性强，并且成本较低。

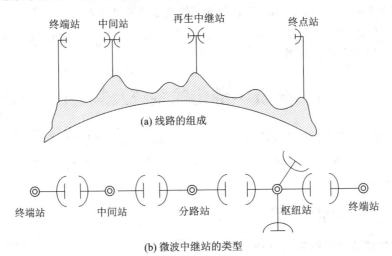

(a) 线路的组成

(b) 微波中继站的类型

图 8-2　微波接力通信的结构

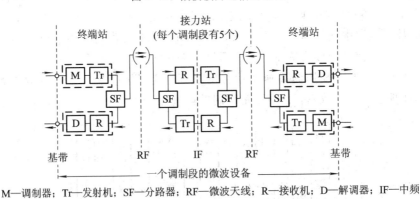

M—调制器；Tr—发射机；SF—分路器；RF—微波天线；R—接收机；D—解调器；IF—中频

图 8-3　实际的微波接力通信组成

2. 微波中继传输系统的频率配置

微波中继传输是一种无线通信方式，它是使用特有设备以微波频段的频率作为载波携带信息，通过无线空间进行中继(接力)的通信方式。

微波频段的使用必须遵照 ITU-R 的建议和各国无线电管理委员会的相关规定。各国的微波设备往往首先使用 4 GHz 频段，目前微波通信设备已使用到 2、4、5、6、7、8、11、15、20 GHz 等频段。我国数字微波通信设备已有 2、4、6、7、8、11 GHz 等频段。我国几种数字微波频率配置方案如表 8-1 所示。

表 8-1 我国几种数字微波频率配置方案

工作频段 /GHz	频段范围 /MHz	基带速率 /(Mb/s)	占用带宽 /MHz	中心频率 f_0/MHz	收发频率间隔 $\Delta f_{收发}$/MHz	工作波道数 /对
2	1700~1900	8.488	200	1808	49	6
4	3800~4200	139.264	400	4003.5	68	6
6	6430~7110	139.264	680	6770	60	8
7	7125~7425	8.448	300	7275	28	20
8	7725~8275	34.368	500	8000	103.77	8
11	10 700~11 700	68.736~139.264	1000	11 200	90	12

多波道频率配置是指一条微波传输线路上有许多微波站(如 A、B、C 站),每个站上又有多波道(多载频)的微波收/发信设备。当一个站上有多个波道工作时,频带利用率大大提高,比如 6 个波道采用二频制,即每一个波道收、发各用一个射频频率,6 个波道的发信方向使用 6 个射频频率,收信方向使用另外 6 个射频频率,这样一个微波传输系统的传输容量扩大为单波道微波传输系统的 6 倍,如图 8-4 所示。

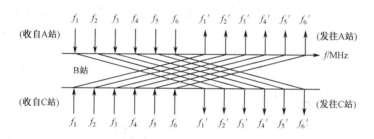

图 8-4 六波道二频制频率配置方案

8.1.2 微波中继传输系统的应用

由于微波具有似光性、穿透性、宽频带性、热效应性、散射性和抗低频干扰等特点,因此得到了广泛的应用。其应用主要分为两大类:一类是以微波作为信息载体,主要应用在雷达、导航、通信、遥感等领域;另一类是利用微波能,主要用在微波加热、微波生物医学及电量、非电量的检测等领域。

将微波作为信息载体的微波传输系统的应用主要有 PDH、SDH 微波传输系统。该系统一般是由终端站、枢纽站、分路站及若干中继站组成的,以及收/发天馈线及各种微波器件。

1. 微波中继传输系统在电信网中的应用

SDH 微波中继传输系统作为通信网的一种传输方式,可以同其他传输方式一起构成整个通信传输网。如图 8-5 所示为微波、光纤、卫星一体的传输组网方式。一般来说,微波中继传输系统位于通信骨干网的位置。

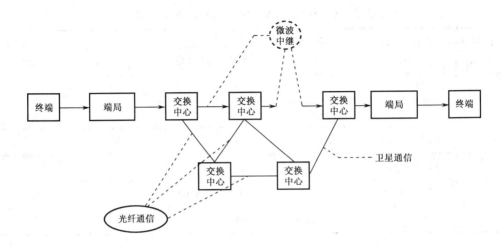

图 8-5　微波中继传输系统在全网中的位置

2. 微波中继传输在移动通信网中的应用

在移动通信系统中，微波中继传输可应用在两个地方：一是基站的收/发信机和基站控制器之间，二是基站控制器和移动交换机之间，如图 8-6 所示。当然这两段传输线路也可以应用其他传输手段来传输信号，如光纤、电缆等。但是在某些复杂的地形以及远郊县情况下，特别是在敷设光缆或电缆困难的地域，一般采用微波中继传输更为方便。

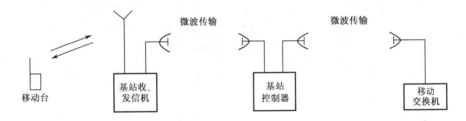

图 8-6　微波中继传输在移动通信网中的应用

8.2　微波中继传输线路的设计

设计微波中继传输线路，一方面要涉及第 7 章讨论的微波传输系统的自由空间传播损耗计算、路径山脊刃形障碍物带来的损耗以及接收机接收功率计算等；另一方面还要考虑传输系统间收/发天线高度的设计。这里重点讨论收/发天线高度的设计。

8.2.1　微波中继线路的设计

设计一个微波中继线路，首先要设计确定发射功率能否在接收端可靠接收。由于自由空间本身带来了传播损耗，以及地面上的障碍物，如山头、森林、高大建筑物等，导致微波绕过障碍物向非接收方向传播，可能使接收机接收到的微波信号能量大大减小，究其原因主要与设计余隙取值不当而带来的较大阻挡损耗有关。所以在设计系统时必须要进行接收功率的计算或传输总损耗的计算，看是否能够达到设计指标要求，下面举例说明。

例 8 - 1 已知微波发信功率为 1 W，工作频率为 3800 MHz，微波两站相距 45 km，发射天线的增益为 40 dB，接收天线的增益为 20 dB，收、发两端馈线系统损耗$[L_r]=[L_t]=1$ dB，传输路径上障碍物的尖峰恰好在余隙 $h_c=0$ 处，求：实际微波接收机能接收的功率$[P_R]$。

解 由式(7.6)得自由空间损耗$[L_P'']$ 为

$$[L_P''] = 10\lg \frac{P_T(\text{W})}{P_R(\text{W})} = 10\lg\left[\left(\frac{4\pi df}{c}\right)^2 \frac{1}{G_T G_R} \times L_r \times L_t\right]$$

$$= 32.45 + 20\lg d(\text{km}) + 20\lg f(\text{MHz}) - [G_T](\text{dB}) - [G_R](\text{dB}) +$$
$$[L_r](\text{dB}) + [L_t](\text{dB})$$

$$= 32.45 + 33.06 + 71.60 - 40 - 20 + 1 + 1$$

$$= 79.1 \ (\text{dB})$$

由式(7.7)可得自由空间下的接收功率：

$$[P_R] = [P_T](\text{dBm}) - [L_P''](\text{dB}) = 10\lg 1000 - 79.1 = -49.1 \ (\text{dBm})$$

考虑余隙 $h_c=0$，查图 7 - 21 可得：$[L]=6$ dB。

实际微波接收机能接收到的功率为

$$[P_R] = [P_R](\text{dBm}) - [L](\text{dB}) = -49.1 \ \text{dBm} - 6 \ \text{dB} = -55.1 \ (\text{dBm})$$

8.2.2 地面凸起高度和天线高度设计

对流层为自地面向上约 10 km 范围的低空大气层。由于天线架设高度不会超过此范围，且微波传播为空间射线形式，因此大气对微波传播的影响主要来自对流层，其他各层对微波传播的影响不大。

对流层对微波产生的损耗主要来自三方面：一是云、雾、雨等小水滴对微波能量的热吸收及氧分子对微波的谐振吸收，谐振吸收与工作波长有关，只有对波长 $\lambda \leqslant 2$ cm 的微波，谐振吸收才较显著，当 $\lambda > 2$ cm 时可不考虑；二是云、雨、雾、雪等水滴对微波的散射，散射损耗与水滴半径和工作波长有关，当 $\lambda \leqslant 5$ cm 时应考虑散射损耗，$\lambda > 5$ cm 时可不考虑；三是对流层温度随高度的增加而下降(高度每增加 1 千米，气温下降 6℃)，大气压随高度的增加而减小，水汽含量随高度的增加而迅速下降，因此会形成云、雾之类的不均匀结构，它们使微波传播轨迹发生折射、反射、散射、吸收等损耗现象，其中最主要的是大气折射。

由于大气折射，微波射的线轨迹发生弯曲，从而使余隙值发生变化。为了求出折射产生的余隙变化，先计算地面凸起高度。由于地球近似为圆形，相邻两个微波站 A、B 间的地形剖面图是弧 AB，如图 8 - 7(a)所示。

参见图 8 - 7(b)标注，弧上各点至 AB 的垂直距离称为该点的地面凸起高度，记为 h。现用图 8 - 7(b)求 C 点的凸起高度 h。通过 E 点作地球直径 DF，$h \approx$ DE。因 $h \ll 2R$，故在 △ADE 与 △BEF 中，∠ADF = ∠ABF(此二角所对的弧均为 AF)，同理∠DAB = ∠DFB (二者所对的弧均为 BD)，∠DEA = ∠BEF(对顶角相等)，故△ADE 与△BEF 相似，于是：

$$\text{DE} : \text{EB} = \text{AE} : \text{EF} \tag{8.1}$$

设 AE=d_1，EB=d_2，AB=$d_1 + d_2 = d$，又 EF≫DE，EF≈2R，DE≈h，故得

$$h : d_2 = d_1 : 2R$$

$$h = \frac{d_1 d_2}{2R} \tag{8.2}$$

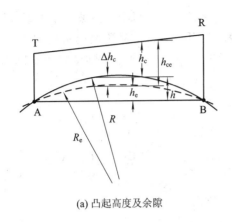

(a) 凸起高度及余隙

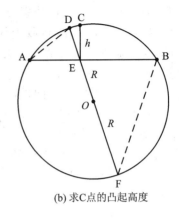

(b) 求C点的凸起高度

图 8-7　地面凸起高度及余隙图

考虑等效地球，地面有效凸起高度为 h_e，R 换为 R_e（且 $R_e = KR$，参见式(7.16)），故得

$$h_e = \frac{d_1 d_2}{2R_e} = \frac{d_1 d_2}{2KR} \tag{8.3}$$

例 8-2　设微波中继通信载频 $f = 8\ \mathrm{GHz}$，微波站距为 50 km，路径为光滑球形地面，收、发天线最小高度 $H_{\min}$ 如图 8-8 所示。求：

(1) 不计大气折射，$K = 1$，保证自由空间余隙 h_0 时，等高收、发天线的最小高度 $H_{\min}$；

(2) 在 $K = 4/3$，保证自由空间余隙 h_0 时，等高收、发天线最小高度 $H_{\min}$。

解　(1) 地形为光滑球面，地球半径为 6370 km，线路中点的地面凸起高度 h 值最大，可设中点为反射点(一般以地形最高点为反射点)，$d_1 = d_2 = 25$ km，而 $\lambda = \dfrac{c}{f} = \dfrac{3 \times 10^8}{8 \times 10^9} = 0.0375$ m，于是自由空间余隙为

$$h_0 = 0.577 F_1 = 0.577 \times \sqrt{\frac{\lambda d_1 d_2}{d}}$$

$$= 0.577 \times \sqrt{\frac{0.0375 \times 25 \times 25 \times 10^6}{50 \times 10^3}}$$

$$= 12.49\ \mathrm{m}$$

当 $K = 1$ 时，地面有效凸起高度：

$$h_e = \frac{d_1 d_2}{2RK} = \frac{25 \times 25 \times 10^6}{2 \times 6370 \times 1 \times 10^3} = 49.05\ \mathrm{m}$$

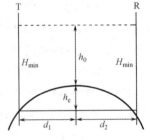

图 8-8　收发天线的最小高度

确定收、发天线高度时，应在地面凸起高度最大值处还留有 h_0 的传播空间，故

$$H_{\min} = h_0 + h_e = 12.49 + 49.05 = 61.54\ \mathrm{m}$$

(2) $K = 4/3$ 时，地面有效凸起高度：

$$h_e = \frac{d_1 d_2}{2RK} = \frac{25 \times 25 \times 10^6}{2 \times 6370 \times 4/3 \times 10^3} = 36.79\ \mathrm{m}$$

$$H_{\min} = 12.49 + 36.79 = 49.28\ \mathrm{m}$$

若 f 改为 6 GHz，则 λ 增大，由 $h_0 = 0.577 \sqrt{\dfrac{\lambda d_1 d_2}{d}}$ 知，h_0 将增大，于是 $H_{\min}$ 也增大。可见工作频率降低，天线高度将会提高。

8.3　卫星通信传输系统及其应用

卫星通信是航天技术、通信技术和计算机控制技术相结合的先进通信方式，它是在微波通信基础上发展起来的一种特殊形式的微波中继通信。

卫星通信是指利用人造地球卫星作为离地面很高的中继站，在两个或多个地球站之间转发无线电信号，从而实现它们之间的信息传输和交换的通信方式。

卫星通信的优势是传输距离远，且通信成本与通信距离无关。图 8-9 所示是由一颗静止通信卫星构成的一种基本卫星通信系统。从图中可见，各地球站通过一颗通信卫星转发信号，建立起彼此之间的无线通信。各地球站的天线都指向同一颗卫星，其中由地球站向卫星发射信号所经历的路径称为上行线路，而由卫星向地球站发射信号所经历的路径则称为下行线路。

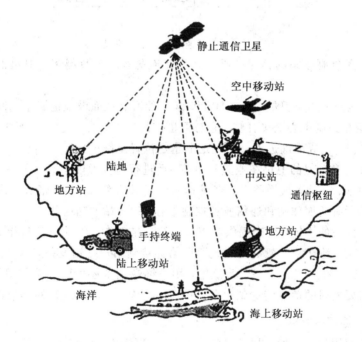

图 8-9　卫星通信系统示意图

8.3.1　卫星通信传输系统

1. 卫星通信系统的基本组成

如图 8-10 所示，卫星通信系统包括空间段和地面段。空间段包括通信卫星（空间分系统）、跟踪遥测与指令分系统（Tracking，Telemetry and Command，TT&C）和卫星控制中心（Satellite Control Center，SCC）；地面段包括所有的地球站，又称为地球站分系统。

空间段以空中的通信卫星（可能不止一颗卫星）为主体，它也是整个卫星通信系统的空中通信装置。通信卫星主要是对接收到的信号起中继放大和转发作用，该功能是靠卫星上通信装置中的转发器和天线来完成的。卫星一般都包括一个或多个转发器，每个转发

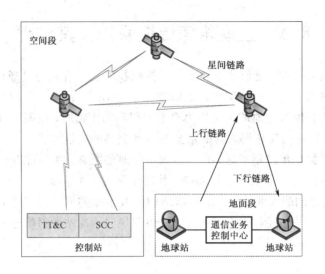

图 8 - 10　卫星通信系统基本组成

器能接收和转发多个地球站的信号。通常来说，转发器的个数越多，卫星的通信容量就越大。

　　除此之外，地面上用于卫星的 TT&C 和 SCC 的所有地面设施也属于空间段。

　　TT&C 受卫星控制中心直接管辖，它与卫星控制中心结合，完成检测和控制火箭并对卫星进行跟踪测量；完成准确进入静止轨道的指定位置及修正。

　　SCC 的任务是对定点的卫星在业务开通前、后进行通信性能参数的检测和控制，例如对卫星转发器功率、卫星天线增益以及各地球站的发射功率、载频和带宽等进行控制。

　　地面段包括所有的地球站和通信业务控制中心，地球站的功能如下：

　　地球站是地面段的主体，用来提供与卫星的连接链路，其硬件设备与相关协议均应适合卫星信道的传输。地球站一般都通过地面网络连接到用户终端设备，也可以直接连接到终端用户设备。比如在卫星移动通信系统中，用户终端设备还可以直接与卫星连接。地面设备的功能是将要发射的信号传送到卫星，并且接收从卫星转发过来的其他设备的信号。

2. 卫星通信的频段分配

　　卫星通信的使用频段虽然也属于微波频段(300 MHz～300 GHz)，但由于卫星通信电波传播的中继距离远，既受到对流层中的氧、雨、雾的吸收和散射损耗影响，又受到宇宙噪声的影响，因此卫星通信选择什么样的频段工作，直接影响系统传输容量。

　　从信道可用带宽及系统的容量来考虑，频率选择得越高越好，因此，被公认为最适合卫星通信的频段是 1～10 GHz 的频段，在这个频段大气损耗最小，称为卫星通信的"电波之窗"。但具体的使用频率由 ITU - R 组织来分配确定。目前大多数卫星通信系统选择的频段如表 8 - 2 所示。

　　目前，大部分国际通信卫星尤其是商业卫星均使用 C 波段，上行频率为 5.925～6.425 GHz，下行频率为 3.7～4.2 GHz，国内区域性通信卫星多数也使用该频段。许多国家的政府和军事卫星用 X 波段，上行频率为 7.9～8.4 GHz，下行频率为 7.25～7.75 GHz，这样可以与民用通信系统在频率上分开，避免互相干扰。

表 8 – 2　目前常用的卫星通信频段

名　　称	频率范围/GHz	下行/上行载波频率/GHz[①]	单向带宽/MHz
UHF 波段	0.3~1	0.2/0.4	500~800
L 波段	1~2	1.5/1.6	
S 波段	2~4	2.5/2.6	
C 波段	4~8	4/6	500~700
X 波段	8~12	7/8	
Ku 波段	12~18	12/14 或 11/14	500~1000
Ka 波段	27~40	20/30	高达 3500

注：① 下行载频是卫星发射频率，上行载频是地球站发射频率。

Ku 波段的卫星通信于 20 世纪 80 年代初进入实用化阶段，现已用于民用卫星通信和广播卫星业务。在 Ku 波段上，上行频率采用 14~14.5 GHz，下行频率采用 11.7~12.2 GHz、10.95~11.2 GHz，在这个频段中，具有代表性的通信卫星是 IS-V 号卫星。

Ka 波段是已开始使用的新频段，上行频率为 27.5~31 GHz，下行频率为 17.7~22 GHz。该频段的可用带宽可达 3.5 GHz。Ka 波段的卫星通信系统可为高速卫星通信、吉比特级宽带数字传输、高清晰电视(HDTV)、卫星新闻采集、VSAT 业务、直接到户(DTH)业务及个人卫星通信等通信业务提供一种崭新的手段。新一代 Ka 波段卫星平台支持 DVB/IP，将卫星电视和高速 Internet 组合在一起，可以直接为最终用户提供宽带 IP 业务。

8.3.2　卫星通信传输系统的应用

卫星通信可用于支持视频广播业务、电话等交互式业务、移动通信业务、数据通信业务以及定位导航等业务。

1. 卫星通信在互联网中的应用

卫星互联网是基于卫星通信的互联网，通过一定数量的卫星形成规模组网，从而辐射全球，构建具备实时信息处理的大卫星系统，是一种能够完成向地面和空中终端提供宽带互联网接入等通信服务的新型网络，具有广覆盖、低延时、宽带化、低成本等特点。

2014 年至今，一网公司(OneWeb)、太空探索公司(SpaceX)等为代表的企业开始主导新型卫星互联网星座建设。其中，O3b 星座系统是目前全球唯一一个成功投入商业运营的中地球轨道(MEO)卫星通信系统；SpaceX 公司是全球迄今为止拥有卫星数量最多的商业卫星运营商，其部署的 Starlink 星座计划第六批 60 颗"星链"卫星已于 2020 年 3 月 18 日成功入轨，累计发射近 360 颗卫星。图 8 – 11 给出了卫星通信在局域/城域网互联中的应用示意。

卫星互联网与地面通信系统进行更多的互补合作、融合发展，卫星工作频段进一步提高，向着高通量方向持续发展，卫星互联网建设逐渐步入宽带互联网时期。

2. 卫星在移动通信系统中的应用

目前典型的商用卫星移动通信系统有：静止轨道卫星移动通信系统、INMARST 系统、中轨卫星移动通信 ICO 系统(国际海事卫星通信组织)、低轨卫星移动通信 Iridium 系

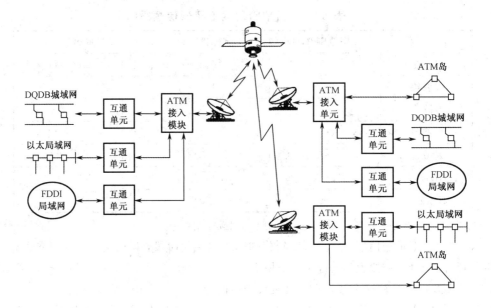

图 8 - 11　卫星在局域/城域网互联中的应用

统(美国 Motorola 公司)和 GlobalStar 系统(美国 Loral 和 Qualcomm 公司)。通常描述的卫星移动通信系统的结构如图 8 - 12 所示。

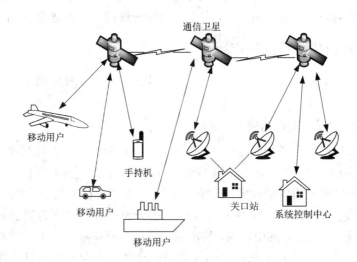

图 8 - 12　卫星移动通信系统的结构

3. 卫星在定位导航系统中的应用

这里以全球定位系统(Global Positioning System，GPS)为例，简述卫星在定位导航系统中的应用。卫星定位导航系统由空间部分(GPS 卫星星座)、控制部分(地面控制)、用户部分(GPS 用户信号接收机)组成，如图 8 - 13(a)所示。

空间部分(GPS 的空间部分即卫星星座)由 24 颗工作卫星组成，它位于距地表 20 200 km 的上空，均匀分布在 6 个轨道面上(每个轨道面 4 颗)，轨道倾角为 55°。此外，还有 4 颗有源备份卫星在轨运行。卫星的分布要求在全球任何地方、任何时间都可同时观测到 4 颗以上并能保持良好定位解算精度的几何图像，只有这样才能提供在时间上连续的全球导航能力和定位功能。

控制部分（地面控制）由 1 个主控站、3 个数据注入站和 5 个监测站组成。监测站将取得的卫星观测数据，包括电离层和气象数据，经过初步处理后，传送到主控站。主控站从各监测站收集跟踪数据，计算出卫星的轨道和时钟参数，然后将结果送到 3 个数据注入站。注入站把这些导航数据及主控站指令注入到卫星，卫星预存数据作导航信息使用。

用户部分即 GPS 信号接收机。其主要功能是能够跟踪卫星运行，捕获卫星信号，并解调出卫星轨道参数等数据，经接收机中的微处理计算机按定位解算方法进行定位计算，即可得出用户所在地理位置的经纬度、高度、速度、时间等信息，如图 8 - 13(b)所示。

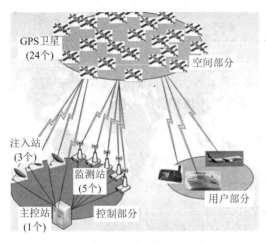

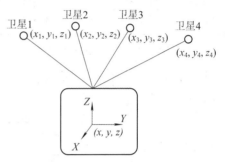

$$[(x_1-x)^2+(y_1-y)^2+(z_1-z)^2]^{1/2}+c(V_{t1}-V_{t0})=d_1$$
$$[(x_2-x)^2+(y_2-y)^2+(z_2-z)^2]^{1/2}+c(V_{t2}-V_{t0})=d_2$$
$$[(x_3-x)^2+(y_3-y)^2+(z_3-z)^2]^{1/2}+c(V_{t3}-V_{t0})=d_3$$
$$[(x_4-x)^2+(y_4-y)^2+(z_4-z)^2]^{1/2}+c(V_{t4}-V_{t0})=d_4$$

(a) 卫星定位导航系统基本组成　　　　　　(b) 卫星提供的经纬度坐标信号定位计算

图 8 - 13　卫星定位导航基本原理

1994 年中国启动"北斗一号"系统的工程建设，历经 26 年的持续发展，从"北斗一号"起初仅为中国用户提供定位、授时、广域差分和短报文通信服务，到"北斗二号"面向亚太地区用户提供定位、测速、授时和短报文通信服务，2020 年 6 月全面建成的"北斗三号"系统可为全球用户提供授时、定位导航、全球短报文通信和国际搜救服务，同时可为中国及周边地区用户提供星基增强、地基增强、精密单点定位和区域短报文通信等服务。"北斗三号"全星座部署完成后，在中国及周边地区定位精度优于 0.3～0.6 m。北斗卫星导航系统（BeiDou Navigation Satellite System，BDS）是着眼于国家安全和经济社会发展需要的国家重要时空基础设施，也是中国战略性新兴产业发展的重要领域。2020 年 4 月，卫星互联网首次纳入"新基建"范围，社会资本助推中国航天进入商业时代，全面开启空天轨道资源的战略布局。卫星互联网建设已经上升为国家战略性工程，融入遥感工程、导航工程，成为我国天地一体化信息系统的重要组成部分。截至目前，中国星座计划中组网数量在 30 颗以上的低轨卫星项目已达 10 个，项目规划总卫星发射数量达到 1900 颗。除此之外，全球四大卫星导航系统如表 8 - 3 所示。

表 8 - 3　　全球四大卫星定位导航系统

国家	系统名称	运行时间	卫星导航系统构成（定位精度为米级）
中国	北斗卫星导航系统（BDS）	2020	截至 2020 年 7 月 29 日，北斗卫星导航系统第 55 颗卫星已完成在轨测试、入网评估等工作运行
美国	全球定位系统（GPS）	1995	截至 2018 年 6 月，有 32 颗卫星在轨，工作星 31 颗，地面段由 1 个主控站、3 个注入站及监测站组成
俄罗斯	格洛纳斯系统（GLONASS）	2007	截至 2018 年 6 月，有 26 颗在轨卫星，工作星 24 颗，地面段由 1 个系统控制中心、1 个中央同步器、12 个遥测遥控站和场外导航控制
欧盟和欧空局	伽利略系统（Galileo）	2016	截至 2020 年 2 月，有 28 颗在轨卫星，工作星 22 颗，地面段有 2 个控制中心、5 个遥测遥控站、若干注入站及监测站

4. 卫星通信在电信网中的应用

由 A、B 两个地球站构成的卫星中继传输系统，作为整个通信传输网的一部分，其构成如图 8 - 14 所示。一般来说，卫星中继传输系统位于通信骨干网的位置。

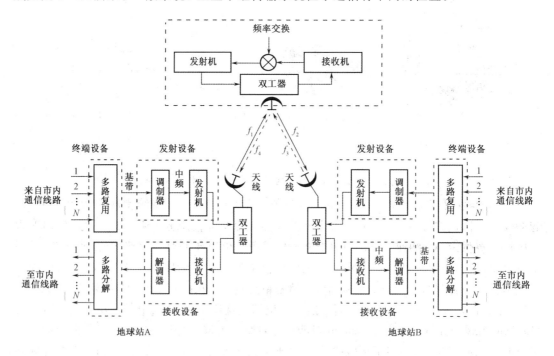

图 8 - 14　卫星中继传输系统的构成

8.4　卫星传输线路的主要特性

卫星传输线路和其他无线通信线路一样，通信质量的好坏主要取决于接收系统输入端的信噪比或载噪比大小，而不是单纯取决于信号的载波功率绝对值。因为卫星传输线路上无线电波经过远距离（如同步卫星系统中仅单向传输距离就可达 35 800 km）的空间传播后，信号功率损耗很大（通常达到 200 dB），到达地球站或卫星接收天线时已十分微弱，因此在卫星传输线路设计时，降低接收系统的噪声和提高信噪比显得极为重要。

8.4.1 卫星传输线路的噪声和干扰

关于卫星传输线路的噪声和干扰，相对而言，对卫星传输质量来说，卫星传输线路中噪声的影响更大，而干扰相对卫星高频率载波来说影响较小，参看第 7 章的讨论，这里不再赘述。

1. 接收系统的噪声及噪声功率

接收天线接收到卫星（或地球站）发来的信号的同时，还会接收到大量的噪声。接收系统的噪声可分为来自各种噪声源的外部噪声和内部噪声。外部噪声如图 8-15 所示，内部噪声主要来源于天线与接收机之间的连接线路（通常是波导或同轴电缆）带来的损耗，另外相关设备会附有一些热噪声。比如在接收机中，线性或准线性部件放大器、变频器等会产生热噪声，电路的电阻损耗会引起热噪声，这些都是接收系统的内部噪声的主要来源。

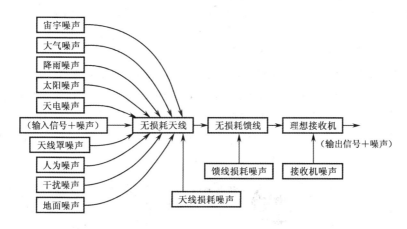

图 8-15 地球站接收系统的外部噪声来源

天线接收到各种噪声的大小可以用天线的等效噪声温度 T 来表示。由电路分析知识可知，当接收机阻抗匹配时，接收机内部不产生噪声，那么其接收到的噪声功率仅取决于外部输入噪声的单边功率谱密度。因此，将外部噪声折算到接收机输入端的噪声功率为

$$N = kTB \tag{8.4}$$

式中，k 为玻尔兹曼常数；T 为噪声温度，单位为 K；B 为接收系统的等效带宽。可以看出，只要其温度不是绝对温度（K）的零度（相当于 $-273℃$），噪声就不为零，称为热噪声。由式(8.4)还可看出，热噪声的功率谱密度 kT 与频率无关，通常称为白噪声。

2. 接收系统的干扰

干扰包括来自其他同频段的卫星通信系统和同频段的微波中继通信系统的干扰及人为干扰。干扰的大小与干扰的频率、干扰电波的传播环境、收发天线的增益方向性图函数等许多因素有关。其频谱一般为非白噪声干扰，但不管这些干扰的频谱如何分布，在卫星传输系统的工程计算和设计中，都可将这些干扰转化为等效热噪声，与同系统的其他噪声同样对待。

8.4.2　卫星传输线路接收机的载噪比

卫星通信的一个显著特点是电波传播的路径非常长，因此电磁波在传播过程中必将受到极大损耗。譬如静止卫星与地球站之间约有 40 000 km 的路径，当工作频率为 6 GHz 时，仅自由空间传播损耗就达 200 dB 之多。因而卫星或地球站接收到的信号非常弱，所以卫星通信中噪声的影响是一个非常突出的问题。

决定一条卫星通信线路传输质量的最主要指标是接收系统输入端的载波功率与噪声功率之比，简称载噪比，记为$[C/N]$。进行卫星通信线路的设计或分析时，有必要计算载噪比。

1. 接收机输入端的载波功率$[C]$

不特殊说明时，把通信卫星或地球站的接收机输入端的载波功率统称为接收载波功率，记作$[C]$。如果把自由空间传播损耗以外的其他损耗也一同考虑，见图 8 - 16，则由式（7.7）变形可得

$$[C](\text{dBW}) = [P_R] = [P_T] + [G_T] + [G_R] - [L_t] - [L_p] - [L_R] - [L_a] - [L_r]$$
$$= [\text{EIRP}] + [G_R] - [L_t] - [L_p] - [L_R] - [L_a] - [L_r]$$
$$= [\text{EIRP}] + [G_R] - [L] \tag{8.5}$$

式中，$[\text{EIRP}] = [P_T] + [G_T]$为发射系统的有效全向辐射功率（dBW）；$[P_T]$为发射功率（dBW）；$[G_T]$为发射天线增益（dB）；$[G_R]$为接收天线增益（dB）；$[L_p]$为自由空间传播损耗（dB）；$[L_a]$为大气引起吸收、散射等损耗（dB）；$[L_t]$为发送馈线的损耗（dB）；$[L_r]$接收馈线的损耗（dB）；$[L_R]$为其他损耗（dB）。令$[L] = [L_t] + [L_p] + [L_R] + [L_a] + [L_r]$（dB）。

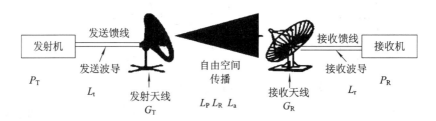

图 8 - 16　卫星通信传输线路功率分配示意图

2. 接收机输入端的载噪比$[C/N]$计算

在卫星通信中，信号的传输经过三个过程：① 载波信号从地球站天线发射，被卫星天线所接收（上行线路）；② 卫星接收的信号经转发器处理、变频和功率放大后由天线向地球发射；③ 地球站天线接收卫星发射信号（下行线路）。在这三个过程中，每个过程都有各种噪声的加入而导致载噪比降低。

信号在上述传输过程中会发生各种损耗，并受各种噪声的影响，这里重点关心的是卫星或地球站接收机输入端的载噪比。接收机输入端的载波功率$[C]$如式（8.5）所示。

由式（8.4）可知，接收机输入端等效热噪声功率 N 为

$$N = kT_rB \tag{8.6}$$

式中，k 为波尔兹曼常数，T_r 为接收系统的等效噪声温度，B 为接收系统的等效带宽。所以接收机输入端的载噪比为

$$\left[\frac{C}{N}\right] = 10\lg\frac{C}{N} = 10\lg\frac{C}{kT_r B} = [C] - [kT_r B]$$

$$\left[\frac{C}{N}\right](\mathrm{dB}) = [P_{\mathrm{T}}] + [G_{\mathrm{T}}] + [G_{\mathrm{R}}] - [L_{\mathrm{t}}] - [L_{\mathrm{p}}] - [L_{\mathrm{a}}] - [L_{\mathrm{R}}] - [L_{\mathrm{r}}] - [kT_r B]$$

$$= [\mathrm{EIRP}] + [G_{\mathrm{R}}] - [L] - [kT_r B] \tag{8.7}$$

3. 上行和下行线路的载噪比计算

对于上行线路，若用 $\left[\dfrac{C}{N}\right]_{\mathrm{U}}$ 表示载噪比，则有

$$\left[\frac{C}{N}\right]_{\mathrm{U}}(\mathrm{dB}) = [\mathrm{EIRP}]_{\mathrm{g}} + [G_{\mathrm{R}}]_{\mathrm{S}} - [L] - [kT_{\mathrm{sat}}B_{\mathrm{sat}}] \tag{8.8}$$

式中，$[\mathrm{EIRP}]_{\mathrm{g}}$ 为地球站实际有效全向辐射功率；$[G_{\mathrm{R}}]_{\mathrm{S}}$ 为卫星接收天线增益；T_{sat} 为卫星接收系统的噪声温度；B_{sat} 为卫星接收系统的带宽。

类似地，对于下行线路，用 $\left[\dfrac{C}{N}\right]_{\mathrm{D}}$ 表示载噪比，则有

$$\left[\frac{C}{N}\right]_{\mathrm{D}}(\mathrm{dB}) = [\mathrm{EIRP}]_{\mathrm{S}} + [G_{\mathrm{R}}]_{\mathrm{E}} - [L] - [kT_{\mathrm{g}}B_{\mathrm{g}}] \tag{8.9}$$

式中，$[\mathrm{EIRP}]_{\mathrm{S}}$ 为卫星有效全向辐射功率；$[G_{\mathrm{R}}]_{\mathrm{E}}$ 为地球站天线接收增益；$[L]$ 为下行线路传输损耗(与上行线路损耗组成相似)；T_{g} 为地球站接收系统的噪声温度；B_{g} 为地球站接收系统带宽。

例 8 - 3　已知条件如图 8 - 17 所示，$[k] = 10\lg[1.38 \times 10^{-23}\,\mathrm{W}/(1\,\mathrm{W} \times \mathrm{K} \cdot \mathrm{Hz})] = -228.6\,(\mathrm{dBW/K} \cdot \mathrm{Hz})$，设卫星转发器工作在单载波状态，卫星和地球站的 $[L_{\mathrm{r}}] = 2\,\mathrm{dB}$，$[L_{\mathrm{t}}] = 2\,\mathrm{dB}$，忽略 $[L_{\mathrm{R}}]$、$[L_{\mathrm{a}}]$，$B = 4 \times 10^8\,\mathrm{Hz}$，分别求出卫星线路的上行 $[C/N]_{\mathrm{U}}$ 和下行 $[C/N]_{\mathrm{D}}$ 的值。

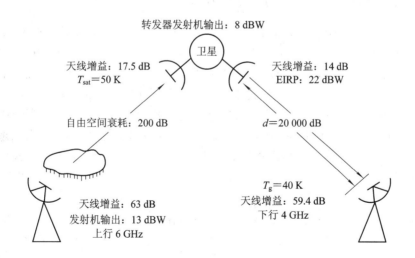

图 8 - 17　卫星通信传输线路

解　(1) 卫星上行线路的 $\left[\dfrac{C}{N}\right]_{\mathrm{U}}$。

由题设条件知：$[\mathrm{EIRP}]_{\mathrm{g}} = 13 + 63 = 76\,(\mathrm{dBW})$，$[L_{\mathrm{p}}] = 200\,\mathrm{dB}$，$[G_{\mathrm{R}}]_{\mathrm{S}} = 17.5\,\mathrm{dB}$。

$$[kT_{sat}B_{sat}] = 10\lg[(1.38 \times 10^{-23}) \times 50 \times (4 \times 10^{8})]$$
$$\approx (-228.6) + 17 + 86 = -125.6 \ (dBW)$$

$$[L] = [L_t] + [L_p] + [L_R] + [L_a] + [L_r] = 2 + 200 + 0 + 0 + 2 = 204 \ (dB)$$

$$\left[\frac{C}{N}\right]_U = [EIRP]_g + [G_R]_s - [L] - [kT_{sat}B_{sat}] \ (dB)$$
$$= 76 + 17.5 - 204 - (-125.6) = 15.1 \ (dB)$$

（2）卫星下行线路的 $\left[\dfrac{C}{N}\right]_D$。

由题设条件知：$[EIRP]_S = 22 \ dBW$，$[G_R]_E = 59.4 \ dB$。

$$[L_p] = 32.45 + 20\lg d + 20\lg f$$
$$= 32.45 + 20\lg 20000 + 20\lg 4000$$
$$= 32.45 + 86 + 72 = 190.45 \ (dB)$$

$$[L] = [L_t] + [L_p] + [L_R] + [L_a] + [L_r] = 2 + 190.5 + 0 + 0 + 2 = 194.5 \ (dB)$$

$$[kT_gB_g] = 10\lg[(1.38 \times 10^{-23}) \times 40 \times (4 \times 10^{8})]$$
$$\approx -228.6 + 16 + 86 = -126.6 \ (dBW)$$

$$\left[\frac{C}{N}\right]_D = [EIRP]_S + [G_R]_g - [L] - [kT_gB_g]$$
$$= 22 + 59.4 - 194.5 - (-126.6)$$
$$= 13.5 \ (dB)$$

8.5 移动通信传输系统及其应用

8.5.1 移动通信系统在电信网中的应用

在当今时代，移动通信无线网络已经成为人们生活、娱乐、学习不可或缺的组成部分。根据国际电信联盟最新公布的统计数据显示，截至 2020 年初，全球手机用户数量已达 60 亿。在我国发展更快，中国手机用户数量已达到 10.868 亿，引起了各行各业的高度关注，而移动终端是流量的主要贡献者，通过移动通信系统可以实现语音、数据、图像等传输。

随着通信技术不断的发展和升级，移动无线通信技术本身也在不断地更新换代。移动通信到现在经历了 5 个发展阶段，当前处于成熟的 4G 和初步发展的 5G 阶段的融合期，如图 8-18 所示。4G 是指第四代蜂窝移动通信系统，是集 3G 与 WiMAX 于一体并能够传输高质量视频图像的技术产品，4G 系统能够以 100 Mb/s 的峰值速度下载，上行速度也能达到 50 Mb/s。

2013 年 12 月，工信部在其官网上宣布向中国移动、中国电信、中国联通颁发"LTE/第四代数字蜂窝移动通信业务（TD-LTE）"经营许可，也就是 4G 牌照，至此，移动互联网达到了一个全新的高度。

LTE 是基于 OFDMA 技术、由 3GPP 组织制定的全球通用标准，包括 TDD（时分双工）和 FDD（频分双工）两种模式，二者相似度达 90%，差异较小，本节主要介绍 4G 网络。

2019 年 6 月，中国颁发 5G 牌照，如图 8-19 所示，移动通信用户数、连接设备数等数据量均持续呈指数式增长。无论从社会需求、巨大的市场还是国际话语权，开展 5G 移动

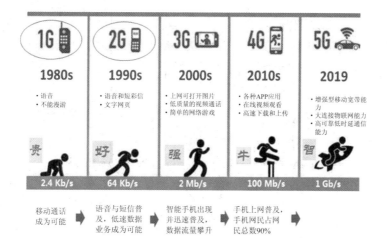

图 8 - 18　移动通信发展历程

通信系统研发与应用皆具有重要意义。中国从 3G 追赶、4G 并跑到 5G 引领,中国的移动通信领域已成为少数具有国际竞争力和行业话语权的高科技领域之一。

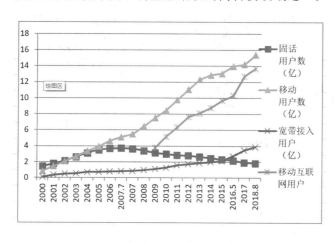

图 8 - 19　移动通信需求历程

1. LTE 系统结构

整个 LTE 系统大体由 EPC（Evolved Packet Core Network,演进分组核心网）、eNodeB（evolved Node B,演进型基站或 E - UTRAN 无线接入网）和 UE（Use Equipment,用户设备）三部分组成。

EPC 网络构架包括:移动性管理实体（MME）,负责信令处理部分;服务网关（S - GW）与分组数据网络网关（P - GW ）,统称 SAE - GW,负责数据处理部分;以及归属签约用户服务器（HSS ）及策略和计费功能单元（PCRF）等部分。

所有的 eNodeB（简称 eNB）负责中继和其他功能节点接入网部分,即 E - UTRAN。UE 是指用户终端设备,如手机、智能终端、多媒体设备和流媒体设备等。LTE - EPC 网络架构和 EPC 结构如图 8 - 20 和图 8 - 21 所示。

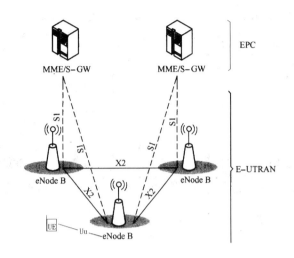

图 8 - 20   LTE - EPC 网络简单架构

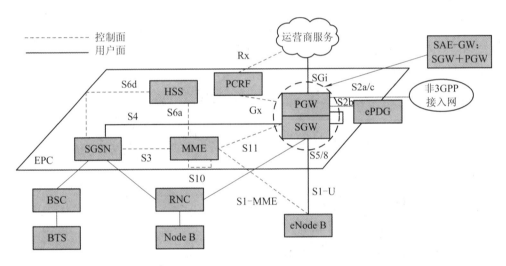

图 8 - 21   EPC 网络结构

在 E - UTRAN 中，eNB 采用全 IP 化，通过 X2 接口与其他 eNB 或中继等节点相互连通。这种网络架构设计，有利于网络的移动性，在整个网络实现了用户连续覆盖。每个 eNB 可以通过 S1 接口与其所属的 MME/S - GW 相连，eNB 和 UE 连接的接口被定义为 Uu 接口。这种扁平化系统网络体系架构不仅能够支持 OFDM 和多天线 MIMO 传输技术，而且满足了简化系统复杂度所带来的降低时延和减少设备支出等要求。

2. 移动通信的工作频段

频率是宝贵的资源，为了有效使用有限的频率资源，对频率的分配和使用必须服从国际标准化组织和国内有关部门的统一管理，否则将会造成互相干扰或频率资源的浪费。中国电信运营商及不同制式使用频率如表 8 - 4 所示。对于 5G 网络的部署会采用两种频谱，即 FR1 和 FR2，FR1 频谱范围是 450～6 GHz，它的优点是覆盖面积大，传输距离远。FR2 频率范围是 24 GHz～52 GHz，频谱波长大部分都是毫米波级别，毫米波传输速度更快，容量更大，但线路损耗和雨衰也更大，要降低线路损耗和雨衰值在技术上难以完全解决。

表 8-4 中国电信运营商使用频率(MHz)对照表

运营商	第 2 代移动通信/带宽	第 3 代移动通信/带宽	第 4 代移动通信/带宽	第 5 代移动通信/带宽
中国移动	885~909(上行)/24 930~954(下行)/24 1710~1725(上行)/15 1805~1820(下行)/15	2010~2025(上行)/15 2010~2025(下行)/15	1880~1920(上、下行)/40 2320~2370(上、下行)/50 2575~2635(上、下行)/60	2515~2675(上、下行)/160 4800~4900(上、下行)/100
中国联通	909~915(上行)/6 954~960(下行)/6 1745~1755(上行)/10 1840~1850(下行)/10	1940~1955(上行)/15 2130~2145(下行)/15	2300~2320(上、下行)/20 2555~2575(上、下行)/20	3500~3600(上、下行)/100
中国电信	825~840(上行)/15 870~885(下行)/15	1920~1935(上行)/15 2110~2125(下行)/15	2370~2390(上、下行)/40 2635~2655(上、下行)/40	3400~3500(上、下行)/100

确定移动通信工作频段主要考虑的因素有:① 电波的传播特性;② 环境噪声及干扰情况;③ 服务区域范围、地形和障碍物尺寸;④ 设备小型化;⑤ 与已开发频段的协调和兼容性。

8.5.2 移动通信在其他领域的应用

随着移动通信应用的普及和升级,引发了各行各业更多的业务开发和应用,通过移动通信系统可以实现语音、数据、图像等传输,此外随着定位技术、报警功能、导航功能、监控功能等技术的发展,物联网业务的深度开发,使得移动通信在很多领域的应用得以快速增长。下面介绍几个典型的移动通信在其他领域的应用。

1. 移动通信在高铁中的应用

通信系统是铁路的关键基础设施之一,除了向用户提供移动通信服务,还承载了铁路调度指挥、列车运行控制、故障预警、险情通告、应急救援等任务。铁路通信的应用情境多样化,例如车内、车厢之间、车对铁道等,使得铁路运营业者同时将窄频和宽带无线通信技术运用于列车无线通信系统,如 GSM - R 和 LTE - R 等。

高速铁路覆盖可以分为公网组网和专网组网两种方案。公网组网方案通过现有站点,采用与周边基站相同的频点,在覆盖铁路周边用户的同时,兼顾覆盖高速列车。专网组网方案是指高铁沿线站点组成专网,专网只服务于高铁上的用户,高铁沿线的用户仍由公网服务,沿线采用链形邻区设计,以保证用户在高速移动时提供良好的网络接续,从而提高通信质量。

由于频率资源的限制,LTE 高铁网络一般宜采用同频专网的组网方式,需要做好专网与公网的切换,主要考虑两个场景,一个是轨道沿线,一个是车站。

轨道沿线的专网小区需要与前后两个小区均配置为双向邻区关系,而与周边公网小区不配置为邻区关系,如图 8-22 所示。高铁专网在车站与公网的切换,一般会以"车站室分"为过渡带,如图 8-23 所示。配置原则:一是高铁专网与"车站室分"配置双向邻区关系,保证移动用户在车站与高铁之间通话的切换;二是车站室分与 LTE 公网间配置为双向邻区关系,保证移动用户在车站内外通话的切换;三是高铁专网与 LTE 公网间不配置为邻区关系。

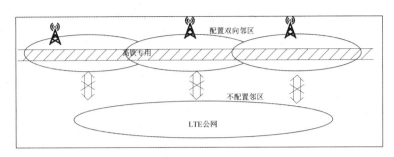

图 8-22 轨道沿线 LTE 专网切换示意图

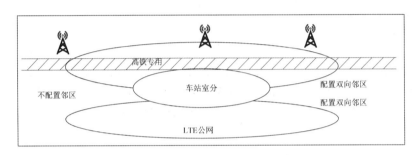

图 8-23 车站 LTE 专网切换示意图

2. 移动通信在轨道交通中的应用

直接采用移动通信在高铁覆盖方法，对很多处于地底或穿行于高楼之间的城市轨道交通并不完全适用，因为列车运行于地底或高大建筑物周围时收到的信号并不一定稳定及时，也有可能是不连续的，所以从 WLAN 技术到 4G 通信，在城市轨道交通中应用的无线通信技术随着无线通信的快速发展而发展。我国新建（或正在建设）的城市轨道交通线路中，大部分选择采用 4G 通信技术，随着 5G 技术的新突破，5G 通信也将被运用于城市轨道交通中。

城市轨道交通的通信系统是一种能够承载城市轨道交通系统中产生的实时音频、视频、数据等各种信息的综合业务数字通信网络，城市轨道交通中的通信可以分为有线通信和无线通信。典型的轨道交通的无线传输（如无线集群通信系统）在城市轨道交通通信系统中发挥了十分重要的作用，是调度人员与司机通信的可靠手段，同时也是与移动中的作业人员、抢险人员实现通信的重要手段，该系统在保证行车安全及处理紧急突发事故方面有着不可替代的作用。在这里只简介移动通信系统在轨道交通的应用。

1）车—地通信

TD-LTE 移动通信技术中，在 20 MHz 的频谱带宽下能够提供上行 100 Mb/s、下行 50 Mb/s 的峰值管道速率的前提下，假设系统每列车承载的上/下行列车控制信息和业务宽带需求各为 0.5 Mb/s，如图 8-24 所示，现在所运用的 4G 是暂时可以满足列车的需求的。但是随着城市轨道交通 CBTC 系统全自动无人驾驶技术的发展和应用，信号系统每列车承载的上/下行列车控制信息和业务带宽需求将可能会达到 1 Mb/s，甚至更高，这样就需要减少同一网络中的列车数量或者增加网络的覆盖程度。

2）车—车通信

随着无线通信的发展，已有一些研究者提出了基于车—车通信的新型 CBTC 系统，该系统中，车—车通信减少了轨旁子系统，减少了系统的接口数量，从而降低了系统的复杂性，但这要求列车将自身的行驶信息通过无线网络或网络接入点（AP）实时上传至同一个通信网络，即一个能够存储整条线路上的列车行驶信息的数据库，如图8-25所示。其他列车可以从该网络中实时下载这些信息，再在车载设备上根据这些信息判断自身应该行驶的速度，从而实现移动闭塞，自动调整列车之间的距离。该通信方案能够缩短信息传输的距离，但也对通信网络提出了更高的要求。

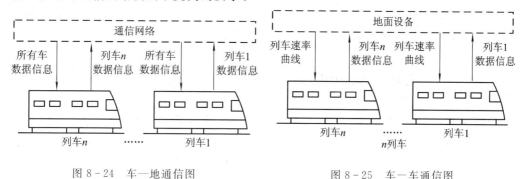

图8-24 车—地通信图   图8-25 车—车通信图

3. 集群通信在港口指挥调度中的应用

集群系统在港口的生产调度领域发挥了重要的作用。如：码头装卸的指挥调度；各种车辆、船只的调度管理；物资储备与调配管理；不同部门之间的协作配合、统一调度。由于其按键呼叫的方式与其他通信产品相比，省去了多次拨号、等待的复杂过程，一次按键通话即可实现一对多的调度，因此具有直接、迅速的通信能力。集群系统由于具有灵活的编码组网能力，可以实现多种级别、多个组别的统一调度，完全适应港口生产多方面的要求。在港口的调度、安全等岗位和部门，集群通信大有用武之地。

4. 移动通信在电子商务中的主要应用

移动通信技术与电子商务的结合催生了新型电子商务即移动电子商务。移动电子商务主要有4种服务：产品信息发布、订货业务受理、货款支付方式、用户信息反馈和售后质保服务，它们的高速发展促使一系列电子商务的基本环节发生了巨大的变革。

从日常生活的视角看，移动电子商务主要包括以下5种业务：

（1）银行业务：通过移动电子商务，手机用户可以在网上更及时安全地管理个人财务，是对联网银行体系深层次的完善。在银行业务方面，用户可以通过网上银行查询和办理银行相关的转账和支付服务。手机银行业务就是以SIM-ToolKit(STK，智能卡应用工具)作为技术平台的移动银行业务，它用短消息方式连接各银行，能够适时、准确、快捷地为用户提供各种银行服务的业务。

（2）股票交易：利用实时接入特点，使移动电子商务可以应用于股票、期货等商品交易。手机股票交易在电子商务交易中的应用，可以保证电子商务活动不受地域、时间和空间的限制而"随时、随地"发生和完成。

（3）订票：随着移动电子商务在预售票方面的应用，越来越多的人们习惯于通过互联网预订机票、车票或入场券等。

（4）购物、娱乐：通过移动电子商务的相关技术，用户可以随时随地地在互联网上进行购物、观看视频以及网上游戏等活动。

（5）移动秘书：通过语音信箱业务获取商业信息。利用全球通移动秘书和语音信箱业务，通过移动电话网络为有效覆盖范围及在与中国移动通信有漫游协议的国家和地区内的用户及时提供准确信息；以及利用计算机合成语音处理技术，向移动客户提供准确、快捷、方便的语音和电话留言服务，如同是手机客户的私人秘书，无论客户身在何处，都会 24 小时不间断地为客户接听电话，绝不会漏接任何电话。

综上所述，移动通信新业务的出现使人们随时随地接入互联网成为了现实的可能，从而也为电子商务参与者提供了多种参与和获取信息的途径。

8.6 移动通信传输信道的主要特性

分析移动通信传输信道的特性，主要还是考虑损耗与衰落、噪声与干扰等。在第 7 章无线通信传输理论中已经对无线传输信道特性做了分析，本节基于移动通信信道设计和提高设备抗干扰能力，对移动通信信道的噪声与干扰做简要讨论。

8.6.1 移动通信信道的噪声和干扰

1. 移动通信信道的噪声

与其他无线通信信道类似，移动通信信道噪声的来源是多方面的，包括内部噪声和外部噪声。内部噪声是指系统设备（如电台）本身电气元件产生的各种噪声，一般而言，内部噪声功率可用接收机带宽内热噪声公式计算，其对信道影响相对较小。外部噪声才是对移动通信信道影响较大的噪声，比如自然噪声中的大气噪声、太阳噪声、银河噪声、人为噪声等。人为噪声又分为郊区人为噪声和市区人为噪声。这些噪声来源不同，频率范围和强度也不同，美国 ITT（国际电话电报公司）公布的数字，即各种噪声功率与频率的关系，如图 8-26 所示。

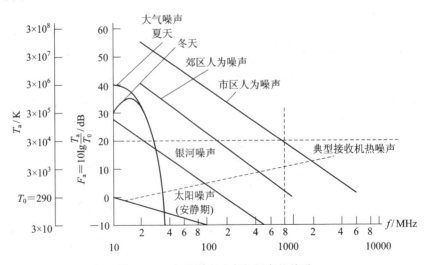

图 8-26　各种噪声功率与频率的关系

图 8-26 中，纵坐标用等效噪声系数 F_a(dB) 或噪声温度 T_a(K) 表示。F_a 是用相对噪声功率电平描述的，即相对于基准噪声功率（$N_0 = 10\lg k T_0 B_N$）的电平。其表示式为

$$F_a = 10\lg\frac{kT_aB_N}{kT_0B_N} = 10\lg\frac{T_a}{T_0}\ (\text{dB}) \tag{8.10}$$

根据对数性质,式(8.10)又可表示为

$$F_a(\text{dB}) = 10\lg(kT_aB_N)(\text{dBW}) - 10\lg(kT_0B_N)(\text{dBW}) = N(\text{dBW}) - N_0(\text{dBW})$$

$$\tag{8.11}$$

式中, $k = 1.38 \times 10^{-23}$ W/K·Hz,为波兹曼常数; T_0 为参考热力学温度(290 K); B_N 为接收机有效噪声带宽(它近似等于接收机的带宽); N_0 为基准噪声功率(dBW),实际上描述的是典型接收机的噪声功率。

由式(8.10)可知,等效噪声系数 F_a 与噪声温度 T_a 相对应,例如 $T_a = T_0 = 290$ K, $F_a = 0$ dB;若 $T_a = 10T_0 = 2900$ K,则 $F_a = 10$ dB。

由图 8.26 可知,当工作频率为 150 MHz 左右时,太阳噪声、大气噪声和银河噪声都比接收机的内部噪声小,可以忽略不计,设该频率范围为自然噪声的非活动区。在 100 MHz 以上频段,人为噪声(尤其是市区内人为噪声)比较严重,直接影响移动通信信道的质量,不应忽视,利用图 8-26 可以估算平均人为噪声功率。

例 8 - 4　已知市区移动台的工作频率为 800 MHz,其接收机带宽为 16 kHz,试求接收机输入端的人为噪声功率为多少分贝瓦?

解　基准噪声功率为

$$N_0 = 10\lg(kT_0B_N) = 10\lg(1.38 \times 10^{-23} \times 290 \times 16 \times 10^3) = -162\ (\text{dBW})$$

由图 8-26 可查得市区人为噪声功率系数 $F_a = 20$ dB,故接收机输入端的平均人为噪声功率:

$$N = F_a + N_0 = 20\ \text{dB} - 162\ \text{dBW} = -142\ (\text{dBW})$$

2. 移动通信信道的干扰

移动通信信道除了具有如第 7.3 节讨论的无线信道所具有的一般干扰外,影响更大的是其他系统对其的干扰,在这里重点讨论此类干扰。

对于移动通信网络,保证业务质量的前提是使用干净的频谱,即该频段没有被其他系统使用或干扰,否则终端用户的感受都会产生较大的负面影响。

随着 4G LTE 基站的逐步建设、优化,已形成了 2/3/4G 基站共存的局面,系统间干扰的概率也大幅提升,在目前已建设的基站中,已发现大量的 TD - LTE 基站受到干扰。这些干扰主要包括两方面:

(1) 系统外干扰表现在 2/3G 以及 FDD - LTE 小区对 TDD - LTE 小区的阻塞、互调和杂散干扰,此外还有其他无线电设备,如手机信号屏蔽器带来的外部同频干扰;

(2) 系统内干扰表现在 GPS 跑偏、远端干扰、用户间同频干扰、时隙偏移干扰的相同频段信号干扰。具体干扰可以分为如下形式:

① GPS 跑偏:对于 LTE TDD 系统,因为是时分双工,对系统的时钟同步要求很高。GPS 跑偏一般干扰影响范围比较广,其表现为同一个网络中的某基站与周围其他基站的时钟不同步,这就造成跑偏基站的下行链路(DL)信号被周围的基站接收到,故而干扰到了周围基站的上行接收。基站 GPS 时钟跑偏主要有 GPS 滞后或 GPS 提前两种,一般被干扰小区的分布受到以地理位置、天线挂高、方位角等因素为圆心向外递减趋势的影响。

② 远端干扰:又称为 TDD 超远干扰,即干扰站和被干扰站之间的无线传播环境非常好,等效于自由空间,远距离的干扰站点信号经过某种特定的气候、地形、环境条件进行

传播，到达被干扰站点的时候，因为传播环境很好，衰减就比较小，因此对被干扰站点的有用信号造成较大的干扰。

③ 时隙偏移干扰：主要表现为同频小区之间上/下行配比、时间偏移量等参数配置错误，导致同系统间干扰增大，终端侧体现为 RSRP(Reference Signal Receiving Power，参考信号接收功率)、SINR(Signal to Interference plus Noise Ratio，信号与干扰加噪声比)等参数远低于预期。

④ 用户间同频干扰：又称为越区覆盖，是指某小区的服务范围过大，在间隔一个以上的基站后仍有足够强的信号电平使得手机可以驻留、切入或对远处小区产生严重干扰。越区覆盖主要是由于基站的天线方位角、下倾角等不合理造成实际小区服务范围与小区规划服务范围严重背离的现象，带来的影响有高干扰、掉话、切换失败等。

8.6.2　移动通信信道传播损耗的预测模型

无线电波传播特性主要取决于传播环境，不同的传播环境下，其电波传播特性也不尽相同。例如，高层建筑密集的大城市与平坦开阔的农村相比，其传播环境有很大不同，两者的电波传播特性也大有差异。无线电波的传播环境非常复杂，传播方式和途径也多种多样，包括 TD－LTE 在内的传播模型，几乎无法精确地计算基站的无线覆盖性能。传播模型是通过多种参数对复杂的无线电波传播环境进行提炼总结而得到的，是无线网络规划的重要基础，模型的准确性关系到无线网络规划和建设的合理性及经济性。

传播模型的分类众多，从建模的方法看，目前常用的传播模型主要是经验模型和确定性模型两大类，此外，也有一些介于上述两者模型之间的半确定性模型。经验模型主要通过大量的测量数据进行统计分析后归纳导出的公式，其参数少，计算量少，但模型本身难以揭示电波传播的内在特征，故应用于不同的场合时需要对模型进行校正；确定性模型则是对具体现场环境直接应用电磁场理论计算方法得到的公式，其参数多，计算量大，从而可得到比经验模型更为精确的预测结果。

在实际工程应用中，大量采用经验模型，下面介绍的传输模型均为经验模型。

1. 室外传播模型

目前得到广泛使用的传播模型有 Okumura－Hata(奥村)模型、COST－231 Hata 模型和通用模型等，下面简介前两种模型。

1) Okumura－Hata(奥村)模型

Okumura－Hata(奥村)模型是预测城区信号时使用最广泛的模型，应用频率在 $150\sim1920$ MHz(可扩展到 3000MHz)，距离为 $1\sim100$ km，基站天线高度在 $30\sim1000$ m 之间。

在城区中，收、发天线间的传播损耗 $[L_T]$ 取决于传播距离 d、工作频率 f、基站天线高度 h_b、移动台天线高度 h_m，以及街道的走向和带宽等。模型中等起伏地市区收、发天线间的路径传播损耗中值 $[L_T]$ 为

$$[L_T](\text{dB}) = \left[\frac{P_T}{P_{RP}}\right] = [L_P'] + A_m(f, d) - H_b(h_b, d) - H_m(h_m, f) \quad (8.12)$$

中等起伏地市区接收信号功率中值 $[P_{RP}]$ 为

$$[P_{RP}](\text{dBm}) = \left[P_T\left(\frac{c}{4\pi df}\right)^2 G_T G_R\right] - A_m(f, d) + H_b(h_b, d) + H_m(h_m, f) \quad (8.13)$$

式中，G_T 为基站天线增益；G_R 移动台天线增益；$[P_T]$ 为发射机至天线的发射功率；有增益天线的自由空间损耗 $[L_P'] = 32.45 + 20\lg d(\text{km}) + 20\lg f(\text{MHz}) - [G_T](\text{dB}) - [G_R](\text{dB})$；$A_m(f, d)$ 是中等起伏地市区的基本损耗中值，条件是假定自由空间阻挡物引起的损耗为 0 dB（余隙 $h_c = h_0 = 0.577F_1$），基站天线高度为 200 m，移动台天线高度为 3 m 时得到的损耗中值，它可由图 8-27 求出。

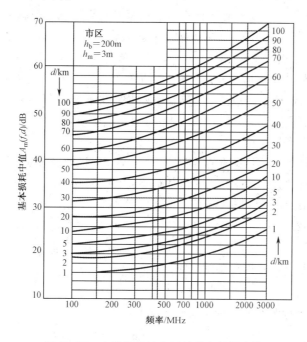

图 8-27　中等起伏地市区的基本损耗中值

$H_b(h_b, d)$ 是基站天线高度增益因子，它是以基站天线高度 200 m 为基准得到的相对增益，其值可由图 8-28(a)求出。

$H_m(h_m, f)$ 是移动台天线高度增益因子，它是以移动台天线高度 3 m 为基准得到的相对增益，可由图 8-28(b)求得。

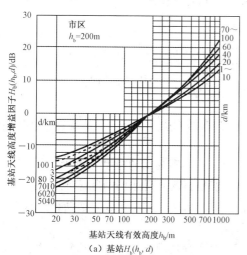

（a）基站 $H_b(h_b, d)$

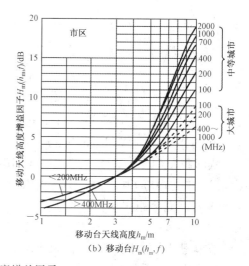

（b）移动台 $H_m(h_m, f)$

图 8-28　天线高度增益因子

图 8-27 给出了典型中等起伏地市区的基本损耗中值 $A_m(f, d)$ 与频率、距离的关系曲线，它是在大量实验、统计分析的基础上，得出的传播损耗基本中值的预测曲线。

如果基站天线的高度不是 200 m，则损耗中值的差异用基站天线高度增益因子 $H_b(h_b, d)$ 表示。图 8-28(a) 给出了不同通信距离 d 时，$H_b(h_b, d)$ 与 h_b 的关系。显然，当 $h_b > 200$ m 时，$H_b(h_b, d) > 0$ dB；反之，当 $h_b < 200$ m 时，$H_b(h_b, d) < 0$ dB。

同理，当移动台天线高度不是 3 m 时，需用移动台天线高度增益因子 $H_m(h_m, f)$ 加以修正，参见图 8-28(b)。当 $h_m > 3$ m 时，$H_m(h_m, f) > 0$ dB；反之，当 $h_m < 3$ m 时，$H_m(h_m, f) < 0$ dB。

例 8-5　某一移动通信信道，工作频段为 450 MHz，基站天线高度为 50 m，天线增益为 6 dB；移动台天线高度为 3 m，天线增益为 0 dB；在市区工作，传播路径为中等起伏地，通信距离为 10 km。试求：

(1) 传播路径损耗中值；

(2) 若基站发射机送至天线的信号功率为 10 W，求移动台天线得到的信号功率中值。

解　根据已知条件，首先计算相关参数如下：

$$[L_P'] = 32.45 + 20\lg d(\text{km}) + 20\lg f(\text{MHz}) - [G_T](\text{dB}) - [G_R](\text{dB})$$
$$= 32.45 + 20\lg 10 + 20\lg 450 - 6 - 0$$
$$\approx 99.5 \ (\text{dB})$$

由图 8-27 查得市区的基本损耗中值：

$$A_m(f, d) = 27 \ (\text{dB})$$

由图 8-28(a) 可得基站天线高度增益因子：

$$H_b(h_b, d) = -15 \ \text{dB}$$

由图 8-28(b) 可得移动台天线高度增益因子：

$$H_m(h_m, f) = 0 \ \text{dB}$$

把上述各项代入式(8.12)，可得传播路径损耗中值为

$$[L_T] = [L_P'] + A_m(f, d) - H_b(h_b, f) - H_m(h_m, f)$$
$$= 99.5 + 27 - (-15) - 0 = 141.5 \ (\text{dB})$$

移动台天线得到的信号功率中值 $[P_{RP}]$ 为

$$[P_{RP}] = \left[P_T \left(\frac{\lambda}{4\pi d} \right)^2 G_T G_R \right] - A_m(f, d) + H_b(h_b, d) + H_m(h_m, f)$$
$$= [P_T] - [L_P'] - A_m(f, d) + H_b(h_b, d) + H_m(h_m, f)$$
$$= [P_T] - [L_T]$$
$$= 10\lg 10 - 141.5 = -131.5 \ \text{dBW} = -101.5 \ (\text{dBm})$$

2) COST-231/Walfish/Ikegami 模型

欧洲研究委员会 COST-231 在 Walfish 和 Ikegami 分别提出的模型基础上，对实测数据加以完善，提出了 COST-231/Walfish/Ikegami 模型。该模型适用的频率范围为 800～2000 MHz，路径距离 d 在 0.02～5 km 之间，基站天线高度为 4～50 m，移动台天线高度在 1～3 m 之间。

该模型可在视距传播(LoS)和非视距传播(NLoS)两种情况下，近似计算路径损耗。

视距传播路径损耗为

$$[L_{\text{Los}}](\text{dB}) = 42.64 + 20\lg f + 26\lg d \tag{8.14}$$

式中，d 为基站天线至移动台天线之间的水平距离（km）；f 为工作频率（MHz）。

非视距传播路径损耗为

$$[L_{\text{NLos}}](\text{dB}) = [L_{\text{P}}] + [L_{\text{rts}}] + [L_{\text{msd}}] \tag{8.15}$$

式中，$[L_{\text{P}}]$ 是实际自由空间传播损耗；$[L_{\text{rts}}]$ 为屋顶到街道的绕射及散射损耗；$[L_{\text{msd}}]$ 为多重屏障的绕射损耗。

2. 室内传播模型

目前，无线通信的应用正逐渐由室外环境向室内扩展和延伸，随着 PCS 系统的采用，人们越来越关注室内无线电波传播情况。研究室内电波传播的多径现象，建立有使用意义的室内电波传播模型，可以为室内无线通信系统的设计提供最佳网络配置的依据，从而节省了巨额的实地设站检测费用，具有较好的经济效益。

室内无线信道与传统的移动无线信道相比较，主要有覆盖距离更小和环境变动更大这两方面的不同。室内的电波传播不受气候因素（如雨、雪和云等）的影响，但要受建筑物的大小、形态、结构、房间布局及室内陈设的影响，最重要的是建筑材料的影响。室内障碍物不仅有砖墙，而且有木材、金属、玻璃及其他材料（如地毯、墙纸等），这些材料对电波传播的影响是不同的。下面将概述建筑物内路径损耗的模型。

室内无线传播与室外具有同样的机理，如反射、绕射和散射，但是条件却明显不同。例如，信号电平很大程度上依赖于建筑物内的门是开还是关；天线安装在何处对大尺度传播也有影响，天线安装于桌面高度与安装在天花板上会有极为不同的信号接收效果；同样地，较小的传播距离也使得天线的远场条件难以满足。

目前业界推荐使用的是 ITU-R P.1238 室内传播模型，它是一个位置通用的模型，即几乎不需要有关路径或位置信息。其室内路径损耗模型如下：

$$[\text{PL}](\text{dB}) = 20\lg f + N\lg d + [L_{\text{f}}(n)] - 28 + [X_{\delta}] \tag{8.16}$$

式中，N 为距离功率损耗系数，f 是工作频率（MHz）；d 为终端与基站之间的距离（m），$d > 1$ m；$[L_{\text{f}}(n)]$ 为楼层穿透损耗（dB）；n 为终端和基站之间的楼板数（$n \geq 1$，一般设 $n = 4$）；$[X_{\delta}]$ 为慢衰落余量（dB）。相关参数典型取值参见表 8-5。

表 8-5 参考 N、$L_{\text{f}}(n)$、X_{δ} 取值

频率	居民楼			办公室			商业楼		
	N	$[L_{\text{f}}(n)]$	$[X_{\delta}]$	N	$[L_{\text{f}}(n)]$	$[X_{\delta}]$	N	$[L_{\text{f}}(n)]$	$[X_{\delta}]$
900 MHz				33	9（1层）19（2层）24（3层）		20		
（1.2～1.3）GHz				32			22		
（1.8～2）GHz	28	4n	8	30	19（n-1）	10	22	9（n-1）	10
4 GHz				28			22		
5.2 GHz				31	16（1层）	12			
60 GHz				22			17		
70 GHz				22					

该基本模型把传播场景分为非视距(NLoS)和视距(LoS)两种。对于 NLoS 场景，直接采用式(8.16)估算。

具有视距 LoS 分量的路径是以自由空间损耗为主的，其距离功率损耗系数约为 20，穿楼板数为 0，模型应更正为

$$[\text{PL}](\text{dB}) = 20\lg f + 20\lg d - 28 + [X_\delta] \tag{8.17}$$

思考题与习题

1. 简述微波中继传输应用情况。

2. 何谓移动通信？

3. 卫星通信系统由哪几部分组成？它们各自的作用如何？

4. 微波、卫星和移动通信主要使用的工作频段有哪些？

5. 数字微波的线路噪声分为哪几种？各包括哪几种？

6. 微波天线高度的选取应考虑哪些因素？

7. 已知微波发信功率为 4 W，工作频率为 4000 MHz，微波两站相距 50 km，发射天线的增益为 30 dB，接收天线的增益为 25 dB，收发两端馈线系统损耗$[L_r] = 2$ dB，$[L_t] = 1$ dB，传输路径上的收发天线与障碍物的尖峰相切，其余隙 $h_c = 0$，求：实际微波接收机能接收的功率$[P_R]$。

8. 若两相邻微波站 A、B 相距 48 km，反射点距 A 站 18 km 和 24 km，求此两种情况下的地面突起高度 h_1 和 h_2 各是多少？若再考虑大气折射时的 K 值为 4/3，则上述两种情况下的等效地面突起高度 h_{e1} 和 h_{e2} 各是多少米？

9. 设微波中继通信采用 $f = 10$ GHz，站距为 50 km，路径为光滑球形地面，收发天线最小高度如图 8-8 所示。求：

(1) 不计大气折射，$K = 1$，保证自由空间余隙 h_0 时，等高收发天线的最小高度；

(2) 在 $k = 4/3$ 时，收发天线最小高度。

10. 某一移动信道，工作频段为 2000 MHz，基站天线高度为 50 m，天线增益为 10 dB，移动台天线高度为 3 m，天线增益为 0 dB；在市区工作，传播路径为中等起伏地，通信距离为 10 km。试求：

(1) 传播路径损耗中值；

(2) 若基站发射机送至天线的信号功率为 20 W，求移动台天线得到的信号功率中值。

11. C 频段(6.1 GHz)地球站发射天线增益为 54 dB，发射机输出功率为 100 W。卫星与地球站相距 37 500 km，卫星与地球站收发馈线损耗$[L_r]$均为 1 dB，馈线损耗$[L_t] = 2$ dB，$[L_R] = 0.8$ dB，$[L_a] = 1.1$ dB，卫星接收天线增益为 398 倍，转发器噪声温度为 500 K，卫星接收机带宽为 36 MHz。试计算：卫星输入噪声功率电平、卫星输入载噪比$[C/N]$。

12. 在 IS-IV 号卫星通信系统中，其卫星有效全向辐射功率$[\text{EIRP}]_s = 34.2$ dBW，接收天线增益$[G_{RS}] = 20.7$ dB。又知道某地球站发射天线增益$[G_{TE}] = 60.1$ dB，发送馈线损耗$[L_{tE}] = 0.4$ dB，发射机输出功率 $P_{TE} = 3.9$ kW，地球站接收天线增益$[G_{RE}] = 60.0$ dB，接收馈线损耗$[L_{rE}] = 0.1$ dB。试计算卫星接收机输入端的载波接收功率$[C_S]$和地球站接收机输入端的载波接收功率$[C_E]$。

第 9 章　无线网络工程

无线网络工程即无线通信网络工程，其研究的主要内容涉及移动、微波、卫星等网络工程的规划、设计、优化及实施等。在网络工程建设中，尽管不同传输方式的网络工程实现技术有所不同，但却有很多相似的设计流程。本章以 LTE 移动通信网络工程为代表来讨论无线网络工程。

无线网络工程的建设主要有三部分，首先进行网络规划，再开展网络系统设计（含基站系统工程设计），最后进行网络优化。在工程上，"规划"是指为了达到预定目标而事先提出的一套有依据的设想和做法，它是一种总体设想和粗略框架；"设计"是指在规划的基础上，为满足工程目标而采取的具体做法；"优化"是指在系统或工程已建成的情况下，根据实际需求调整部分系统参数或修正小部分设计方案，以提高系统性能。这三者之间虽分工不同，但具体的界限又不能严格区分，比如规划与设计只是系统设计的不同阶段，可以不做区分；又如设计的过程中也可以根据调研、前期测试的结果，调整部分设计方案，即进行"小优化"。

9.1　无线网络规划

无线网络规划是网络工程建设的第一步，其工作对象包含无线接入网（Radio Access Network，RAN）、传输网（Transmission Network，TN）和核心网（Core Network，CN）三部分。RAN 规划侧重于接入基站站点网元数目和覆盖配置规划；TN 规划侧重于各网元之间的链路需求和连接方式规划；CN 规划侧重于核心网网元数目和配置规划。其中无线接入网的规划在整个无线网络规划中最为重要和困难，它的规划结果将直接影响传输网和核心网的规划。本节无线网络规划侧重于无线接入网（RAN）的规划，以移动通信网络规划为例进行介绍，有关传输网和核心网的规划不做叙述。

移动通信网络建设既是一项高投入的工程，又是一项技术复杂、机构庞大的系统工程，针对所有的需求都应进行有效的规划。

20 世纪 80 年代早期，BP 机寻呼系统属于大的宏蜂窝网络，其覆盖半径可达到 5～50 km，基本上一个县市规划一个基站就可以实现覆盖，其规划相对简单。80 年代中期出现了第一代移动通信系统，属于小的宏蜂窝网络，其基站覆盖半径为 1～5 km，一个乡镇规划一个基站即可。随着 GSM 系统的广泛普及，每个蜂窝小区的覆盖半径逐渐缩小，到 90 年代中期覆盖半径为 100 m～1 km 的微蜂窝出现了，还有微微蜂窝小区，覆盖半径只有 10～100 m。这些微蜂窝小区如何规划？要建设多少个？建在哪里？回答这些问题都成为网络规划设计需要做的重要工作。

任何一个无线网络建设之初要做的第一件事情，就是"估算"。如"覆盖估算"，算的是

"站点数目";"容量估算",算的是"信道数目",解决要建多少个蜂窝小区的问题。另外还有"传输估算",算的是各地面接口(X2、S1)的传输带宽。通过估算可获得网络的建设规模(大致站点数目和载频配置情况),并由此估算得出建网成本。

9.1.1 网络规划基础

无线网络规划是根据覆盖需求、容量需求、质量要求以及其他特殊需求,结合覆盖区域的地形地貌特征,估算设计出符合预定目标的规划方案。

1. 网络规划基础概述

移动通信网络规划包含两个主要方面,即无线网络规划和地面网络策划。规划的目标是使规划方案达到按业务需要所设定的通信质量、服务面积、用户数量等方面的要求,同时还要在经济上满足最小成本的愿景。

众所周知,第三代(3G)移动通信网络有三个标准:WCDMA、CDMA2000 和 TD-SCDMA,其中 WCDMA 和 CDMA2000 分别为 GSM 欧洲制式和 CDMA 北美制式的演进系统,TD-SCDMA 为我国自主研究提出的 3G 标准。第四代(4G)移动通信网络规划与 3G 移动通信网络相比更加复杂和富有挑战性,LTE 4G 演进系统具有更高的频谱效率、更高的传输速率和更低的时延性能。为了便于规划的研讨,下面简单介绍 3G、4G 和 5G 移动通信网络部分制式的网络结构及各部分的功能。

1) WCDMA/TD-SCDMA 网络结构

WCDMA/TD-SCDMA 网络采用与 GSM 系统逻辑上类似的结构,如图 9-1 所示。网络主要包括用户终端设备(UE)、无线接入网络(RAN)、核心网络(CN)以及网络的标准接口(Uu、Iub、Iur、Iu)等。

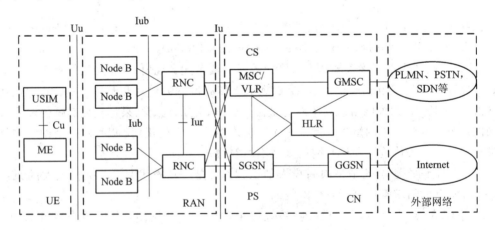

图 9-1 WCDMA/TD-SCDMA 网络结构图

WCDMA 既可采用 FDD 方式,也可采用 TDD 方式工作,TD-SCDMA 采用 TDD 方式工作。

UE 由 ME(Mobile Equipment)和 USIM(UMTS Subsriber Module,SIM 卡)组成。它通过 Uu 接口与无线接入网络设备进行信令交互,并为移动用户提供 CS(电路域)和 PS(分组域)内的各种业务应用功能。

RAN 主要包括收/发信基站（Node B）和无线网络控制器（RNC）两部分。RNC 与 RNC 之间通过标准的 Iur 接口互连，RNC 与核心网通过 Iu 接口互连。RAN 的主要功能包括实现网络连接的建立和断开、切换、宏分集合并、无线资源管理控制等。

Node B 是 WCDMA 系统的基站，用于为一个小区或多个小区服务的无线收/发信设备完成 Uu 无线接口与物理层的相关处理，如信道编码、交织、速率匹配、扩频等，同时还完成如功率控制等一些无线资源的管理功能，它在逻辑上对应于 GMS 网络中的基站（BTS）。

RNC 具有分配和控制与之相连的一个或多个 Node B 的无线资源的功能，是控制和管理的功能实体。

R99 版本协议定义的 CN（核心网络）包括电路域（CS）和分组域（PS）两部分。CS 域功能实体网元包括 MSC/VLR 和 GMSC 等；PS 域功能实体网元包括 SGSN 和 GGSN，为用户提供数据支撑业务。HLR 为 CS 和 PS 域的共用网络单元。

MSC 是移动业务交换中心；VLR 是拜访位置寄存器；SGSN 是 GPRS 服务器节点；GGSN 为 GPRS 网关节点；HLR 为归属位置寄存器；GMSC 为网关移动业务交换中心。

CN 是随着其协议版本演进而发展的，如 R4 版本的核心网是在 R99 版本的核心网基础上把 MSC 的功能分成两个独立的网元 MSC Server 和 CS-MGW 来实现的；R5 版本相对 R4 版本核心网增加了一个 IP 多媒体域；R6 版本和 R7 版本的核心网则是面向全 IP 化业务应用方向发展。

2）LTE 网络结构

LTE 网络由演进型陆地无线接入网（E-UTRAN）、演进型分组核心网（EPC）和用户终端设备（User Equipment，UE）三部分组成，如图 9-2 所示。

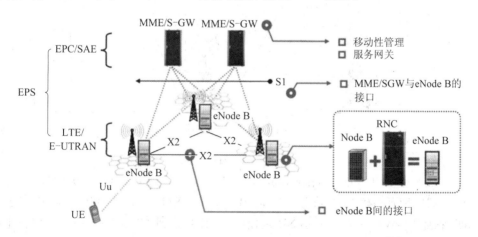

图 9-2　TD-LTE 网络结构

EPC 与 E-UTRAN 合称为演进型分组网络（EPS）。

E-UTRAN 由一个或者多个演进型基站（eNode B）组成，eNode B 是 LTE 中的基站名称。eNode B 由 Node B 演进而成，eNode B 除了具有原来 Node B 的功能外，还承担了传统的 3GPP 接入网中 RNC 的大部分功能。eNode B 通过 S1 接口与 EPC 连接；eNode B 之间则采用网格方式直接相连，即通过 X2 接口互连；S1 和 X2 接口称为逻辑接口。

EPC 的作用是帮助运营商通过 LTE 技术来提供先进的移动宽带服务,以更好地满足用户现在以及未来对宽带及业务质量的需求,其网络构架已在第 8.5.1 节中做了介绍(参见图 8-21)。

　　UE 是用户终端设备,它通过 Uu 接口与基站相连。UE 通常指手机、智能终端、电脑、多媒体设备和流媒体设备等。

　　3) 5G 网络结构

　　如图 9-3 所示,5G 网络由用户终端设备(UE)、5G 接入网络(NG-RAN)、5G 核心网络(5GC)组成。

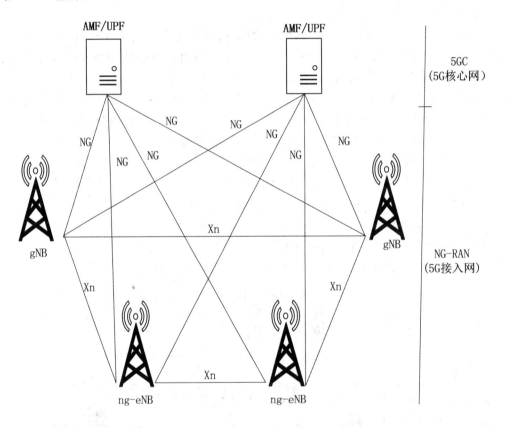

图 9-3　5G 网络结构

　　NG-RAN 由 gNB(next Generation Node B 基站)和 ng-eNB(可接入 5G 核心网的 LTE 演进基站)两种逻辑节点共同组成。gNB 是提供 NR(New Radio)基站到 UE 的控制平面与用户平面的协议终止点;ng-eNB 是提供 LTE 基站到 UE 的控制平面与用户平面的协议终止点。gNB 之间、ng-eNB 之间,以及 gNB 和 ng-eNB 之间通过 Xn 接口进行连接。

　　NG-RAN 与 5GC 之间通过 NG 接口进行连接,进一步分为 NG-C 和 NG-U 接口,其中与 AMF 控制平面连接的是 NG-C 接口,与 UPF 用户平面连接的是 NG-U 接口,NG 接口支持多对多连接方式。

　　如图 9-4 所示,5G 网络构架与 4G 基站的 BBU+RRU(基带处理单元+射频拉远单元)构架不同,5G 基站被重构为三部分:CU(中央单元)、DU(分布式单元)和 AAU/RRU

（有源天线单元/射频拉远单元），RRU 和 DU 之间的距离在 0～20 km 范围内，而 DU 和 CU 之间的距离也可达数十公里，可以有效地分散 4G 基站中 BBU（基带处理单元）的信号处理压力。

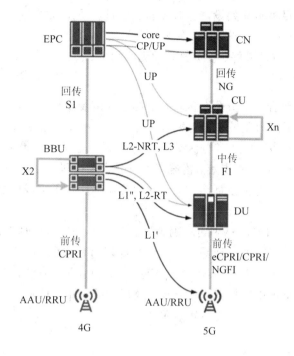

图 9-4　4G 与 5G 网络结构对比

由于 5G 基站前传信号带宽高至 Tb/s 级，使得传统的 BBU 与 RRU 间的通用公共无线电接口（CPRI）的传输压力太大，需要将部分功能分离，以减少前传信号带宽。5G 面向多业务、低时延应用需要，更加靠近用户要求，超大规模物联网应用需高效的处理能力，5G 基站应具备灵活的扩展功能。

2. 网络规划的原则

网络规划的主要原则如下：

（1）应该用一个发展的眼光去对待这个复杂的工程，要充分考虑网络规模和技术手段的未来发展和演进方向，对整个网络进行统一的规划，尽量避免在后续的工程中对无线网络结构和基站整体布局进行巨大变动、更换大量网元设备的情况。

（2）要权衡好无线网络的覆盖、容量以及投资效益之间的关系，确保网络建设的综合效益。在技术合理的条件下，应充分利用运营商现有的网络基础设施，例如机房、铁塔、传输、站址等，避免重复建设，降低建设成本。

（3）应坚持以差异化策略指导网络规划与建设，无线网络的规划应尽量采用能够实现降低成本的覆盖方案，从而确保工程建设投资和网络运营维护成本最小化。

（4）对室内覆盖要特别重视，尤其是对人员流动量大、话务集中的室内环境，应该重点保证覆盖质量。

（5）安排好反复调整和预优化的循环过程。在无线网络规划阶段，随着基站站址的确定，通过反复进行无线网络的仿真和模拟，对网络质量充分优化，使规划的结果接近实际情况。

9.1.2　网络规划目标

无线网络规划的目标是需要设计包含覆盖、容量、质量及投资成本这四个方面的实现方案，结合规划区域的业务预测分析，在保证服务质量的前提下，以最小的成本构建一个覆盖最大、容量最大、质量最好、投资最省的无线网络。

1. 网络覆盖目标

网络覆盖规划需要合理划分覆盖区域，根据业务市场定位，以及各类业务需求预测和总体发展策略，针对不同的业务和覆盖区域，用覆盖概率、穿透损耗等指标来表示覆盖能力和水平。移动通信网络中的业务分为分组业务和语音业务，覆盖区域可以划分为市区、县城、乡镇、交通干道、旅游景点等，覆盖率可以分为人口覆盖率和面积覆盖率，人口覆盖率反映了无线网络某个业务的发展潜力，而面积覆盖率反映了无线网络某个业务的覆盖完备程度和可移动范围。

网络覆盖规划过程如图 9-5 所示。通常覆盖规划都是通过仿真软件来实现的，需要输入一些外部条件，导入三维电子地图，初步计算规划出网络的小区数、载频数，基站站点的位置建议，然后根据这些初步规划参数计算出覆盖的信号强度，再经过实际测试和调整，修订得到实际的覆盖小区规划。对于覆盖规划设计来说，最重要的就是"估算"小区的覆盖半径，通常有两方面的工作需要重点关注：

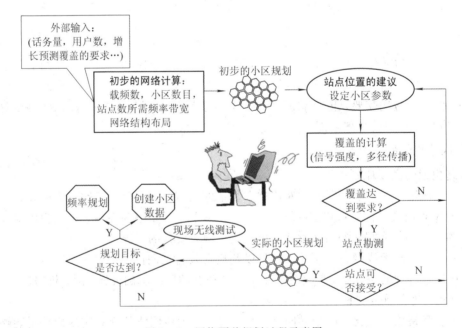

图 9-5　网络覆盖规划过程示意图

（1）传播模型和链路预算。"传播模型"是表征一个地区覆盖特性的经验公式，在频段等基本参数确定的情况下，公式中只有两个未知数，即最大允许路径损耗 $[PL]$ 和覆盖半径 d；而 $[PL]$ 可以通过"链路预算"得到，同时 d 也可测试得到。

（2）影响链路预算的主要因素。如发射功率 $[P_T]$、接收机灵敏度 $[P_r]$（和业务类型有关）、天线增益、各种损耗（含馈线损耗、人体损耗、穿透损耗等）、各种余量（快衰落余量、慢衰落余量、干扰余量等）。除此之外，还需要了解网络将采用的各种天线型号的电气性能，为规划的基站确定某个类型的天线服务。

2．网络容量目标

网络容量反映了网络建成后所能够满足的各类业务的用户总数，希望通过减少干扰，达到系统最大可能容量。对于各个区域各个阶段的用户数、负载因子、软切换比例、提供的承载服务、可以提供的业务类型、各种业务平均每用户忙时的业务量、各种业务用户渗透率等参数的综合调整，直接影响容量规划的达标情况。

在进行网络容量规划时，需要根据不同业务的市场预测和发展目标，预测各业务的用户规模和区域网络容量需求，然后根据不同业务的业务模型来计算不同基站配置下基站对各业务的容纳能力，最后利用网络规划软件来仿真计算，以判断网络容量的达标情况。

不同的移动技术体制对网络容量影响的主要因素也不同，比如 TD - LTE 网络容量与信道配置、参数配置、调度算法、小区间干扰协调算法、多天线技术选取等都有关系。因此，在多个不同的移动技术体制并存的条件下进行网络容量的规划和仿真时，需要考虑的因素更加复杂。

3．服务质量目标

服务质量目标包括语音业务质量目标和数据业务质量目标。通过最优化设置无线参数，可最大化提高系统服务质量。评估无线网络服务质量的指标有接入成功率、忙时拥塞率、无线信道呼损、块误码率、切换成功率、掉话率等。在进行无线网络规划时，网络覆盖连续性、附加损耗冗余、网络容量等指标的设定对最终无线网络的服务质量都有十分重要的影响。

4．投资成本目标

无线网络规划的重要目的是在合理的无线网络投资情况下，确定最恰当的无线网络结构、最大化的网络容量、最完善的网络覆盖和最匹配的网络性能，实现综合的投资优化。

在满足容量和服务质量的前提下，尽量减少系统设备单元，以期降低成本。科学预测话务分布，确定最佳基站分布网络结构，适当考虑网络适应未来发展和扩容的要求，也是优化投资成本的要素之一。

9.1.3　网络规划内容

按照网络建设阶段的不同，无线网络规划内容有所不同，但总的来说规划内容有覆盖规划、容量规划、链路预算、频率划分和干扰控制等。根据以上内容，进行无线网络规划设计的基本方法有以下两种。

1．以无线网络覆盖为依据的基站规划方法

基站规划包括频率规划、站址规划、基站设备配置、无线参数设置和无线网络性能预测分析五个方面。

（1）频率规划。根据国家分配的频率资源，设置合适的与其他无线通信系统之间的频率间隔，选择科学的频率规划方案，并为室内分布系统预留一定的频率资源，以满足网络长远发展的需要。

（2）站址规划。根据链路预算和容量分析，计算所需基站数量，并通过站址选取，确定基站的地理位置。

（3）基站设备配置。根据覆盖、容量、质量要求和设备能力，确定每一个基站的硬件和软件配置，包括基站的处理能力、发射功率、载扇数、载波和信道单元数量等。

（4）无线参数设置。通过站址勘察和系统仿真来设置工程参数和小区参数。工程参数包括天线类型、天线挂高、方向角、下倾角等；小区参数包括频率、功率配置、PCI、上/下行时隙、邻区、跟踪区(TA)等。

（5）无线网络性能预测分析。通过系统仿真提供包括覆盖率、切换成功率、吞吐量、掉话率、块误码率(BLER)分布等在内的无线网络性能指标预测网络分析报告。

2. 以业务为依据的传输带宽规划方法

TD-LTE 在无线网络中新引入了 X2 接口，用于实现网状 eNode B 的互连，承担更多的无线资源管理责任，保证用户的无缝切换。因此，在传输带宽规划中，除保留 S1 接口(eNode B 与 EPC 的接口)规划外，还新增了 X2 的接口传输规划。S1 传输带宽需要大于或等于小区平均吞吐量，同时保证峰值速率要求。总传输带宽需求计算如下：

总传输带宽需求＝S1 传输带宽需求＋X2 传输带宽需求＋其他开销带宽需求

其中：

S1 传输带宽需求＝S1 业务传输带宽需求×IP 传输倍增系数＋S1 信令带宽预留

X2 传输带宽需求＝X2 业务传输带宽需求×IP 传输倍增系数＋X2 信令带宽预留

在规划前，设定目标网络性能指标时，应略高于网络实际运行时需要达到的性能参数指标，并根据预测结果与规划目标之间的差距对规划进行反复调整，直至达到设定目标。

9.1.4　网络规划基本流程

TD-LTE 网络规划流程主要分为规划准备、预规划、详细规划及后期优化四个阶段。具体实施需要完成市场需求预测、规模估算、站址规划、频率规划、覆盖规划及链路预算、容量规划与邻区规划、网络仿真和无线参数规划等一系列工作，最终网络规划的目标是实现网络覆盖、网络容量、服务质量和建设成本之间的平衡。

无线网络规划流程及各阶段的工作内容如图 9-6 所示。为了估算投资规模，只需通过预规划对基站数量和规模进行初步估算，即可得到大约的投资规模，而无需完成详细规划。

1. 规划准备

规划准备阶段的主要工作是对网络规划工作进行分工和计划，准备需要用到的工具和软件，收集市场资料，做用户预测和需求分析。比如做需求分析时，可以从行政区域划分、人口经济状况、网络覆盖目标、容量目标和质量目标等几个方面入手。同时注意收集现网站点数据及地理信息数据，这些数据都是 TD-LTE 网络规划的重要资料，对 TD-LTE 网络建设具有指导意义。

2. 预规划

预规划阶段的主要工作是根据网规目标通过覆盖和容量估算来确定(估算)网络规模，在做覆盖估算时首先确定当地的传播模型，然后通过链路预算来确定不同区域的小区覆盖

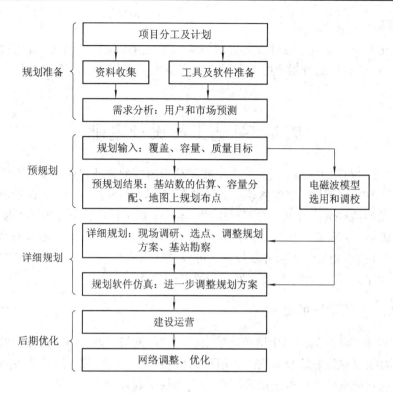

图 9-6 无线网络规划流程

半径，从而估算出满足覆盖需求的基站数量。容量估算则是在一定时隙及站型配置的条件下，分析 TD-LTE 网络可承载的系统容量，并计算确认能否满足用户的容量需求。

3. 详细规划

详细规划是在预规划的基础上，对初步布置的站点进行勘察落实，设置基站参数。无线网络详细规划是一个"勘察—仿真—调整"反复循环的过程。如果站址获取有难度，就需要对原先的方案进行必要的调整；如果某一个基站位置的调整会对周边其他站址选取造成一定的影响，引起一系列的连锁反应，就要借助软件仿真，经过一系列的调整，使网络质量满足建设目标，如果不满足，就需要对基站位置、基站参数进行修改。

详细规划包括覆盖规划、容量规划、基站规划（含用户需求、视距传播、可扩容性、干扰）、QoS 评估。QoS 评估是通过考察网络在覆盖要求的极限负载条件下是否可以承载更多的用户、上/下行吞吐率统计、导频污染、切换区域覆盖而获得的。

详细规划的具体工作内容主要是网络仿真和无线参数规划。详细规划流程如下：

（1）分析建网目标，明确网络建设的容量、覆盖和质量要求。

（2）以预规划所获得的链路预算和覆盖估计为基础，根据业务分布、话务密度，对网元数量及其能力进一步计算估计，从而确定目标覆盖区域的站点配置、分布及数量情况。

（3）输入同时支持的用户数、传播模型参数、话务模型参数、业务参数、工程参数和基站设备的性能参数等进行仿真。

（4）根据仿真结果和基站地形调查，对网络性能进行评估，调整基站及参数，使仿真结果达到规划的预定目标。

4. 后期优化

后期优化是指系统刚开通后要完成网络调整及优化，使实际网络运行满足设计要求，达到较佳效果。当然，随着用户的逐渐增多和网络的负载加大，需要进行长期的动态网络优化工作。

9.2 基站工程设计基础

4G 的普及与 5G 的出现，大大促进了我国移动通信的普及程度，根据国家工信部最新公布的通信水平情况可知，全国移动电话的普及率已经达到了 94.6%，移动通信的基站系统成为了移动通信网络接入网中必不可少的一部分。据工信部的统计数据，截至 2019 年 5 月，全国建成 4G 基站 437 万个，4G 用户超过 12 亿；到 2020 年 12 月全国建成 5G 基站 60 万个。随着 5G 的应用场景不断开发成熟，可以预计原有的基站数量已经不能满足日益增长的客户需求了，所以扩建、增建基站成为必然的选择。

9.2.1 基站工程设计的要点

基站在整个移动通信网络中用于连接上层的核心网络以及为下层的用户终端提供稳定的信号，通过接收与发射信号来达到让用户通信的目的。可以说，基站是最贴近于用户的网络节点，而基站设计是目前应用最多的一个无线工程建设项目。本节以 4G 基站系统工程设计为例来讨论基站工程设计的要点。

1. 基站设计指标

基站设计主要考虑的指标有：室内外覆盖指标、边缘用户速率、块误码率（BLER）的标准值和室内分布系统信号的外泄要求等。

1）室内外覆盖指标

室外覆盖指标是指在目标覆盖区域内，要求公共 RSRP（参考信号接收功率）≥−100 dBm 的概率达到 95%。数据业务热点区域室内有效覆盖指标是指在建设有室内分布系统的室内目标覆盖区域内，要求公共 RSRP≥（−95～−105）dBm 和 SINR（信号与干扰加噪声比）≥（9～6）dB 的概率达到 95%。

2）边缘用户速率

LTE 室内外采用异频组网，室内分布系统边缘的用户上/下行速率约为 0.256/2.8 Mb/s。对于业务要求高的会议室和重要办公厅等区域边缘其用户上/下行速率约为 0.256/3.5 Mb/s。

3）块误码率（BLER）的标准值

在无线网络中，一个设备（如 eNode B）是按块向另一个设备（如 UE）发送数据信号的。BLER 是出错的块在所有发送的块中所占的百分比，是描述信道传输质量的重要参数。在 LTE 中，控制信道的指标是 BLER<1%，数据信道的指标是 BLER<10%。

4）室内分布系统信号的外泄要求

室内覆盖信号应尽可能少地泄漏到室外，要求在室外 10 cm 外满足 RSRP≤−110 dBm。

2. 基站建设方案

基站建设方案主要有室外宏基站配置、室内覆盖配置、工作频段配置、天线选择、子帧规划、干扰协调、基站传输要求、基站同步、仿真要求内容等。相对而言，室外宏基站配置和室内覆盖配置是设计的重点和难点，需要多加关注。

9.2.2　基站系统的结构体系

理解移动通信网络基站系统的结构体系是设计基站的基础，下面以 LTE 基站系统结构为例简单介绍基站系统的整体结构。

1. 基站系统的整体结构

LTE 基站的整体结构如图 9-7 所示，其主要由天馈系统、eNode B 主设备（BBU＋RRU）和电源系统三部分组成。

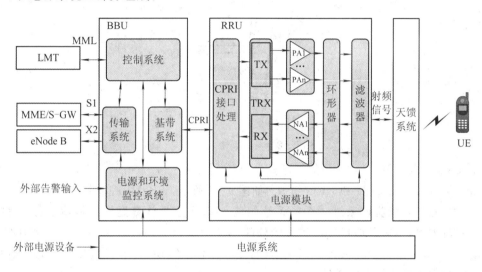

图 9-7　LTE 基站的整体结构

1）天馈系统

如图 9-8 所示，基站的天馈系统自上而下由天线、馈线及跳线、接地装置和防雷保护器组成。

天线的主要功能是将从发射机馈送给的射频电能转换为向空间辐射的电磁波能，或把空间传播的电磁波能转化为射频电能并输送到接收机。天线对空间不同方向具有不同的辐射或接收能力，基站使用的多为定向天线，定向天线具有最大辐射或接收的方向性，能量集中，抗干扰能力比较强。

馈线用于天线与收发信机的连接线路，一般用同轴电缆、光纤或波导等传输线实现。不同种类的传输线对馈线的传输损耗会产生不同的影响。馈线一般装入过线窗内引入机房，过线窗可以防止雨水、鸟类、鼠类及灰尘的进入，对馈线起保护作用。简单天馈系统结构如图 9-8 所示。

接地装置主要是用来防雷和泄流的，安装时要与主馈线的外导体直接接在一起，接地点方向必须顺着电流方向。此外，在馈线系统中还装有防雷保护器，用来防雷和泄流，一般安装在主馈线与室内超柔馈线之间，其接地线穿过过线窗引出室外，与塔体相连或直接接入地网。

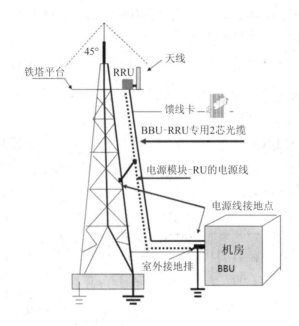

图 9-8 简单天馈系统结构

2）eNode B 设备

eNode B 通常由 BBU 和 RRU 组成。如图 9-7 所示，BBU 由控制系统、传输系统、基带系统、电源和环境监控系统 4 个子系统组成。BBU 主要负责提供与传输设备、射频模块、外部时钟源、LMT 或 U2000 连接的外部接口，实现信号传输、基站软件自动升级、接收时钟以及 BBU 在 LMT 或 U2000 上的维护等工作，实现上/下行数据的处理、信令处理、资源管理和操作维护的功能。

RRU 是由 CPRI 接口处理器、收/发信机模块、功放模块、环形器和滤波等部分组成的。RRU 的收信机模块 RX 将天线传来的射频信号转换成光信号，传输给室内处理设备；RRU 的发信机模块 TX 将从机房传来的光信号转换成射频信号，经过功放和滤波模块处理后通过天线口发射出去。

3）电源系统

基站的电源系统主要由交流供电系统、直流供电系统和监控模块构成，如图 9-9 所示。交流供电系统由一路市电电源、一路移动油机电源、浪涌保护器、交流配电箱（具备市电油机转换功能）组成，并负责将输入的交流电转换为设备需要的直流电。

通信电源是向通信设备提供交直流电的能源，它是电信设备运行的"心脏"。如果一个基站的供电发生故障，将使整个基站瘫痪，影响该站覆盖范围内用户的正常生活和运作。如果一个长途干线站或电信枢纽局发生供电故障，必将造成严重的经济损失和社会影响。

2. LTE 基站系统的相关设备

1）天馈系统部分设备

天线设备是天馈系统的核心，为了美观，天线设备的外部形态可以各异，比如空调式美化天线、方柱式美化天线、圆柱式美化天线、路灯式美化天线、排气管式美化天线等，如图 9-10 所示。

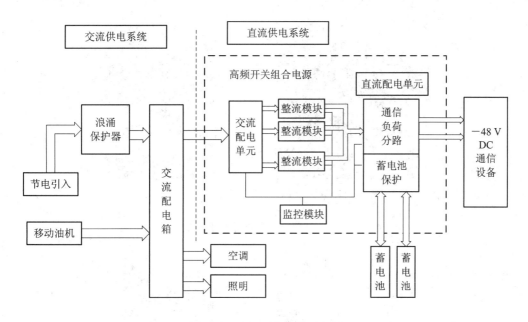

图 9-9 电源系统组成示意图

图 9-10 美化天线类型

常规天线如图 9-11 所示,图 9-11(a)为定向天线,图 9-11(b)是全向天线。

定向天线是在某一个或某几个特定方向上发射及接收电磁波特别强,而在其他的方向上为零或极小的一种特殊天线。定向天线可以提高辐射功率的有效利用率,提高保密性,能增强信号强度,增加天线的抗干扰能力。

全向天线在水平方向图上表现为360°均匀辐射,在垂直方向图上表现为有一定宽度波束,一般波瓣宽度越小,增益越大,可应用在郊县大区制的站型,其覆盖范围大。

配合 4G 所采用的正交频分复用、多输入多输出(MIMO)等核心技术,在 4G 基站中大量使用多频带天线和 MIMO 天线,如图 9-12 所示。

(a) 定向天线

(b) 全向天线

图 9-11　常规定向和全向辐射方向天线

多频段天线　　　LTE&MIMO天线　　　华为MIMO天线外观图

图 9-12　多频带天线和 MIMO 天线

　　馈线是连接天线与收发信机设备的传输线，典型的同轴电缆和跳线实物图如图 9-13 所示。

同轴电缆主馈线

基站上的跳线

图 9-13　馈线和跳线

　　如前所述，天馈系统由机房 BBU(或 RRU)到天线之间的所有馈线及射频部件组成，其一般连接构成示意如图 9-14 所示。

　　2) 不同类型的基站及设备

　　根据无线组网的不同用途，基站种类可分为宏基站和分布式基站(BBU＋RRU)、微基站、射频拉远单元、直放站。

　　宏基站和分布式基站(BBU＋RRU)是实现网络覆盖的主要基站类型，其优点是容量

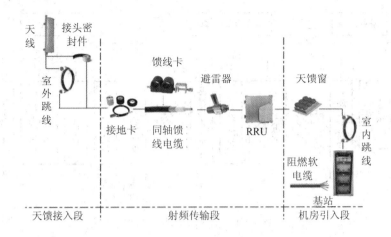

图 9-14　机房 BBU(或 RRU)到天线之间的馈线及射频部件

大、可靠性高、维护方便,但相对而言其价格昂贵、安装施工工程量大、不宜搬迁、机动性差。它们广泛用于城区、郊区、农村、乡镇、城区话务密集区域、室内覆盖。在设计选型时,建议优先选择分布式基站,并将 RRU 尽可能上塔,进一步减少馈线损耗,增加单站覆盖范围。

微基站是无线网络城市覆盖补盲的一种重要补充方式,其特点是发射功率高、集成传输电源、安装方便灵活、适应力强、综合投资低,多应用于城区小片盲区覆盖、室内覆盖、导频污染区覆盖、小话务量覆盖(如农村、乡镇、公路)等。

射频拉远单元是指将基站的单个扇区的射频部分,用光纤拉到一定的距离之外安装,占用一个扇区的容量。其特点是体积小、安装方便、可以灵活构建不同拓扑结构的各种网络,常应用于农村、乡镇、高速公路、扩展购物中心、机场、车站等场景。

直放站是在无线通信传输工程中起到信号增强的一种无线电发射中转设备,主要特点是方便实现增强区域场强,扩大基站的覆盖;可沿高速公路架设,增强覆盖效率。直放站常应用于难以覆盖的盲区和信号弱区,如商场、宾馆等。

3) 传输设备

传输设备包含 SDH 设备和 PTN 设备,在微基站中基本都采用 FTTA(光纤到天线)方式,省去了馈线或跳线这个中间环节。

3. 基站设备的主要性能指标

基站设备的主要性能指标分为发信机部分和收信机部分。发信机部分主要有:载波输出功率、调制灵敏度、工作频率范围、调制限制、载频稳定度、发射机边带频谱、邻道发射功率等。收信机部分主要有:可用灵敏度、抑噪灵敏度、互调抗拒比、同频道抑制、门限静噪开启灵敏度、音频输出功率和谐波失真、调制接收带宽、相邻频道选择性、杂散响应抑制等。

9.2.3　基站系统的设计

LTE 基站系统设计的重点是基站系统覆盖区域的设计,其设计流程如图 9-15 所示,设计的主要内容为:需求分析、基站覆盖估算、覆盖能力估算。

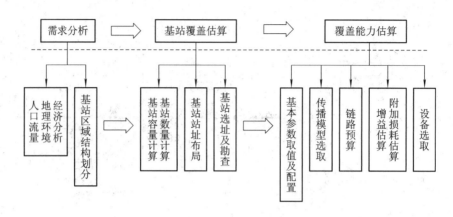

图 9-15　基站系统设计流程

1. 需求分析

需求分析应完成设计区域的人口流量（话务量）调查、地理环境勘测、经济状态分析、基站区域结构划分等工作，形成相关资料，进行系统分析，它们是基站覆盖估算的重要依据。

1）人口流量、地理环境、经济分析

基站设计首先要确定某个具体区域，根据实际区域位置，做相应的人员流动调查，测出人口常规与非常规的流量。比如某商圈常住人口约为 7 万人，每天人流量 30 万人次，节假日超过 100 万人次等，然后根据人口流量做出此区域话务量的估算。为了确定系统建设规模和天线的配置，需要实地勘查该区域的地理环境，比如区域高楼耸立密度、马路宽度及走向等，它们对基站系统建设都会有一定的影响。另外，设计区域的经济状况、主要业态类型、业态繁荣度、文化娱乐业状态等也对此区域基站系统建设规模、设计档次和设备的配置等具有相当关联。

2）基站区域结构划分

基站区域结构可划分为大区、小区、微蜂窝区和全向区、扇形小区。一个基站区是否要划分成扇形小区，主要取决于用户密度分布和可用信道数。对于高中密度用户分布，应采用扇形小区基站；对于低密度用户分布区，则宜采用全向区基站。

2. 基站覆盖估算

基站覆盖估算主要完成的是基站容量的计算、基站数量的计算、基站站址的布局、基站选址及勘察等相关工作。

1）基站容量和基站数量的计算

基站容量和基站数量的计算是在用户数预测和用户密度分布预测的基础上进行的。由于移动通信仍处于高速发展时期，预测期不宜太长，一般 2～5 年。

用户数预测先从业务量预测开始，业务量是移动通信网络的基站容量和数量设计的基础数据，比如基站数量设计、设备配置、建设规模及分期扩建方案都取决于业务量预测结果。业务量预测的内容应包括用户数预测、话务量估算、数据业务量估算。

用户密度分布预测主要是对话务量和数据业务量的分布进行预测。我国蜂窝移动业务的话务和数据分布特点是在大中城市的城区形成话务和数据密集区，郊县农村的话务量和数据量较低。建网时，必须对话务量和数据密度分布进行预测，用其结果进行基站设置数量计算、基站分布配置设计和基站信道数配置估算。

根据预测的用户密度，将服务区划分成不同密度用户区。对于特大城市，通常将移动通信网的服务区分成高密度用户区、中密度用户区和低密度用户区。用户密度达到或大于 1000 户/km² 的地区称为高密度用户区，一般位于市中心商业、外企和娱乐场所较为集中的繁华区；用户密度达到 500 户/km² 的区域称为中密度用户区，通常位于城市边缘或一般住宅区、政府部门、国有企业所在地、县城；用户密度低于 20 户/km² 的地区称为低密度用户区，主要位于远郊的农村、山区等。

基站容量的计算是指一个基站或一个覆盖小区应配置的信道数，应根据基站区或覆盖小区范围及用户密度分布计算出用户数，再按照呼损率及话务量指标，根据话务量爱尔兰呼损表求得应配置的信道数。估算基站小区容量的一般方法具体如下：

（1）将基站小区的覆盖面积乘以相应的话务密度，得到该小区目前需满足的话务量；

（2）根据话务量和指定呼损指标查话务量爱尔兰呼损表，求得该基站小区所需的语音信道数。

基站数量的计算是通过用户容量计算，推算出基站区或小区面积，再计算出基站数量。估算某区域所需基站总数量的方法如下：

（1）根据本次工程将要用到的频率复用方式，估算每个基站所能配置的最大容量；

（2）用某个区域总话务量除以每个基站的最大容量，得出该区域所需的基站总数；或用该区域面积除以基站最小覆盖面积，得出基站数目，即基站数目＝规划面积/单站覆盖面积。

2）基站站址布局

基站站址布局流程如图 9-16 所示。在基站初始布局的基础上进行蜂窝小区的设计，并在设计过程中根据勘察、小区设计、覆盖预测、容量规划的结果做反复的调整。

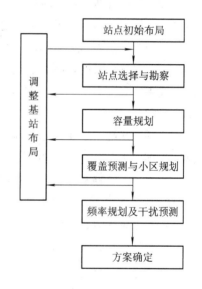

图 9-16　基站站址布局流程

基站布局主要受场强覆盖、话务密度分布和建站条件三个方面的因素制约，基站布局的疏密要对应于话务密度分布情况。繁华商业区、娱乐场所集中区、文教区应设最大配置的定向基站，站间距取 0.1～1.6 km；经济技术开发区、住宅区也应设较大配置的定向基站，站间距取 1.6～3 km；城市边缘近郊区等工业区及文教区可设小规模不规则定向基站或全向基站，站间距在 5 km 以上。

3）基站选址及勘察

基站选址及勘察应根据站点布局图进行，其流程如图 9-17 所示。

初始站点信息来源于书面规划提供的供选择的站址或运营商现有站址等。基站选址的具体原则如下：

（1）要重点考虑周围的传播环境对覆盖和容量会产生哪些影响，参考链路预算的计算值，充分考虑基站的有效覆盖范围，使系统满足覆盖目标的要求，充分保证重要区域和用

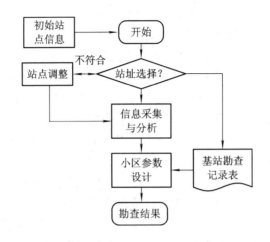

图 9-17 基站选址及勘察流程

户密集区的覆盖。

（2）在进行站址选择时应进行需求预测，将基站设置在真正有话务和数据业务需求的地区。如基站间站址选择的距离是 300～400 m，基站就应建立在站高高于 50 m 的位置上，若考虑街上来往行人，则站高可控制在 30 m 左右的楼顶上。

（3）在业务密度较高的区域设置基站时，应在满足覆盖指标的前提下，根据系统可用的无线带宽，在 1～2 年内只需增加基站的载频数量，而无须对基站数量做较大调整就可满足容量需求。

另外，基站站址在目标覆盖区内尽可能平均分布，尽量符合蜂窝网络结构的要求，在具体实施时应该注意如下事项：

（1）在不影响基站布局的情况下，视具体情况尽量选择现有设施，充分利用现有基站选址和其他通信资源，以减少建设成本和周期。

（2）避免将覆盖小区边缘设置在用户密集区，良好的覆盖是仅有一个主覆盖小区。

（3）基站的选址要考虑将来的可扩展性，机房的面积建议为 27 m² 以上，以便扩容。

3. 覆盖能力估算

覆盖能力估算主要是完成基本参数取值及配置、传播模型选取、链路预算、附加损耗及增益估算和设备选取等相关工作。

1）基本参数取值及配置

基本参数有系统参数、设备相关参数、环境相关参数、技术体制参数。系统参数包含工作频段、系统带宽、背景噪声；设备相关参数包含发射功率、接收机灵敏度、噪声系数、天线增益、馈线损耗；环境相关参数包含阴影衰落余量、穿透损耗；技术体制参数包含切换增益、干扰余量、解调门限。

下面举例说明基本参数取值及配置。某基站配置的基本参数为：天线系统带宽为 20 MHz，链路下行方向发射功率取 46 dBm，链路上行方向发射功率取 23 dBm；天线增益取 15～17 dB，使用 BBU+RRU 方式，接头和馈线总损耗在 0.5～1 dB 之间；接收机噪声系数值基站侧取 2～3 dB，用户终端侧为 7～9 dB；语音业务的人体损耗取 3 dB、数据业务忽略；SINR＞3 dB；热噪声密度取－117 dBm/Hz。

　　2）传播模型选取

　　常用的室外传播模型有 Okumura - Hata(奥村)、COST231 - Hata 等。

　　3）链路预算

　　链路预算是评估 LTE 基站系统覆盖能力的主要方法，通过链路预算可以在保证通话质量的前提下，确定基站和移动台之间的无线链路所允许的最大损耗。

　　由于链路预算相对复杂，详述篇幅较大，故在此仅简单描述链路预算的影响因素。下行链路是指基站发至移动台(用户终端)的通信链路，上行链路是指移动台发至基站的通信链路。LTE 下行和上行链路预算的影响因素分别如图 9 - 18 和图 9 - 19 所示。下面对几个重点影响因素做简要说明。

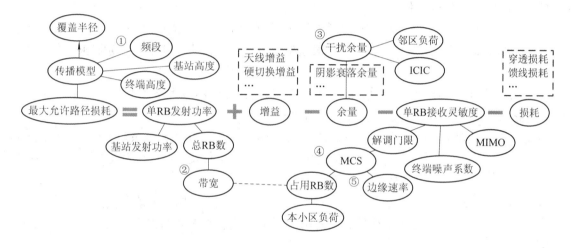

图 9 - 18　LTE 下行链路预算影响因素

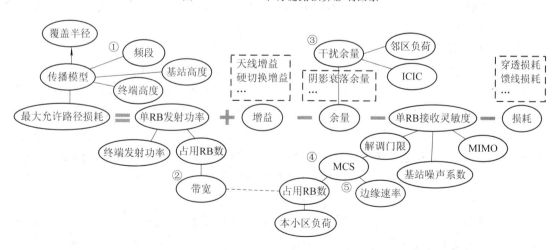

图 9 - 19　LTE 上行链路预算影响因素

　　(1) 频段：LTE 主流工作频段为 2.1～2.6 GHz，不同频段传输模型选择存在差异，在覆盖相同的情况下，路径损耗差异约为 7.7～12.5 dB，穿透损耗的场景比较复杂，其差异约为 2 dB。

（2）带宽：当下行总功率相同时，带宽越大，总 RB(Resource Block，资源块)数越多；单个 RB 分配的功率越小，覆盖半径越小。建议根据不同的带宽配置不同的功率，为了保证下行覆盖，带宽越大，配置的功率越高。单个 RB 在频域上包括 12 个子载波，在时域上包括一个时隙的资源块。

（3）干扰余量：LTE 本小区各个用户分配的 RB 不同，因此 LTE 基本不考虑本小区干扰，仅考虑邻区干扰。本小区负荷越低，已占用的 RB 数越少，可分配的 RB 数越多，能达到的覆盖越远；而邻区负荷越高，干扰越大，覆盖半径越小。建议将本小区和邻区的负荷设置为一致。

（4）MCS：调制编码方案，LTE 配置了 0～28 阶 MCS，根据 SINR 的变化配置不同的 MCS，以提高频谱利用率。

（5）边缘速率：一定条件下边缘用户所能达到的最大连续覆盖速率。在相同条件下，边缘速率要求越高，覆盖半径越小。边缘速率取值需要综合考虑带宽、业务需求、竞争力等因素。

按照下/上行链路预算影响因素模型，将下行链路允许的最大路径损耗记作$[L_P]_D$，上行链路允许的最大路径损耗记作$[L_P]_U$，分别可得

$$[L_P]_D \text{dB} = [P_T]_{基站} + [G_T]_{基站} + [G_T]_{硬切换} + [G_R]_{移动台} - [阴影衰落余量] - [P_r]_{移动台} - [人体损耗] - [建筑穿透损耗] - [移动台接头及基站馈线损耗] - [车内损耗]$$

$$(9.1)$$

$$[L_P]_U \text{dB} = [P_T]_{移动台} + [G_T]_{移动台} + [G_T]_{硬切换} + [G_R]_{基站} - [阴影衰落余量] - [P_r]_{基站} - [人体损耗] - [建筑穿透损耗] - [移动台接头及基站馈线损耗] - [车内损耗]$$

$$(9.2)$$

根据式(9.1)和式(9.2)，选择合适的传播模型，将允许的最大路径损耗转化为传播距离，即得到小区的覆盖半径。

4）附加损耗及增益的估算

附加损耗主要包括有建筑穿透损耗、移动台接头及基站馈线损耗和阴影衰落余量。密集市区一堵墙的穿透损耗典型值可取 18～25 dB，一般市区取 16 dB，郊区取 12 dB。对于 BBU＋RRU 产品，移动台接头及基站馈线损耗通常在 0.5～2 dB 之间。阴影衰落余量在市内典型值为 8 dB，若区域覆盖概率为 95％和边缘覆盖概率为 85％，则对应的阴影衰落余量为 8～10 dB。收/发送端基站侧天线增益均取 7 dB，收/发送终端天线增益均取 3 dB，硬切换增益取 3 dB。人体损耗一般取 3 dB，车内损耗一般取 8～10 dB。

5）设备选取

机房设备主要有机柜、收/发信机、传输设备、电源设备、空调、监控、灭火器、线路等。天馈系统设备主要有天线、馈线/光纤、铁塔、全球定位系统(GPS)等。不同类型的基站所用设备不同，比如采用 TDD－LTE 宏基站建设，其设备如表 9－1 所示。天线常用频段有：F 频段为 1880～1920 MHz，D 频段为 2500～2690 MHz，E 频段为 2300～2400 MHz，A 频段为 2010～2025 MHz。

表 9 - 1 不同基站类型的设备

基站类型			所用设备	
			室内设备	室外设备
TDD 基站	F 频段宏站	D 频段宏站	电源模块、FSMF、FBBA、FTIF、时钟盒等	RRU、GPS、天线等
		F 新建站点（单模）	可以是单独 LTE 设备，也可以是 LTE 设备和 TD－S 的 BBU	
		F 升级站点（双模）	电源模块、FSMF、FBBA、FTIF、TD－S 的 BBU	RRU、GPS、天线等
	TDD 室分站点		除了 RRU、小天线设备，其他与宏站相同	

9.3 无线网络优化

在无线网络建设工作中，网络优化贯穿于规划、设计和建设整个过程之中，从网络规划至网络工程实施到网络优化再回到网络新规划，周而复始。网络优化工作会一直伴随着整个网络的存在而存在。

蜂窝移动通信网络优化又称网优，主要是对核心网、传输网、无线接入网三部分的优化。由于核心网、传输网的网元相对较少，性能相对稳定，而无线接入网的网元数目繁多，无线环境复杂多变，加上用户的移动性，因此一般意义上的移动通信网络优化主要是指无线接入网的优化。

我国现在大力发展 5G 网络，然而 4G 技术也仍具有强大的生命力，4G 网络仍是当今社会移动通信的主要保证。可以预见，在相当长的一段时期内，移动通信网络将是 4G 和 5G 长期共存的状态，持续保证 4G 的高效性和实用性对通信运营者而言仍非常重要。4G 技术已到成熟阶段，网络利用率高，基站数量剧增，受到干扰的概率也大幅度提升，且 LTE 频率较高，传输损耗会变大，这些都会影响其网络质量。用户在使用 LTE 网络时常出现网络掉线、网络信号差、网络卡顿等问题，需要通过 LTE 网络优化来解决。

9.3.1 网络优化基础

无线网络不论是在初期建设阶段，还是在过渡阶段或稳定的运营阶段，由于网络内外的原因都会遇到很多问题，为了解决这些问题，就离不开无线网络优化。

1. 网络优化的目的

为什么需要进行网络优化呢？可从 4 个方面来说明：一是无线环境的不确定性，它包括无线信道的时变系统、多径效应、多普勒效应等不确定性和环境的不确定性，如基础设施、障碍物的变化等；二是用户分布的随机增减性，如用户数量与需求的可变性；三是使用行为的多变性，反映到网络中是功率控制和切换等多变性；四是网络结构的变化，如基站数量的变化等。

无线网络优化的目的就是通过调整现有网络资源的配置来解决网络中出现的问题，使网络达到全面有效覆盖，减少通话掉线次数，改善语音视频质量，保证随着用户的剧增不会出现网络拥塞，使用户对网络的服务质量感到满意，降低运营成本，以及带来好的经济效益。

网络优化还有一个目的是充分挖掘和利用现有资源，如现有设备和无线资源的挖掘利用。考察网络优化效能的主要指标有：通话质量、接通率、拥塞率与掉话率、网络覆盖情况、全网总话务量与每线话务量的均衡、单位频点与设备所服务的用户数关系等。

2. LTE 网络的主要技术

LTE 网络的关键技术有 OFDM(正交频分复用)技术、MIMO(多输入多输出)技术、AMC(自适应编码)技术等,其中 OFDM 和 MIMO 技术是 LTE 系统引入的最重要的两项技术。

OFDM 技术实质上是多载波调制,且各子载波相互正交,子信道的频谱相互重叠,从而节省了带宽,提高了频谱利用率。

MIMO 技术利用多根天线同时发送和接收,增加了信道容量,且信道容量会随着天线数量的增加而增加,频谱利用率也随之增加。在发射端,因为多根天线是独立的,可并行发送多路数据流,不会产生干扰,所以降低了误码率,还改善了峰值速率。

LTE 网络的 VoLTE 通话技术是一种基于 IMS(多媒体子系统)架构的高清语音业务,因为 IMS 架构支持多种不同接入,可以适应丰富的多媒体业务,所以 IMS 架构成为了 LTE 制式下全 IP 化数据传输核心网络标准架构。LTE 网络去掉了 3G 的 CS 域,只保留了 PS 域。

9.3.2 网络优化内容

1. 网络优化的一般工作

网络优化的一般工作就是不断收集网络的各项技术数据,发现问题,通过对设备、参数的调整,使网络的性能指标达到最佳状态,最大限度发挥网络能力,提高网络的平均服务质量。其工作内容有设备排障、提高无线接通率、降低掉话率、改善最坏小区、提高切换成功率、降低阻塞率等,以及建立和维护长期的网络优化工作平台和网络优化档案等。

LTE 网络优化的工作可以划分为 LTE 单站、全网、频率、邻区等优化,无线参数核查优化,DT(Drive Test,路测)、CQT(Call Quality Test,拨打测试)及 OMC(话务统计数据采集或告警数据)等网络测试数据分析优化,用户投诉处理及客户感知优化,无线网络指标监控及各种专题优化。

2. 网络优化的主要工作

LTE 网络优化的主要工作有工程优化、日常优化和专项网络优化,如表 9-2 所示。

表 9-2   工程优化与日常优化内容

类别	工程优化	日常优化
所处阶段	商用前	商用后
网络负载	几乎空载	用户数量逐渐增加
优化目标	让网络达到商用放号的覆盖和质量要求	确保网络运行正常,发现网络潜在问题,为下一步网络变化做好分析工作
优化重点	改善无线覆盖	提升网络系统运行性能指标
优化方法	以全网性的 DT 和 CQT 为主,再加 OMC	查看网络性能指标,以监控和分析信息为主,借助针对性的 DT 和 CQT 测试结果做优化处理
工作内容	单站验证、RF(射频)优化、基站簇优化、全网优化	确保网络运行正常,提升网络性能指标,发现网络潜在的问题

1）工程优化

工程优化是指在基站建设完成后、正式商用前进行的网络优化。工程优化包括新建站和扩容站的优化，该工作在基站工程建设完成后、投入运营之前进行。其主要工作目标是通过调测和优化，使站点达到验收指标并可以正常开通。工程优化工作按层级可划分为单站优化、RF（射频）优化、基站簇优化和全网优化。

（1）单站优化也称单站点验证。它主要是指基站开通入网初期时，对单个站点的测试优化工作。比如，对天馈系统，检查调试经纬度、天线挂高、扇区朝向、馈线长度、驻波比等；检查性能，检测话音呼叫、话音切换、数据呼叫、Ping FTP、数据业务速率等。

（2）RF（射频）优化的主要工作是检查解决覆盖问题、导频污染问题、切换问题、干扰问题和掉话问题。

（3）基站簇优化的目的是关注分区域定位，解决网络中存在的问题，主要解决前期单站验证、路测（DT）和其他途径发现的本簇内的问题。常见问题包括：话音质量差、掉话率高、呼叫接续困难、数据业务速率低、数据呼叫不成功或建立时间过长、数据切换成功率低等。

（4）全网优化流程是在基站簇优化完成的基础上，对更大区域的网络进行优化，保证整个网络协调性。

2）日常优化

日常优化是指在网络运营期间，通过优化手段来改善网络质量，提高客户满意度。日常优化通常在网络商用之后的日常维护工作中展开，通过对网络的后台性能和运行数据分析、用户投诉分析、DT、CQT、OMC 分析等手段，发现问题，并通过对硬件设备、参数的调整，使网络的性能指标达到最佳状态，最大限度地发挥无线网络能力，提高网络的服务质量。日常优化的目的是保障设备平稳运行，随时关注并解决网络瓶颈，满足网络发展的需求。

3）专项网络优化

专项网络优化是通过将网络中存在的同一类型的问题进行归纳整理，并安排专人对该问题进行处理，这样可以形成专项问题处理流程，有助于提升以后对同类型问题的分析速度和准确度。专题优化是有针对性的优化工作，可对一些比较特殊的问题进行处理和改善。

9.3.3　网络优化流程

网络优化的实施是通过对已运行的移动通信网络进行业务数据分析、数据采集测试、参数分析开展、硬件设备检查等，找出影响网络质量的原因，通过参数的修改、网络结构的调整、设备优化的配置等，使现有网络资源获得最佳效益，并满足系统现阶段对各种无线网络指标的要求。不同阶段的优化各自有不同的优化流程，以日常优化为例，其优化流程如图 9-20 所示。

日常优化首先通过多种形式的测试数据采集，比如后台分析、用户投诉信息、路测（DT）、拨打测试（CQT）及话务统计数据采集（OMC）等方法来判断网络出现的主要问题，然后由专业的优化人员对网络进行优化调整。

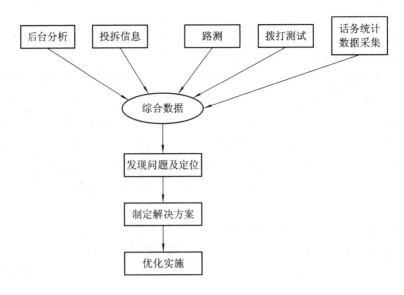

图 9-20 日常优化流程

1. 多种形式的数据采集

（1）后台分析。收集基站每天可能出现的警告、相关指标的统计、对语音质量的监控、对干扰的监控等数据，通过网管统计数据，对用户数量较多的基站各扇区，分析出较差的几个小区，一般可以根据掉话率、呼叫成功率、切换成功率等性能做排序来确定。

（2）投诉信息。一般而言，用户的投诉都是有针对性的，收集用户的投诉信息，能快速地判断网络出现问题的区域及网络出现的问题，然后有目的性地对网络相关问题进行优化。

（3）路测（DT）。从用户的角度去感受网络的质量。DT 是在行驶中的测试车上，借助测试仪器、测试终端等工具，沿着规划的路线行驶，在车内拨通电话，对网络参数和通话质量展开测试。通过测试软件对测试参数进行统计，可以反映出基站分布情况、天线高度是否合理、覆盖是否合理等，从而为后续网络优化提供数据依据。

（4）拨打测试（CQT）。通过人工在一个地点使用测试手机进行多次拨打电话并对通话结果和主观感觉进行记录和统计。CQT 测试一般用于重要场景的优化，如用户密集区域、车站、酒店、风景区等，确保重点区域的网络性能。CQT 主要针对性地了解室内信号"点"的深度覆盖情况。

（5）话务统计数据采集（OMC）。在 OMC 设备上采集全网的话务统计数据，主要包括长途来话接通率、话音接通率、信道可用率、掉话率、拥塞率、切换成功率和话务量等。

2. 综合数据和发现问题及定位

在数据采集完成后，优化人员会使用软件将收集到的数据进行大规模汇总，并生成可视化图形界面，以便于发现问题及定位。然后根据各个运营商所规定的各种指标来进行针对性的分析，便于制订网络优化方案。

通常还要利用后台监控软件来对核心网、传输网以及无线接入网的各个网元环节的参数进行实时监控，便于能随时发现问题并进行处理。

3. 制订解决方案及优化实施

根据发现的问题状况，制订相应的解决方案。

在优化方案确定后，优化人员就会根据方案去实地进行现场优化实施，并根据现场具体情况来对优化方案进行适当的修改，以便于更好地完成实地优化。

最重要的是在实地优化完成以后，对优化结果进行验证，这就需要重复数据采集和分析的过程，无线网络优化就是在这种循环过程中完成的。

9.3.4 常见网络优化的实施方案

在 LTE 网络运维中经常遇到网络性能指标劣化的问题，归纳起来主要有以下几种问题：邻区列表的配置不当、覆盖问题、导频污染、接入失败、拐角效应、孤岛效应和硬件故障等。在网络优化实施过程中，对这些常见问题分析和解决的实施方案有三种：覆盖优化、干扰优化、邻区优化。

1. 覆盖优化

覆盖问题分析是无线网络优化的重点。在无线网络部署后可能出现覆盖空洞、弱覆盖、越区覆盖、导频污染等问题，应采用不同的优化措施来解决。覆盖优化流程可以从消除弱覆盖和交叉覆盖入手，最终达到优化，如图 9-21 所示。

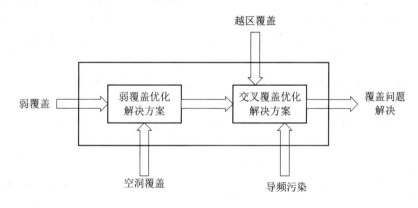

图 9-21 覆盖优化流程图

1) 覆盖空洞优化

覆盖空洞是指在连片站点中间出现的完全没有信号的区域。UE 的灵敏度为 -108 dBm，参考信号接收功率 RSRP<-105 dBm 时，定义为空洞覆盖。一般的覆盖空洞都是由于规划的站点未开通、站点布局不合理或新建的建筑遮挡导致的。最佳的解决方案是增加站点或使用 RRU，也可通过调整周边基站的工程参数和功率来尽可能地解决空洞覆盖，或者引入直放站予以解决。

2) 弱覆盖优化

弱覆盖一般是指有信号，但信号强度不能保证网络能够稳定地达到指标要求。弱覆盖区域一般伴随有 UE 的呼叫失败、掉话、乒乓切换以及切换失败。通常，对于 LTE 系统来说，天线在车外测得的覆盖区域 RSRP$=-85$ dBm 时，该区域定义为弱覆盖区域；天线在车内测得 RSRP<-90 dBm 的区域也定义为弱覆盖区域。弱覆盖区域的信号与干扰加噪

声比 SINR<3 dB,弱覆盖直接导致的后果就是业务无法建立,甚至用户终端脱网。对弱覆盖优化的措施如下:

(1) 若是基站选址或基站扇区的下倾角、方位角等与规划的有偏差,则调整基站天线方向角和机械下倾角等工程参数,增加站址高度或更换高增益天线,以强化覆盖效果。

(2) 使用直放站,能在不增加基站数量的前提下延伸网络的覆盖能力,但直放站会给系统带来同频干扰,特别是对主基站的覆盖和容量有影响,须慎重使用。

(3) 根据实际网络规划需要,在覆盖弱区和盲区增加新的基站也可以解决弱覆盖问题。

(4) 对于重要场所、高大建筑物室内、城中村等区域,既要保证覆盖,又要保证质量,可采用新增 RRU 或室内分布式系统、泄漏电缆等覆盖方式解决弱覆盖问题。

3) 越区覆盖优化

越区覆盖是指某个小区的信号出现在周围一圈邻区以外的区域,并且信号还很强(车外测得 RSRP>−85 dBm,车内测得 RSRP>−90 dBm)。当被越区覆盖的区域四周没有邻区时,称为"孤岛",如果移动台在此区域(或"孤岛")移动,由于没有邻区,移动台无法切换到其他的小区,就会导致掉话发生,同时还会对较远区域产生导频污染,从而恶化信号质量,增加干扰,降低小区容量。

导致越区覆盖的原因:一是站点的高度超过周围其他站点的高度,导致其发射信号很难被约束住,从而越区到了比较远的区域;二是站点的倾角没有按照规划设计设置或者设计本身就不合理导致信号越区;三是因为环境等因素,比如高楼玻璃面的反射、水面的反射等致使信号传播到了比较远的区域。

针对越区覆盖的优化方法是首先考虑降低越区信号的信号强度,可以通过增大下倾角、调整方位角、降低发射功率等方式进行。降低越区信号时,需要注意测试该小区与其他小区切换带和覆盖的变化情况,避免影响其他地方的切换和覆盖性能。

4) 导频污染优化

导频污染是 CDMA 网络新引入的问题,在采用了 MIMO 技术的 4G 和 5G 网络中尤其严重。导频信号本身是电信网用于测试和监视为目的而发送的信令信号,通常为单频信号,而这里讨论的导频信号是指基站连续发射的未调制载频信号,它可使 UE 有效利用接入系统。

导频污染可定义为,某点接收到的强导频信号数量超过了激活集定义的数目(在某一点存在过多的强导频,但却没有一个足够强的主导频),使得足够强的主导频不能加入到 UE 的激活集中,因此 UE 不能有效利用足够强的主导频接入到系统中,反而形成了无用强导频对主导频造成严重的干扰。

导频污染是由于覆盖混乱造成的。导频污染使呼通率减低、掉话率上升、系统容量减低、语音质量和数据传输速率下降。

导致导频污染的原因主要有:小区布局不合理;天线高度太高;天线方位或下倾角不合适;导频功率设置不合理等。

针对导频污染的优化方法主要有:调整天线或功率;增减基站;在导频污染严重的地方,采用单通道 RRU 来单独增强该区域覆盖,使得该区域只出现一个足够强的导频信号。

2. 干扰优化

干扰是影响网络的重要因素之一，根据干扰源的不同，干扰分为系统内干扰、系统间干扰。系统内干扰是 LTE 网络内小区与小区之间的干扰，比如，邻区漏配导致无法切换的邻区干扰，PCI 冲突、模三冲突导致 RS 在频域上的干扰，重叠区域过大导致的邻区干扰，越区覆盖导致的邻区干扰等。TD-LTE 使用的是同频组网，所以可能会出现较为严重的同频干扰，它也属于系统内干扰。系统内干扰主要是由于数据配置错误、越区覆盖、重叠覆盖、设备故障等因素引起的。系统间干扰一般为异频干扰，主要是指 LTE 与其他不同系统共存时可能产生的相互干扰，包括互调干扰、阻塞干扰、杂散干扰。

若网络受到干扰，在 DT 测试中其语音质量会受到影响，测试人员通过分析后台软件显示出的语音质量不佳路段的 RSRP 值和 SINR 值，可以认定其干扰引起原因，对照解决。对于 RSRP 值好而 SINR 值差的情况，则可认为是网内小区间干扰问题，找出造成干扰的原因，如越区覆盖、数据配置错误等，并找到相应的干扰源小区，而后有针对性地进行小区优化，消除干扰。

3. 邻区优化

邻区优化是射频(RF)分析优化阶段的一项工作内容，结合 DT 测试的切换事件报告以及 DT 数据，可对现有邻区进行增加和删除操作，以解决邻区漏配问题。

当用户在移动时，手机可能会从一个小区切换到另一个小区，如果手机在小区切换时出现问题，或产生干扰，从而导致用户感觉网络质量变差，那么可通过 DT 测试数据分析判断邻区配置是否合理，若判断邻区配置不合理则称为出现了邻区漏配问题。

邻区优化的方法主要是对邻区做增减操作。若邻区过多，则容易使切换时延变长，切换不及时，严重时会导致掉话，还会影响必要邻区的添加；若邻区过少，则会造成孤岛效应或者周围有信号质量更好的小区，却不能切换过去等情况；若邻区错配，则直接影响到网络正常的切换。进行邻区的添加时，对地理位置上相近的两个小区一般要设为邻区，且可互配邻区，或者小区信号达到一定的要求强度，就要考虑添加为邻区。

9.3.5　网络优化实施方案的实例

本节通过列举一个网络优化的实际方案来讨论网络优化的实施过程。某市主城区现有 LTE 基站超过 3500 个，LTE 基站小区一万余个，另外还有众多的室内分布。当地通信运营企业将该区 LTE 网络划分为两个网格，本次网优仅以网格一为例。网格一穿过了某市主城区，网格一的 4G 基站分布情况如图 9-22 所示。由图可以看出网格一的 LTE 基站建设是非常密集的，由于区域内存在大量商场、住宅小区等建筑，并且网格一中的基站之间距离较近，基站分布密集，区域内的话务量也较大，无线信号的传播环境复杂，所以对无线网络的要求较高。图中的三角形代表 LTE 基站天线的方位角，而圆形小点则表示 LTE 室内分布系统。

这里重点对列举的网格一中 LTE 基站存在的弱覆盖、邻区错配、越区覆盖等问题开展优化，并简单介绍其优化实施方案。

从图 9-22 可初步判断网格一区域可能由于小区和商业街较多，而容易产生大量由于建筑物阻挡导致的信号弱场或盲区、拐角效应(在十字路口拐弯时，由于建筑物的阻挡，使

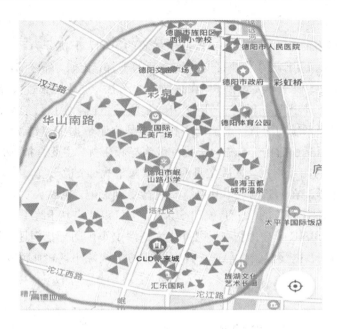

图 9 - 22　某市主城区网格一的 LTE 网络基站分布

源小区信号快衰落导致掉话)或者是由于建筑物的反射、基站较高导致的越区覆盖，以及重叠覆盖、乒乓切换等问题等。

　　为配合网优实施方案的讨论，在此再次简介实施网优的基本过程。一是网优前必须先对网格的 RSRP 值、SINR 值与 MOS(Mean Opinion Score，平均主观意见值)做 DT 测试，然后收集相关数据并进行统计。二是做三次数据分析：分析一，收集网格一的 LTE 基站覆盖情况 RSRP 值、SINR 值与 MOS 值的路测数据，利用 ADTP Replay Tools 软件对数据进行问题分析及初步判断；分析二，调取在该路段测试手机切换的后台数据进行分析，利用软件对数据进行可视化处理，通过图形显示进行问题判断；分析三，网优技术人员走进现场勘察核对数据及其与实际情况的关联性。最后综合三次分析的结果，确定故障原因并给出优化实施方案。

1. 弱覆盖的优化实施方案

　　本次优化主要解决未来城区内(如图 9 - 23 所示的椭圆圈内)因弱覆盖而引起的掉话问题。

　　分析一：做一次 DT 测试并收集相关数据，当 DT 驱车测试行驶至未来城附近时，观察到未来城 LTE 网络的 VoLTE 通话语音质量测试结果数据，采用 ADTP Replay Tools 软件处理得到的图形显示，如图 9 - 23 所示。图中的椭圆圈内为 VoLTE 语音通话出现掉话的区域，当 DT 测试车一离开这个区域后，通话质量又变好了。这样可初步判断出掉话区域的具体方位(位于水韵江南路)。由 DT 数据显示知，椭圆圈区域内这段路的 RSRP 值都在－110 dBm 左右，说明这路段的 LTE 信号较差，出现了大规模的弱覆盖。

　　分析二：调出手机在该路段的掉话区域后台数据查看分析，问题出现在 5 个参与切换的基站小区，其中有 3 个基站小区距离较远；而且邻区列表中既没有强信号小区，也没有主覆盖小区，UE 在这 5 个基站小区之间频繁切换，引起了严重的乒乓切换。

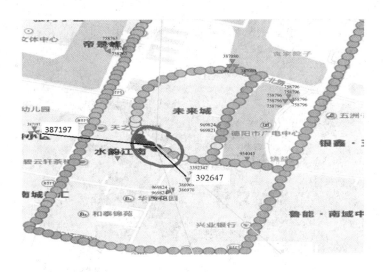

图 9-23　未来城 VoLTE 语音质量测试结果

分析三：对现场进行勘察，测出基站 392647 小区距离掉话区域 0.3 km，基站 387197 小区距离掉话点 0.5 km，应由基站 392647 小区和基站 387197 小区共同对负责该路段的信号覆盖，但是在两个基站中间有一个新建的住宅小区，由于小区楼层较高，阻碍了这两个基站小区的信号覆盖，造成了弱覆盖现象，因此出现了掉话的情况。

由于该区域阻挡严重，只进行基站天线下倾角、方位角的调整，不会产生明显的优化效果；若调整工程参数，如增大导频发射功率，则会因衰减非常大仍然难达到优化目的。因此，综合考虑，提出以下两种优化实施方案以供选择。

优化实施方案一：将基站 392647 小区天线搬迁至新建住宅小区的 8 栋楼顶边缘，安装在新增的抱杆上，解决弱覆盖问题。

优化实施方案二：使用直放站，并添加与基站 392647 小区的邻区关系，扩大网络覆盖范围，提高网络质量。

最终选用优化实施方案二，增加直放站，不仅能使覆盖范围扩大，成本也较低，且周围基站相对较远，直放站对相关基站的干扰也会较小，所以方案二最为合适。

2. 邻区错配优化实施方案

本优化主要解决网格一汇江西路(如图 9-24 所示的圆圈内)可能存在的由邻区错配导致的掉话问题。

分析一：做一次 DT 测试和数据收集，当 DT 驱车测试行驶汇江西路到双车道交汇的区域时出现了掉话现象，处理 LTE 网络的 VoLTE 通话语音质量测试数据，采用 ADTP Replay Tools 软件得到图形显示如图 9-24 所示。图中的圆圈区域为汇江西路双车道交汇掉话的区域，分析 DT 测试得到的这个区域的 RSRP 值和 SINR 值，可以判断这段路并没有出现弱覆盖和噪声干扰。

分析二：调出此路段手机的切换后台数据，显示该手机在该路段进行了切换。按照规划本应由基站 528401 的三个小区作为主服务小区，但实际上此时手机切换却占用了基站 528574 的一小区，说明手机切换较紊乱。通过后台邻区列表中查询到参与手机切换的基站 528574 小区和基站 528401 的一个小区互配为邻区关系，导致基站 528401 三个小区的主覆

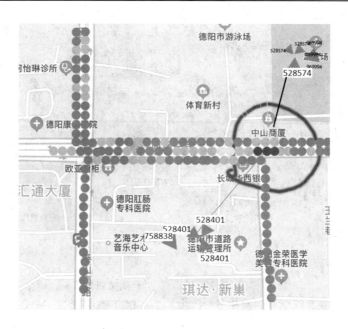

图 9-24　汇江西路 VoLTE 语音质量测试结果

盖范围变成掉话区域。

综合考虑，提出优化实施方案如下：

首先删除基站 528401 一个小区和参与相关切换基站 528574 小区的表中错配的邻区信息，然后在相关切换基站小区的邻区配置表中添加正确的小区信息。最终因邻区错配导致的掉话问题得以解决。

3. 越区覆盖优化实施方案

本次优化主要解决农山街道（如图 9-25 所示的椭圆圈内）存在的由越区覆盖引起的掉话问题。

分析一：做一次 DT 路测并收集相关数据，在通过农山街向东绵远一街转弯后发现 VoLTE 通话质量较差，存在掉话现象，采用 ADTP Replay Tools 软件对收集数据进行处理后得到的 DT 测试结果图形显示如图 9-25 所示。图上用椭圆圈标识的区域就是通话质量差或出现掉话的区域，从 DT 测试数据中观察到该区域的 RSRP、SINR 值均合格，不存在弱覆盖和干扰问题。

分析二：调出此路段手机切换的后台数据，经数据分析结果显示手机在该路段有 5 个基站参与切换，5 个基站分别是 758860、528492、387154、758849、536622，掉话区域为基站 387154 三个小区的信号覆盖区域。但是在该区域检测到基站 758849 和基站 536622 的强信号，且这两个基站小区距离掉话地点较远，本不应该参与此次切换。通过后台查阅数据发现 758849 和 536622 这两个基站的所有小区发射功率都是满负荷发射状态，这就形成了越区覆盖，最终导致掉话。同时最左侧的两个基站 758860、528492，由于距离该路段较近，信号强，造成信号在这两个基站小区内频繁地切换，增加了干扰，也增加了掉话的概率。

根据以上分析综合考虑，优化实施方案如下：

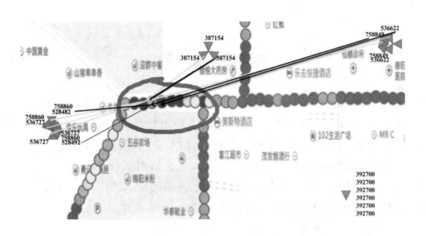

图 9-25　农山街道 VoLTE 语音测试结果

　　首先是对最右侧两个基站 758849、536622 产生越区覆盖的小区的天线进行下倾角调整，增大下倾角，缩小覆盖范围，然后降低这两个基站的发射功率，消除越区覆盖。同时调整左侧两个基站 758860、528492 的天线方位角，使它们不再同时覆盖该区域，排除干扰，最终消除乒乓切换。

思考题与习题

1. 无线网络规划的原则、目标、内容是什么？网络覆盖规划目标是什么？
2. 查阅资料，对某高校建设移动通信网络做一个预规划与详细规划。
3. 基站设计内容是什么？如何计算基站容量及基站数量？
4. 查阅资料，对某高校移动通信网络做一个基站设计报告。
5. 为什么需要进行无线网络优化？工程优化和日常优化有什么区别？
6. 查阅资料，举例说明越区覆盖优化实施方案的制订。

参 考 文 献

[1]　谢处方，饶克谨. 电磁场与电磁波. 4 版. 北京：高等教育出版社，2006.

[2]　李玲，黄永清. 光纤通信基础. 北京：国防工业出版社，2001.

[3]　樊昌信，曹丽娜. 通信原理. 6 版. 北京：国防工业出版社，2007.

[4]　顾畹仪. 光纤通信系统. 3 版. 北京：北京邮电大学出版社，2013.

[5]　谢希仁. 计算机通信网. 7 版. 北京：电子工业出版社，2017.

[6]　黄玉兰，梁猛. 电信传输理论. 北京：北京邮电大学出版社，2004.

[7]　孙学康，张金菊. 光纤通信技术基础. 北京：人民邮电出版社，2017.

[8]　李允博. 光传送网(OTN)技术的原理与测试. 北京：人民邮电出版社，2013.

[9]　罗建标，陈岳武. 通信线路工程设计、施工与维护［M］. 北京：人民邮电出版社，
2012.

[10]　李鉴增，陈新桥. 光纤传输与网络技术. 北京：中国广播电视出版社，2009.

[11]　胡庆，唐宏，姚玉坤，等. 电信传输原理. 2 版. 北京：电子工业出版社，2012.

[12]　胡庆，张德民，张颖. 通信光缆与电缆线路工程. 2 版. 北京：人民邮电出版社，
2016.

[13]　胡庆，殷茜，张德民. 光纤通信系统与网络. 4 版. 北京：电子工业出版社，2019.

[14]　韩一石，强则煊. 现代光纤通信技术. 2 版. 北京：科学出版社，2015.

[15]　戴源，朱鸣晨，王强，等. TD－LTE 无线网络规划与设计［M］，北京：人民邮电出版
社，2012.

[16]　曾菊玲. 蜂窝移动通信网络规划与优化. 北京：电子工业出版社，2017.

[17]　孙霞. 电信传输原理. 西安：西安电子科技大学出版社，2017.

[18]　赖小龙. 现代接入网技术. 北京：电子工业出版社，2020.

[19]　吕翊. 电信传输技术. 北京：清华大学出版社，2011.

[20]　邵汝峰. 移动通信基站工程与维护［M］. 北京：北京师范大学出版社，2013.

[21]　楼惠群，李一雷. 通信线路工程与施工［M］. 北京：人民交通出版社，2014.

[22]　中华人民共和国工信部. 通信建设工程概算、预算编制办法，通信 2016(451 号).

[23]　中国卫星导航系统管理办公室. 北斗卫星导航系统发展报告(4.0 版)［EB/OL］.
(2019－12－27)［2020－01－16］

[24]　霍振龙，等. 5G 通信技术及其在煤矿的应用构想［J］. 工矿自动化，2020，46(03)：
1－5.

[25]　李长军. 天津港调度指挥无线通信专用网络系统研究［J］. 天津科技，2019，46
(08)：34－38.

[26]　韩盼盼. 下一代无线局域网中 MU－MIMO 关键技术研究［D］. 西安：西安电子科技
大学，2017.